软基处理施工过程的数值模拟与应用

刘洋　著

北京
冶金工业出版社
2014

内 容 提 要

本书主要内容包括地基处理分析中的数值方法、天然软土堆载预压施工过程的数值模拟、复合振冲碎石桩施工过程的数值模拟、强夯加排水地基处理的数值模拟以及相关的工程实例分析。

本书可供土建、水利、交通等行业的科研、设计、施工和勘察工作人员阅读，也可供高等院校土建相关专业的师生参考。

图书在版编目(CIP)数据

软基处理施工过程的数值模拟与应用/刘洋著．—北京：冶金工业出版社，2014.4

ISBN 978-7-5024-6558-2

Ⅰ.①软…　Ⅱ.①刘…　Ⅲ.①软土地基—地基处理—工程施工—数值模拟—研究　Ⅳ.①TU471.8

中国版本图书馆 CIP 数据核字(2014)第 055494 号

出 版 人　谭学余
地　　址　北京北河沿大街嵩祝院北巷 39 号，邮编 100009
电　　话　(010)64027926　电子信箱　yjcbs@cnmip.com.cn
责任编辑　杨秋奎　李维科　美术编辑　吕欣童　版式设计　孙跃红
责任校对　卿文春　责任印制　李玉山
ISBN 978-7-5024-6558-2
冶金工业出版社出版发行；各地新华书店经销；北京慧美印刷有限公司印刷
2014 年 4 月第 1 版，2014 年 4 月第 1 次印刷
169mm×239mm；11 印张；225 千字；166 页
42.00 元

冶金工业出版社投稿电话：(010)64027932　投稿信箱：tougao@cnmip.com.cn
冶金工业出版社发行部　电话：(010)64044283　传真：(010)64027893
冶金书店　地址：北京东四西大街 46 号(100010)　电话：(010)65289081(兼传真)

前　言

在工程建设中，常面临着天然地基很软弱，不能满足地基承载力和变形的设计要求，需要进行处理的问题。所谓地基处理是指对天然软弱地基进行人工处理再建造基础的过程，也称之为地基加固。我国幅员辽阔，地质条件复杂，在处理地基时需要因地制宜。加固地基的方法多种多样。传统的地基加固方法有排水固结法、挤密压实法、置换及拌入法、灌浆法、加筋法以及托换法等。随着我国岩土工程建设的不断发展，涌现了许多新的地基处理方法和工艺。地基处理发展的一个典型趋势就是在既有地基处理方法基础上，不断发展新的地基处理方法，特别是将多种地基处理方法进行综合使用，形成了极富特色的复合加固技术。

目前地基处理的方法和施工技术虽然取得了很大的进步，但在很多方面尚需开展进一步的研究工作，如组合型复合地基加固机理的研究、复合地基计算理论的研究以及计算机技术和数值方法在地基处理中的应用。譬如，虽然现在组合型复合地基应用较为广泛，且取得了较好的效果，但是对于其加固机理的研究还停留在两者作用机理或功能的简单叠加上，而对于其综合效应考虑较少。同时对于组合型复合地基的设计计算往往也是两者的叠加，例如对于碎石桩+排水井组合，一般都是在碎石桩复合地基的基础上设计排水井，对排水井的综合作用考虑较少，因此亟待加强这方面的研究工作。

地基处理的数值分析是计算机技术、数值方法和地基基础工程基本理论三者的结晶，针对各类处理后地基的承载力和沉降计算，国内外很多学者都提出了一些新的计算方法，但对于地基加固机理和施工过程的数值分析却不多见。因此扩大计算机技术和数值方法在地基处理中的应用，进行地基处理加固机理的数值分析、施工过程的模拟、设计软件的开发等都是需要进一步研究的课题。

因此，本书选择了3种典型的地基处理方法进行数值分析，即堆载预压、复合振冲碎石桩和强夯加排水地基处理方法。其中，堆载预压法是软土地区最常用的地基处理方法，本书在分析中考虑了天然软土的结构性和非线性固结问题；复合振冲碎石桩和强夯加排水两种地基处理方法是在传统碎石桩和强夯法基础上发展起来的组合型复合地基，关于其加固机理尚不完全了解，本书通过对这两种地基处理方法的数值模拟和分析，初步建立了组合型复合地基的数值分析方法和思路，进一步探讨了其加固机理和加固效果。本书提出的数值模拟思路、方法对组合型复合地基的数值模拟有一定参考意义。

全书共分6章：第1章（刘洋）“地基处理方法概述”，简要论述了国内外地基处理方法及发展趋势；第2章（刘洋、汪成林）“地基处理分析中的数值方法”，论述了在地基处理分析中常用的数值方法，并重点介绍了本书采用的有限差分法的基本原理与算法；第3章（刘洋、宫志）“天然软土堆载预压施工过程的数值模拟”，在进行堆载预压施工模拟中考虑了天然软土的结构性和非线性固结问题；第4章（刘洋、闫鸿翔）“复合振冲碎石桩施工过程的数值模拟”，对近年来发展起来的复合振冲碎石桩的加固原理、施工过程及加固效果进行了数值模拟，编制了相应的程序，基于模拟结果详细讨论了排水井的存在对复合振冲碎石桩施工过程中孔隙水压力发展变化的影响，并与普通碎石桩的加固效果进行了对比分析；第5章（刘洋、张铎）“强夯加排水地基处理的数值模拟”，根据强夯能量耗散分析、土体密实机理和冲击荷载作用下孔隙水压力的发展模式，建立了强夯加排水地基处理的数值分析模型，分析了强夯过程中超孔隙水压力的发展变化过程和土体密实效果，讨论了多种设计、施工因素等对加固效果的影响；第6章（刘洋）“工程实例分析”，运用书中提出的3种地基处理数值模拟方法对3个有代表性的工程实例进行分析。

本书部分研究成果得到了国家自然科学基金（50808016、51178044）、新世纪优秀人才支持计划（NCET－11－0579）和中央高校基本科研业务费（FRF－TP－12－001B）的资助，在此表示衷心的感谢。同时也感谢研究生孙超、包德荣等在本书排版、整理和校阅过程中所付出的辛勤劳动。

由于作者水平所限，书中难免有不妥之处，恳请读者批评、指正。

著　者

二零一四甲午马年春节于北京

目　　录

1 地基处理方法概述

1.1 概述

地基土，特别是软弱地基土和特殊地基土常面临许多问题，如强度及稳定性问题、变形问题、渗漏问题以及液化问题，从而影响工程的质量和施工进度。要妥善解决地基土中可能出现的这些危险隐患，需进行地基处理。

所谓地基处理是指天然地基很软弱，不能满足地基承载力和变形的设计要求，需要经过人工处理后再建造基础的过程，亦称之为地基加固。我国地域辽阔，从沿海到内地，由山区到平原，分布着多种多样的地基土，其抗剪强度、压缩性以及透水性等，因土的种类不同可能会有很大差别。各种地基土中，不少为软弱土和不良土，主要包括：软黏土、人工填土（包括素填土、杂填土和冲填土）、饱和粉细砂（包括部分轻亚黏土）、湿陷性黄土、有机质土和泥炭土、膨胀土、多年冻土、岩溶、土洞和山区地基等。随着我国社会经济的不断发展，新建设的工程越来越多地遇到不良地基，同时地基问题的处理又关系到整个工程的质量、投资和进度。因此，地基处理的要求也就越来越迫切和广泛。

1.2 地基处理方法分类

我国幅员辽阔，地质条件复杂，在处理地基时需要因地制宜，所以加固地基的方法也会有所不同。常见的地基加固方法有[1~3]：（1）排水固结法；（2）挤密、压实法；（3）置换及拌入法；（4）灌浆法；（5）加筋法；（6）冷处理法；（7）托换法；（8）纠倾法等。

1.2.1 排水固结法

常见的排水固结法方法有[4~6]：（1）堆载预压法，即在建造建筑物之前，通过临时堆填与设计荷载相当或稍大于设计荷载的土石等对地基加载预压，强迫地基压密沉陷，待强度达到设计强度后将预压荷载搬走。加载预压荷载的目的是使土体内部形成压差，则土体中的孔隙水会从孔隙水压力大的地方向孔隙水压力小的地方排出。如果需要加快孔隙水的排出速度可以在地基上打设一定深度的排水井（如砂井、塑料排水板等）。（2）排水井法，是指在软黏土地基中，设置一系列排水井，如砂井等，在砂井之上铺设砂垫或砂沟，人为地增加上层固结排水通道，缩短排水距离，从而加速固结，提高地基强度。（3）真空预压法，是指在黏土层上铺设砂垫层，然后用薄膜密封砂垫层，用真空泵对砂垫及砂井抽气，使地下水位降低，在大气压力作用下加速地基固结。（4）降低地下水位法，是指通过降低地下水位减小孔隙水压力，使土体固结的方法。（5）电渗法。

1.2.2 挤密、压实法

挤密、压实法的施工方法包括[7,8]：（1）表层压实法，是指通过夯实、碾压等方法使土体达到密实的效果，其适用于含水量接近于塑限的浅层疏松黏性土、松散砂性土、湿陷性黄土及杂填土。（2）重锤夯实法，利用重锤自由下落时的冲击能来夯实浅层土地基，使表面形成一层较为均匀的硬壳层。（3）强夯法，将重锤从高处自由落下，反复多次夯击地面，给地基土以冲击力和振动，从而提高地基土的强度并减小其压缩性。（4）振冲挤压法，一方面依靠振冲器的强力振动使饱和砂层发生液化，颗粒重新排列，孔隙比减小；另一方面依靠振冲器的水平振动力，形成垂直孔洞，然后在其中加入回填料，使砂层挤压密实，一般适用于砂性土。（5）土桩和灰土桩，土桩和灰土桩挤密地基是由桩间挤密土和填夯的桩体组成的人工“复合地基”。(6）砂桩，在松散砂土或人工填土中设置砂桩，能对周围土体产生挤密或振密作用，可以显著提高地基强度，一般适用于松砂地基或杂填土。

1.2.3 地基加固的其他方法

除了上述的排水固结、挤密压实法外，地基加固的其他方法还有置换及拌入法、灌浆法、加筋法、冷热处理法、托换法、纠倾法等，简述如下：

（1）置换及拌入法，包括：1）垫层法。垫层法是在天然地层上铺设垫层，作为人工填筑的持力层，其适用于浅层地基。2）开挖置换法。开挖置换法是将基底下一定深度的软弱土层挖除，然后回填较好的土石料，其适用于浅层地基。3）振冲置换法。振冲置换法利用一种能产生水平振动的管状机械设备在高压水流下边振边冲，在软弱黏性土地基中成孔，然后在孔内分批填入碎石或卵石等材料制成一根根桩体，其适用于软弱黏性土地基。4）高压喷射注浆法（旋喷桩）。高压喷射注浆法利用高压喷射直接冲击破坏土体，使水泥浆液或其他浆液与土拌和，凝固成为拌和柱体，其适用于黏性土、粉细砂、砂砾石等地基。5）石灰桩法。石灰桩法是用机械成孔，填入生石灰并搅拌或压实成桩体，石灰桩和周围土体一起形成复合地基，达到加固目的，其适用于软弱黏性土。6）褥垫法。褥垫法是在压缩性较低的地基上加上褥垫，使它与压缩性高的地基相适应，达到调整岩土交界处相对变形的目的，其适用于易发生不均匀沉降的地基。

（2）灌浆法，是用气压、液压或电化学原理，把某些能固化的浆液注入各种介质的裂隙或孔隙，以改善地基的物理力学性质。灌浆材料常分为粒状浆材和化学浆材两个系统。灌浆方法按其依据的理论又可分为：渗入性灌浆法、劈裂灌浆法、压密灌浆法、电动化学灌浆法等。灌浆法可应用于砂及砂砾地基、湿陷性黄土地基、黏性土地基。

（3）加筋法，常用的施工方法有：1）土工聚合物；2）锚固技术；3）加筋土。

（4）冷热处理法，常用的施工方法有：1）冷冻法。冷冻法通过人工冷却，使地基温度降低到孔隙水的冰点以下，使孔隙水冻结，从而具有理想的截水性能和较高的承载能力，其适用于饱和的砂土或软黏土地层中的临时性措施。2）烧结法。烧结法是在软弱黏土地基的钻孔中加热，通过焙烧使周围地基土减小含水量以提高强度，减小压缩性，其适用于软黏土、湿陷性黄土等。

（5）托换法（或称基础托换），是指对原有建筑物地基和基础需要进行处理、加固或改建，在原有建筑物基础下需要修建地下工程以及邻近建造新工程而影响到原有建筑物的安全等问题的技术总称。常用的施工方法有：1）基础加宽法；2）墩式托换法；3）桩式托换法；4）地基加固法。

需要指出的是，上述地基加固方法的分类并不是严格的，如振冲碎石桩法也具有排水固结的作用，同时还具有挤密、压实的作用，能够很好地适用于地基加固，并有抑制孔隙水压力发展、防止液化、加快土体固结的作用。

地基处理中大多数处理方法都是将天然地基的一部分或全部进行人工置换或加强，加强体与原有地基共同承担外部荷载，这一整体被称为复合地基[9]。复合地基又可分为散体桩复合地基和水泥土桩复合地基。如振冲碎石桩法加固地基就是复合地基的一种，振冲碎石桩由散体材料（碎石）组成，而散体材料最大的优点在于渗透系数较大，有利于加速地基土固结，使建筑物沉降发生在施工期间，从而减少了应用期间的沉降量。

1.3 地基处理方法研究新进展

我国地基处理技术经过多年的借鉴与发展已日趋成熟，尤其是近年来随着岩土工程建设的不断发展，涌现出了许多新的地基处理方法和工艺[10]。近几年地基处理发展的一个典型趋势就是在既有地基处理方法的基础上，不断发展新的地基处理方法，特别是将多种地基处理方法进行综合使用，形成了极富特色的复合加固技术。这些复合加固技术发展特点主要体现在如下五个方面[11]：

（1）由单一加固技术向复合加固技术发展；

（2）复合地基的加固体由单一材料向复合材料发展；

（3）复合地基加固技术与非复合地基加固技术相结合；

（4）静力加固与动力加固技术相结合；

(5) 机械加固与非机械加固相结合。

其中一些复合加固方法已得到较为广泛的应用，例如真空—堆载联合预压技术等，已取得了较为成熟的经验，并已经写入修订的《建筑地基处理技术规范》(JGJ 79—2011) 中[12]。

表1-1、表1-2和表1-3摘自文献［11］，列出了我国目前主要应用的地基处理方法、地基处理复合加固技术和主要柱状加固体，体现了我国地基处理方法发展的新趋势。

表1-1 我国地基处理主要方法

地基处理分类	处理方法定义	主要方法
换填垫层	挖除基础底面下一定范围内的软弱土层或不均匀土层，回填其他性能稳定、无侵蚀性、强度较高的材料，并夯实形成的垫层	无筋垫层 加筋垫层
预压地基	在地基上进行堆载预压或真空预压，或联合使用堆载和真空预压，以形成固结压密后的地基	堆载垫层 真空预压 真空—堆载联合预压
压实地基	利用平碾、振动碾或其他碾压设备将填土分层密实处理的地基	平碾 振动碾
夯实地基	反复将夯锤提到高处使其自由落下，给地基以冲击和振动能量，将地基土夯实或形成密实墩体的地基	强夯法
挤密地基	利用横向挤压设备成孔或采用振冲器水平振动和高压水共同作用，将松散土层密实处理的地基	振冲法
复合地基	部分土体被增强或被置换，形成由地基土和竖向增强体共同承担荷载的人工地基	砂石桩复合地基 水泥粉煤灰碎石桩复合地基 夯实水泥土桩复合地基 水泥土搅拌桩复合地基 旋喷桩复合地基 灰土桩复合地基 柱锤冲扩桩复合地基 多桩型复合地基
注浆加固	将水泥浆或其他化学浆液注入地基土层中，增强地基土颗粒间的联结，使土体强度提高、变形减少、渗透性降低的地基处理方法	
微型桩	用桩工机械或其他小型设备在土中形成直径不大于300mm的钢筋混凝土桩或钢管桩	

表1-2 地基处理复合加固技术

方法名称	方法原理
真空-堆载联合预压	可获得大于大气压力的固结压力
真空排水+强夯	强夯升高孔隙水压力，增大与排水板之间的压差；气体压力劈裂土体增大渗透性

续表 1-2

方法名称	方法原理
水下真空预压	膜上的水压力可转化为固结压力，可获得大于大气压力的固结压力
低位真空预压法	地下水渗流方向与土体压缩方向相同；提前开始真空固结
立体真空预压法	多层排水系统，减小排水路径长度
电渗-真空降水联合加固法	电渗-真空联合作用提高低渗透性土体的排水量；真空压力使土体向加固区产生压缩变形，减小电渗作用区域的裂缝，以减小电阻
电渗-真空降水-低能量强夯联合加固	兼具真空排水+强夯电渗-真空降水联合加固法的特点
真空-注气加固法	注气提高孔压，增大被加固土体与排水板真空负压之间的压差
劈裂真空预压法	注气提高孔压，增大被加固土体与排水板真空负压之间的压差；气体压力劈裂土体提高渗透性利于排水
真空降水联合冲压法	真空降水后可进行浅层冲压加固，形成硬壳层
真空预压-石灰稳定联合加固法	石灰与超软土拌和后，采用真空预压加固可获得较高强度
刚-柔性桩复合地基	利用水泥土类桩提高桩间土承载力；利用砂桩、碎石桩加固桩间土并治理桩间土液化
长短桩复合地基	由于附加应力沿深度衰减，因此进行沿深度梯次变化的变刚度加固
多元复合地基	利用两种或两种以上的竖向加固体加固软弱地基和不良地基，形成竖向柱状加固体和水平加筋体的联合加固
粉喷桩复合地基+排水板复合处理	设置排水板，加强粉喷桩施工期间引起的超静孔隙水压力的消散
长板-短桩-预压联合加固法	在加固区以下设置长排水板，加快预压荷载作用下加固区及加固区以下土体固结，减小施工后沉降；利用新奥法原理，桩间土首先承担荷载并产生固结
桩顶设置可压缩单元复合地基	降低桩顶应力集中效应，通过端承型柱状加固体设置，使桩间土可分担荷载，已有工程实例

表 1-3 我国地基处理主要柱状加固体

分类	第一类（散体柱）	第二类（低-中等黏结强度柱）	第三类（刚性柱）	第四类（组合柱）
强度特征	砂桩、砂石桩	水泥搅拌桩、石灰桩、水泥-石灰桩、夯实水泥土桩、灰土桩、浆固碎石桩、旋喷桩、袋装砂井、土工织物袋装砂桩、布袋注浆桩	CFG 桩、预应力管桩、预装方桩、素混凝土桩、钻孔灌注桩、螺旋成孔灌注桩、Y 形混凝土桩、大直径筒桩、PFC 桩、X 形混凝土桩	水泥-预制混凝土劲芯复合桩、水泥土-型钢劲芯复合桩、水泥土-现浇混凝土劲芯复合桩、混凝土芯砂石桩、水泥土芯砂桩
黏结强度	无	低-中	高	

续表 1－3

分类	第一类（散体柱）	第二类（低－中等黏结强度柱）	第三类（刚性柱）	第四类（组合柱）
抗剪强度	低－中	低－中	高	中－高
抗压强度	低	低－中	高	中－高
抗拉强度	无	无－低	低－高	低－高
抗弯强度	无	无－低	低－高	低－高

虽然目前地基处理的方法和理论研究取得了很大的进展，但在以下三个方面尚需要开展进一步的研究工作：

（1）组合型复合地基的研究。虽然组合型复合地基现在应用较为广泛，且取得了较好的效果，但是对于其加固机理的研究还是停留在两者作用机理或功能的简单叠加上，而对于其综合效应考虑较少，同时对于组合型复合地基的设计计算往往也只是两者的叠加。如碎石桩＋排水井组合时，一般都是在碎石桩复合地基的基础上设计排水井，对排水井的综合作用考虑较少，因此亟待加强组合型复合地基综合效应方面的研究。

（2）复合地基计算理论。复合地基设计计算理论包括各类复合地基荷载传递机理，荷载作用下应力场、位移场的分布特性，各类复合地基承载力、沉降计算方法及计算参数的确定、复合地基的优化设计理论以及动力荷载作用下复合地基的性状分析等。目前复合地基承载力计算通常采用试验与半经验法、简化法、弹性理论法等，但普遍存在参数多、不易确定或实际工程中难以应用、不够准确的问题；而复合地基变形计算往往采用复合模量法、应力修正法或现场载荷试验等方法。其中，复合模量法按面积置换率进行复合；应力修正法则根据面积置换率和桩土应力比计算复合地基的桩、土各自分担的荷载，将桩、土分开考虑或简单复合，导致变形计算不太准确；而现场载荷试验虽然准确，但耗时较长且费用较高。因此，复合地基计算理论方面的研究也应该得到重视。

（3）计算机和数值方法在地基处理中的应用。地基处理的数值计算分析是计算机技术、数值方法和地基基础工程基本理论三者的结晶。针对各类处理后地基承载力和沉降的计算，国内外学者都提出一些新的计算方法，我们在研究工作中要重视这些方法的验证和推广工作。此外，对于地基加固机理和施工过程的数值分析却不多，因此扩大计算机技术和数值方法在地基处理中的应用，如加固机理的数值分析、施工过程的数值模拟、软件设计等，都是需要进一步研究的课题。

1.4 本书分析的地基处理方法

地基处理方法繁多，本书选择了三种典型的地基处理方法进行数值分析，即堆载预压、复合振冲碎石桩和强夯＋排水三种地基处理方法。其中，堆载预压法是软土地区最常用的地基处理方法，本书在分析中考虑了天然软土的结构性和非线性固结问题；复合振冲碎石桩和强夯＋排水两种地基处理方法是在传统碎石桩和强夯法基础上发展起来的组合型复合地基处理方法，关于其加固机理尚不完全了解，本书通过对于这两种地基处理方法的数值模拟和分析，初步建立了组合型复合地基的数值分析方法和思路，探讨了其加固机理和加固效果，书中提出的数值模拟思路和方法对组合型复合地基的数值模拟有一定参考意义。

参 考 文 献

[1] 叶书麟，叶观宝. 地基处理与托换技术［M］. 北京：中国建筑工业出版社，2005.
[2] 龚晓南. 地基处理手册（第3版）［M］. 北京：中国建筑工业出版社，2008.
[3] 龚晓南. 地基处理新技术［M］. 西安：陕西科学技术出版社，1997.
[4] 刘兴旺，谢康和. 竖向排水井地基粘弹性固结解析理论［J］. 土木工程学报，1998，31（1）：10～19.
[5] 刘金韬，金晓媚. 抗液化排水井（桩）间距确定方法的研究［J］. 岩土力学，2000，21（4）：374～376.
[6] 曹雪山，蔡亮. 塑料插板排水井软基加固机理研究［J］. 工程勘察，2000（5）：14～15.
[7] 吴曙光，胡岱文. 重锤夯实法在松散砂卵石地基加固中的应用［J］. 重庆建筑大学学报，1999，21（3）：82～85.
[8] 胡瑞生，钟华. 振冲置换法在粘性土地基加固中的应用［J］. 岩石力学与工程学报［J］，2002，21（9）：1425～1426.
[9] 张爱军，谢定义. 复合地基三维数值分析［M］. 北京：科学出版社，2004.
[10] 彭第，潘殿琦，李海礁，等. 地基处理新技术及发展趋势［J］. 长春工程学院学报（自然科学版），2007（3）：1～3.
[11] 郑刚，龚晓南，谢永利，等. 地基处理技术发展综述［J］. 土木工程学报，2012，45（2）：127～145.
[12] 中国建筑科学研究院. JGJ 79—2011 建筑地基处理技术规范［S］. 北京：中国建筑工业出版社，2011.

2 地基处理分析中的数值方法

2.1 概述

数值分析方法是随着计算机技术发展而形成的一种计算分析方法，到目前为止，已有多种岩土工程数值分析方法[1,2]。20 世纪 50 年代初发展起来了用于极限状态分析的滑移线理论与特征线方法（Characteristics Line Method，简称 CLM），而 20 世纪 60 年代后逐步发展的数值分析方法主要有：有限元法（Finite Element Method，简称 FEM），有限差分法（Finite Difference Method，简称 FDM），边界元法（Boundary Element Method，简称 BEM），离散元法（Discrete/Distinct Element Method，简称 DEM），非连续变形分析法（Discontinuous Deformation Analysis Method，简称 DDAM），流形元法（Numerical Manifold Method，简称 NMM）等。此外，由于人们对提高数值计算精度的期望更加强烈以及现场测试水平和计算技术的提高，岩土参数反演分析法（Inversion Analysis Method，IAM）和反分析法（Back Analysis Method，BAM）也同时得到了充分重视和发展。

2.2 有限差分法

本书主要采用有限差分法对地基处理加固和施工过程进行数值分析，因此下面详细介绍有限差分法的基本方程、常用差分格式以及求解方法。在应用有限差分法分析土工问题时要重视下述三个问题[3]：（1）如何选取差分格式将控制微分方程离散成差分方程；（2）如何保证差分方程的稳定性和收敛性；（3）如何求解差分方程组。前 2 个问题将在 2.2.1 节和 2.2.2 节中介绍，第 3 个问题将结合解题步骤在 2.2.3 节中介绍。

2.2.1 有限差分法公式

建立差分公式前先要将求解域划分差分网格。以图 2－1 所示二维问题为例，在 $x-y$ 平面上分别作平行于 x 轴和 y 轴的两组平行线：$x_i = x_0 + ih$；$y_j = y_0 + jl$（i，j 为整数）。其中（x_0，y_0）为 $x-y$ 平面上任意一点，它可在区域 V 内，也可在区域 V 外，h 为 x 方向步长，l 为 y 方向步长。这两组平行线在 V 内组成的网格称为差分网格，若 $l \neq h$ 称为矩形网格，$l = h$ 则称为正方形网格。这两组平行线的交点称为结点，其中沿 x 方向和 y 方向距离均不超过一个步长的两结点称为相邻结点；位于边界 S 上的结点称为边界结点，位于 V 内的结点称为内结点，位于 V 和 S 以外的结点称为外部虚拟结点，如图 2－1 所示。除特殊情况外，我们一般只考虑位于 V 内和 S 上（简记为 $V+S$）的结点，即内部结点和边界结点，结点（x_i，y_j）简记为（i，j），函数在此点的值简记为 $f_{i,j}$。

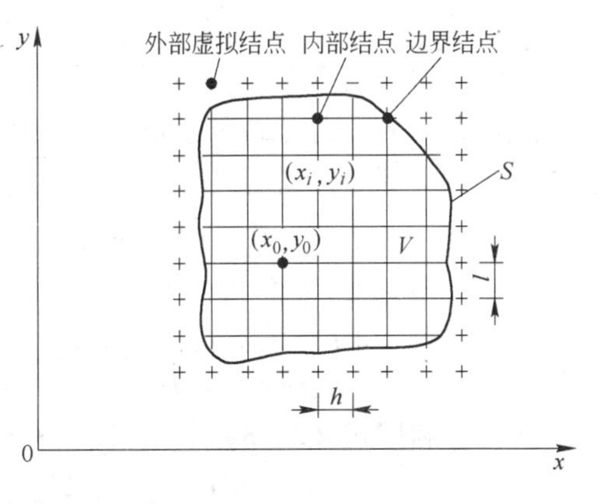

图 2－1 差分网格的划分

导数的差分公式可从函数的 Taylor 级数展开式导出。以二元函数 $f(x, y)$ 为例，在点（x_i，y_j）附近，函数 $f(x, y)$ 沿 x 方向可以展为 Taylor 级数如下：

$$f(x, y) = f_{i,j} + \frac{\partial f}{\partial x}(x - x_i) + \frac{1}{2!}\frac{\partial^2 f}{\partial x^2}(x - x_i)^2 + \frac{1}{3!}\frac{\partial^3 f}{\partial x^3}(x - x_i)^3 + \frac{1}{4!}\frac{\partial^4 f}{\partial x^4}(x - x_i)^4 + \cdots \tag{2-1}$$

在式（2－1）中，分别取 $x = x_i + h$，$x = x_i - h$，得：

$$f_{i+1,j} = f_{i,j} + h\left(\frac{\partial f}{\partial x}\right) + \frac{h^2}{2}\frac{\partial^2 f}{\partial x^2} + \frac{h^3}{6}\frac{\partial^3 f}{\partial x^3} + \frac{h^4}{24}\frac{\partial^4 f}{\partial x^4} + \cdots \tag{2-2}$$

$$f_{i-1,j} = f_{i,j} - h\left(\frac{\partial f}{\partial x}\right) + \frac{h^2}{2}\frac{\partial^2 f}{\partial x^2} - \frac{h^3}{6}\frac{\partial^3 f}{\partial x^3} + \frac{h^4}{24}\frac{\partial^4 f}{\partial x^4} - \cdots \tag{2-3}$$

假定 h 是充分小的，因而可以不计算它的三次幂及更高次幂的各项，则式（2－2）及式（2－3）简化为：

$$f_{i+1,j} = f_{i,j} + h\left(\frac{\partial f}{\partial x}\right) + \frac{h^2}{2}\frac{\partial^2 f}{\partial x^2} \tag{2-4}$$

$$f_{i-1,j} = f_{i,j} - h\left(\frac{\partial f}{\partial x}\right) + \frac{h^2}{2}\frac{\partial^2 f}{\partial x^2} \tag{2-5}$$

联立求解 $\frac{\partial f}{\partial x}$ 及 $\frac{\partial^2 f}{\partial x^2}$，得差分公式，即：

$$\frac{\partial f}{\partial x} = \frac{f_{i+1,j} - f_{i-1,j}}{2h} \tag{2-6}$$

$$\frac{\partial^2 f}{\partial x^2} = \frac{f_{i+1,j} - 2f_{i,j} + f_{i-1,j}}{h^2} \tag{2-7}$$

在 y 方向，同理可得：

$$\frac{\partial f}{\partial y} = \frac{f_{i,j+1} - f_{i,j-1}}{2l} \tag{2-8}$$

$$\frac{\partial^2 f}{\partial y^2}=\frac{f_{i,j+1}-2f_{i,j}+f_{i,j-1}}{l^2} \tag{2-9}$$

式（2-6）~式（2-9）是基本的中心差分公式，可以从它们导出其他的中心差分公式。例如，利用式（2-6）和式（2-7），可得：

$$\frac{\partial^3 f}{\partial x^3}=\frac{\partial^2}{\partial x^2}\left(\frac{\partial^2 f}{\partial x^2}\right)=\frac{f_{i+2,j}-2f_{i+1,j}+2f_{i-1,j}-f_{i-2,j}}{2h^3} \tag{2-10}$$

$$\frac{\partial^4 f}{\partial x^4}=\frac{\partial^2}{\partial x^2}\left(\frac{\partial^2 f}{\partial x^2}\right)=\frac{f_{i+2,j}-4f_{i+1,j}+6f_{i,j}-4f_{i-1,j}+f_{i-2,j}}{h^4} \tag{2-11}$$

同样，利用式（2-8）和式（2-9），可得：

$$\frac{\partial^3 f}{\partial y^3}=\frac{f_{i,j+2}-2f_{i,j+1}+2f_{i,j-1}-f_{i,j-2}}{2l^3} \tag{2-12}$$

$$\frac{\partial^4 f}{\partial y^4}=\frac{f_{i,j+2}-4f_{i,j+1}+6f_{i,j}-4f_{i,j-1}+f_{i,j-2}}{l^4} \tag{2-13}$$

另外，利用式（2-6）~式（2-9），可以导出混合导数的中心差分公式，即：

$$\frac{\partial^2 f}{\partial x\partial y}=\frac{\partial}{\partial x}\left(\frac{\partial f}{\partial y}\right)=\frac{f_{i+1,j+1}-f_{i+1,j-1}-f_{i-1,j+1}+f_{i-1,j-1}}{4hl} \tag{2-14}$$

$$\frac{\partial^4 f}{\partial x^2\partial y^2}=\frac{\partial^2}{\partial x^2}\left(\frac{\partial^2 f}{\partial y^2}\right)=\frac{1}{h^2l^2}\left(f_{i+1,j+1}-2f_{i+1,j}+f_{i+1,j-1}-2f_{i,j+1}+4f_{i,j}-2f_{i,j-1}+f_{i-1,j+1}-2f_{i-1,j}+f_{i-1,j-1}\right) \tag{2-15}$$

用不同的方式，可以导出不同的差分公式。例如，我们可以在式（2-2）中把 h^2 的项也略去不计，可得：

$$\frac{\partial f}{\partial x}=\frac{f_{i+1,j}-f_{i,j}}{h} \tag{2-16}$$

或者把式（2-3）中的 h^3 项也忽略不计，则得：

$$\frac{\partial f}{\partial x}=\frac{f_{i,j}-f_{i-1,j}}{h} \tag{2-17}$$

式（2-16）和式（2-17）分别称为一阶导数的向前、向后差分公式，以这两个公式为基础，可以导出高阶导数向前、向后的差分公式。这种差分公式虽然比较简单，但除了对时间进行差分以外，很少采用。因为它们不具有对称性，应用时容易发生差错，而且把 h^3 或 h^2 的项略去不计，精确度也较差。

又例如，我们还可以在式（2-1）中，分别取 $x=x_i+2h$，$x=x_i-2h$，得：

$$f_{i+2,j}=f_{i,j}+2h\left(\frac{\partial f}{\partial x}\right)+2h^2\frac{\partial^2 f}{\partial x^2}+\frac{4}{3}h^3\frac{\partial^3 f}{\partial x^3}+\frac{2}{3}h^4\frac{\partial^4 f}{\partial x^4}+\cdots \tag{2-18}$$

$$f_{i-2,j}=f_{i,j}-2h\left(\frac{\partial f}{\partial x}\right)+2h^2\frac{\partial^2 f}{\partial x^2}-\frac{4}{3}h^3\frac{\partial^3 f}{\partial x^3}+\frac{2}{3}h^4\frac{\partial^4 f}{\partial x^4}+\cdots \tag{2-19}$$

在式（2－2）、式（2－3）、式（2－18）和式（2－19）中都保留到 h^4 的项，联立求解$\frac{\partial f}{\partial x}$、$\frac{\partial^2 f}{\partial x^2}$、$\frac{\partial^3 f}{\partial x^3}$及$\frac{\partial^4 f}{\partial x^4}$，可以得出四个基本的差分公式，这种差分公式虽然比较精确，但也很少采用，因为每一公式中涉及太多的结点，用起来很不方便。

实际问题的边界可能为图2－2所示的不规则边界，此时对于边界附近结点（i，j）有：

$$\frac{\partial f}{\partial x}=\frac{f_{i+\varepsilon,j}-f_{i-1,j}}{(1+\varepsilon)h} \tag{2-20}$$

$$\frac{\partial^2 f}{\partial x^2}=\frac{1}{h^2}\left[\frac{2}{(1+\varepsilon)h}f_{i+\varepsilon,j}+\frac{2}{1+\varepsilon}f_{i-1,j}-\frac{2}{\varepsilon}f_{i,j}\right] \tag{2-21}$$

$$\frac{\partial f}{\partial y}=\frac{f_{i,j+\eta}-f_{i-1,j}}{(1+\eta)l} \tag{2-22}$$

$$\frac{\partial^2 f}{\partial y^2}=\frac{1}{l^2}\left[\frac{2}{\eta(1+\eta)h}f_{i,j+\eta}+\frac{2}{1+\eta}f_{i,j-1}-\frac{2}{\eta}f_{i,j}\right] \tag{2-23}$$

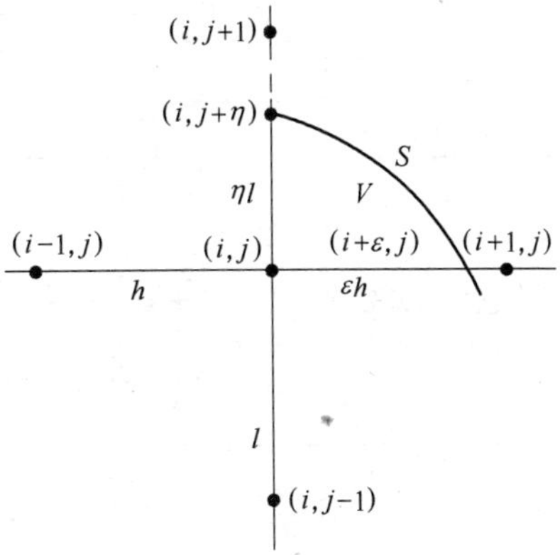

图2－2 不规则边界结点

式中 ε 与 η 见图2－2。

常用的差分公式见表2－1。

表2－1 有限差分公式

一次中心差分	$\frac{\partial f}{\partial x}=\frac{f_{i+1,j}-f_{i-1,j}}{2h}$
	$\frac{\partial^2 f}{\partial x^2}=\frac{f_{i+1,j}-2f_{i,j}+f_{i-1,j}}{h^2}$
	$\frac{\partial^3 f}{\partial x^3}=\frac{f_{i+2,j}-2f_{i+1,j}+2f_{i-1,j}-f_{i-2,j}}{2h^3}$
	$\frac{\partial^4 f}{\partial x^4}=\frac{f_{i+2,j}-4f_{i+1,j}+6f_{i,j}-4f_{i-1,j}+f_{i-2,j}}{h^4}$
二次中心差分	$\frac{\partial f}{\partial x}=\frac{-f_{i+2,j}+8f_{i+1,j}-8f_{i-1,j}+f_{i+2,j}}{12h}$
	$\frac{\partial^2 f}{\partial x^2}=\frac{-f_{i+2,j}+16f_{i+1,j}-30f_{i,j}+16f_{i-1,j}-f_{i-2,j}}{12h^2}$
	$\frac{\partial^4 f}{\partial x^4}=\frac{-f_{i+3,j}+12f_{i+2,j}-39f_{i+1,j}+56f_{i,j}-39f_{i-1,j}+12f_{i-2,j}-f_{i-3,j}}{6h^4}$
一次向前差分	$\frac{\partial f}{\partial x}=\frac{f_{i+1,j}-f_{i,j}}{h}$
	$\frac{\partial^2 f}{\partial x^2}=\frac{f_{i+2,j}-2f_{i+1,j}+f_{i,j}}{h^2}$
	$\frac{\partial^3 f}{\partial x^3}=\frac{f_{i+3,j}-3f_{i+2,j}+3f_{i+1,j}-f_{i,j}}{h^3}$
	$\frac{\partial^4 f}{\partial x^4}=\frac{f_{i+4,j}-4f_{i+3,j}+6f_{i+2,j}-4f_{i+1,j}+f_{i,j}}{h^4}$

续表 2－1

二次向前差分	$\frac{\partial f}{\partial x}=\frac{-f_{i+2,j}+4f_{i+1,j}-3f_{i,j}}{2h}$ $\frac{\partial^2 f}{\partial x^2}=\frac{-f_{i+3,j}+4f_{i+2,j}-5f_{i+1,j}+2f_{i,j}}{h^2}$ $\frac{\partial^3 f}{\partial x^3}=\frac{-3f_{i+4,j}+14f_{i+3,j}-24f_{i+2,j}+18f_{i+1,j}-5f_{i,j}}{2h^3}$ $\frac{\partial^4 f}{\partial x^4}=\frac{-2f_{i+5,j}+11f_{i+4,j}-24f_{i+3,j}+26f_{i+2,j}-14f_{i+1,j}+3f_{i,j}}{h^4}$
一次向后差分	$\frac{\partial f}{\partial x}=\frac{f_{i,j}-f_{i-1,j}}{h}$ $\frac{\partial^2 f}{\partial x^2}=\frac{f_{i,j}-2f_{i-1,j}+f_{i-2,j}}{h^2}$ $\frac{\partial^3 f}{\partial x^3}=\frac{f_{i,j}-3f_{i-1,j}+3f_{i-2,j}-f_{i-3,j}}{h^3}$
二次向后差分	$\frac{\partial f}{\partial x}=\frac{3f_{i,j}-4f_{i-1,j}+f_{i-2,j}}{2h}$ $\frac{\partial^2 f}{\partial x^2}=\frac{2f_{i,j}-5f_{i-1,j}+4f_{i-2,j}-f_{i-3,j}}{h^2}$ $\frac{\partial^3 f}{\partial x^3}=\frac{5f_{i,j}-18f_{i-1,j}+24f_{i-2,j}-14f_{i-3,j}+3f_{i-4,j}}{2h^3}$

2.2.2 有限差分格式

将差分公式代入基本控制方程得到的方程称为差分方程（或差分格式）。对同一微分方程和定解条件可以建立各种不同形式的差分格式，而要构造同一差分格式也存在着不同的途径。要使一个差分格式最终能在实际中使用，要求差分方程的解能任意地逼近微分方程的解，同时每一步计算的舍入误差不会导致随着计算次数的增加而使结果出现无限增大的偏差，即要保证差分方程的收敛性和稳定性。

下面以扩散方程（式（2－24））为例，介绍一些主要的差分格式以及它们的截断误差和稳定性条件。

$$\frac{\partial u}{\partial t}-a\frac{\partial^2 u}{\partial x^2}=0\quad(a>0)\tag{2-24}$$

式中　a——热传导系数，在固结问题中为固结系数。

在 $x-t$ 平面上分别作平行于 x 轴和 t 轴的两组平行线

$$\begin{cases}x_i=jh\ (j=0,\ \pm1,\ \pm2,\ \cdots)\\ t_n=n\tau\ (n=0,\ 1,\ 2,\ \cdots)\end{cases}$$

通常，将 h 称为空间步长，将 τ 称为时间步长，取 $\lambda=\frac{\tau}{h^2}$。

2.2.2.1 截断误差

将一次中心差分公式（式（2－7））及一次向前差分公式（式（2－16））代入扩散方程（式（2－24））得：

$$\frac{u_j^{n+1}-u_j^n}{\tau}=a\frac{u_{j+1}^n-2u_j^n+u_{j-1}^n}{h^2} \tag{2-25}$$

方程（2－25）称为求解该扩散方程的显式格式。

设 E 是差分格式（式（2－25））的截断误差，则依据截断误差的概念可得：

$$E=\frac{u_j^{n+1}-u_j^n}{\tau}-a\frac{u_{j+1}^n-2u_j^n+u_j^n}{h^2}-\left(\frac{\partial u_j^n}{\partial t}-a\frac{\partial^2 u_j^n}{\partial h^2}\right) \tag{2-26}$$

在此式中，带括号部分为零，其余部分代入下列在结点（j，n）的带余项的Taylor级数展开式：

$$u_j^{n+1}=u_j^n+\tau\frac{\partial u_j^n}{\partial t}+O(\tau^2)$$

$$u_{j+1}^n=u_j^n+h\frac{\partial u_j^n}{\partial x}+\frac{h^2}{2}\frac{\partial^2 u_j^n}{\partial x^2}+\frac{h^3}{3!}\frac{\partial^3 u_j^n}{\partial x^3}+O(h^4)$$

$$u_{j-1}^n=u_j^n-h\frac{\partial u_j^n}{\partial x}+\frac{h^2}{2}\frac{\partial^2 u_j^n}{\partial x^2}-\frac{h^3}{3!}\frac{\partial^3 u_j^n}{\partial x^3}+O(h^4)$$

并注意到 u 满足方程（2－24），可得：

$$E=O(\tau+h^2) \tag{2-27}$$

即该差分格式对时间 t 的精度是一阶的，对空间 x 的精度是二阶的。

2.2.2.2 稳定性

判别差分格式稳定性的方法有 Fourier 方法、能量方法、单调矩阵方法及离散 Green 函数方法等，下面以最常用的 Fourier 分析方法来研究显式差分格式（式（2－25））的稳定性。先把差分格式（式（2－25））改写为：

$$u_j^{n+1}=u_j^n+a\lambda(u_{j+1}^n-2u_j^n+u_{j-1}^n) \tag{2-28}$$

令 $u_j^n=v^n e^{iwjh}$ 并将它代入式（2－28）就得到：

$$v^{n+1}e^{iwjh}=v^n e^{iwjh}+a\lambda v^n(e^{iwh}-2+e^{-iwh})e^{iwjh}$$

消去公因子 e^{iwjh} 有：

$$v^{n+1}=v^n[1+a\lambda(e^{iwh}-2+e^{-iwh})]$$

由此得增长因子，即：

$$G(\tau,w)=1+a\lambda(e^{iwh}-2+e^{-iwh})$$

如果 $a\lambda\leqslant\frac{1}{2}$，则有 $|G(\tau,w)|\leqslant 1$，即冯·诺依曼条件满足。因为这是单个方程，所以冯·诺依曼条件是稳定的充分条件，即差分格式（式（2－25））的稳定性条件是：

$$a\lambda \leqslant \frac{1}{2} \tag{2-29}$$

2.2.2.3 常用差分格式

求解方程（2－24）的一些主要差分格式见表2－2，其截断误差和稳定性条件可类比前面针对显式格式的方法得到。

表2－2 方程$\frac{\partial u}{\partial t}-a\frac{\partial^2 u}{\partial x^2}=0$的一些主要差分格式

格式	差分方程	截断误差	稳定性条件
显式格式	$\frac{1}{\tau}(u_j^{n+1}-u_j^n)-\frac{a}{h^2}(u_{j+1}^n-2u_j^n+u_{j-1}^n)=0$	$O(\tau+h^2)$	$a\lambda \leqslant \frac{1}{2}$
隐式格式	$\frac{1}{\tau}(u_j^{n+1}-u_j^n)-\frac{a}{h^2}(u_{j+1}^{n+1}-2u_j^{n+1}+u_{j-1}^{n+1})=0$	$O(\tau+h^2)$	无
加权隐式格式	$\frac{1}{\tau}(u_j^{n+1}-u_j^n)-\frac{a}{h^2}[\theta(u_{j+1}^n-2u_j^n+u_{j-1}^n)+(1-\theta)(u_{j+1}^{n+1}-2u_j^{n+1}+u_{j-1}^{n+1})]=0$	$O(\tau)+O(\tau^2+h^2)$	$a\lambda \leqslant \frac{1}{2(1-2\theta)}$，$0\leqslant\theta<\frac{1}{2}$
Crank－Nicolson格式	在加权隐式格式中取$\theta=\frac{1}{2}$	$O(\tau^2+h^2)$	无
Douglas格式	在加权隐式格式中取$\theta=\frac{1}{2}\left(1-\frac{1}{6a\lambda}\right)$	$O(\tau^2+h^4)$	无
Du Fort Frankel格式	$\frac{1}{2\tau}(u_j^{n+1}-u_j^{n-1})-\frac{a}{h^2}(u_{j+1}^n-u_j^{n+1}-u_j^{n-1})=0$ 要求当$\tau,h\to 0$时，有$\frac{\tau}{h}\to 0$	$O(\tau^2+h^2)+O\left(\frac{\tau^2}{h^2}\right)$	无
跳点格式	$\frac{1}{\tau}(u_j^{n+1}-u_j^n)-\frac{a}{h^2}(u_{j+1}^n-2u_j^n+u_{j-1}^n)=0$ $(n+1+j=$偶数$)$ $\frac{1}{\tau}(u_j^{n+1}-u_j^n)-\frac{a}{h^2}(u_{j+1}^{n+1}-2u_j^{n+1}+u_{j-1}^{n+1})=0$ $(n+1+j=$奇数$)$	$O(\tau^2+h^2)+O\left(\frac{\tau^2}{h^2}\right)$	无
Richtmyer隐式格式	$\frac{3(u_j^{n+1}-u_j^n)}{2\tau}-\frac{u_j^n-u_j^{n-1}}{2\tau}-\frac{a}{h^2}(u_{j+1}^{n+1}-2u_j^{n+1}+u_{j-1}^{n+1})=0$	$O(\tau^2+h^2)$	无

2.2.3 土工问题分析的有限差分法

采用有限差分法进行土工问题分析的主要步骤有：（1）对求解域作网格划分；（2）选择逼近微分方程定解问题的差分格式；（3）针对内结点、边界结点建立不同的差分方程；（4）联立计算网格内所有结点的相应差分方程，解联立方程组。

2.2.3.1 求解域网格划分

一维情形是把区间分成一些等距或不等距的小区间；二维情形则把区域分割成一些均匀或不均匀的矩形，其边与坐标轴平行，也可分割成一些三角形或凸四边形等。我们一般用两组平行线构成的长方形或正方形网格覆盖整个 $x-y$ 平面。另外，网格的划分除要考虑计算简便和满足精度要求外，还要考虑与实测资料对比的方便。

2.2.3.2 逼近微分方程定解问题的差分格式

以 Terzaghi – Rendulic 准固结理论差分解法为例，对于路堤等二维问题，Terzaghi – Rendulic 固结方程可表示为：

$$c_x \frac{\partial^2 p_w}{\partial x^2} + c_z \frac{\partial^2 p_w}{\partial z^2} = \frac{\partial p_w}{\partial t} \tag{2-30}$$

式中 c_x——水平向固结系数，m^2/s；

c_z——竖向固结系数，m^2/s；

p_w——孔隙水压力，kPa。

采用有限差分法求解式（2 – 30）时，选择合适的差分格式是十分重要的。图 2 – 3 是用有限差分法求解二维固结问题的网格，其中图 2 – 3a 为土层内部结点；图 2 – 3b 为两土层分界点；图 2 – 3c 为土层与不透水层的边界点。

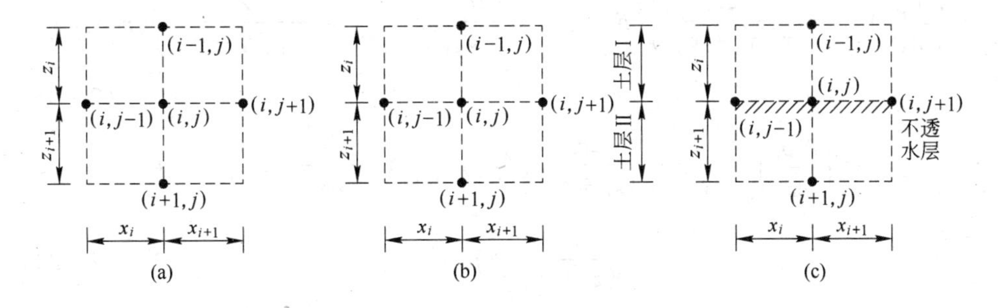

图 2 – 3 二维固结问题的有限差分网格点

（a）土层内部结点；（b）两土层分界点；（c）土层与不透水层的边界点

当采用显式差分格式时，由于需要满足稳定性条件，所以当土的渗透系数较大或出于计算精度要求需要把网格加密时，时间步长只能取得很小，使得计算时间很长。现采用交替方向隐式差分格式，其基本思想是，按已知 t 时刻孔隙水压力 p_w 值去求（$t+1$）时刻 p_w 值时，增设了一个中间时刻 $\left(t+\frac{1}{2}\right)$，然后把 $\frac{\partial^2 p_w}{\partial z^2}$ 取成隐式格式，把 $\frac{\partial^2 p_w}{\partial x^2}$ 取成显式格式。对于结点（i，j）（图 2 – 3a），式（2 – 30）可写为：

$$c_x\left(\frac{\partial^2 p_w}{\partial x^2}\right)_{i,j,t} + c_z\left(\frac{\partial^2 p_w}{\partial z^2}\right)_{i,j,t+\frac{1}{2}} = \left(\frac{\partial p_w}{\partial t}\right)_{i,j,t+\frac{1}{2}} \tag{2-31}$$

从式（2-31）求得$\left(t+\frac{1}{2}\right)$时刻的 p_w 值后，再进行一轮计算，为了保证对称性，此时$\frac{\partial^2 p_w}{\partial z^2}$取成显式格式，$\frac{\partial^2 p_w}{\partial x^2}$取成隐式格式。对于结点（$i$，$j$）（图 2-3a），式（2-30）可写为：

$$c_x\left(\frac{\partial^2 p_w}{\partial x^2}\right)_{i,j,t+1} + c_z\left(\frac{\partial^2 p_w}{\partial z^2}\right)_{i,j,t+\frac{1}{2}} = \left(\frac{\partial p_w}{\partial t}\right)_{i,j,t+1} \tag{2-32}$$

求解式（2-32）即可获得（$t+1$）时刻的 p_w 值。因为在 x 轴和 z 轴方向交替地使用隐式差分具有节省计算机存储量和无条件稳定等优点，所以可采用变化的时间步长，即在 p_w 值变化缓慢的时段内，取用较大的时间步长，以缩短运算时间。

2.2.3.3 内结点和边界结点不同差分方程的建立

式(2-31)及式(2-32)是某土层内部结点的差分格式，其中 c_x 和 c_z 分别表示该层水平方向和竖直方向的固结系数，式（2-31）中各项的差分形式为：

$$c_x\left(\frac{\partial^2 p_w}{\partial x^2}\right)_{i,j,t} = \frac{2c_x}{x_i(x_i+x_{i+1})}(p_w)_{i,j-1,t} - \frac{2c_x}{x_i x_{i+1}}(p_w)_{i,j,t} + \frac{2c_x}{x_{i+1}(x_i+x_{i+1})}(p_w)_{i,j+1,t} \tag{2-33}$$

$$c_z\left(\frac{\partial^2 p_w}{\partial z^2}\right)_{i,j,t+\frac{1}{2}} = \frac{2c_z}{z_i(z_i+z_{i+1})}(p_w)_{i-1,j,t+\frac{1}{2}} - \frac{2c_z}{z_i z_{i+1}}(p_w)_{i,j,t+\frac{1}{2}} + \frac{2c_z}{z_{i+1}(z_i+z_{i+1})}(p_w)_{i+1,j,t+\frac{1}{2}} \tag{2-34}$$

$$\left(\frac{\partial p_w}{\partial t}\right)_{i,j,t+\frac{1}{2}} = \frac{2\left[(p_w)_{i,j,t+\frac{1}{2}} - (p_w)_{i,j,t}\right]}{\Delta t} \tag{2-35}$$

将式（2-33）、式（2-34）和式（2-35）代入式（2-31），整理后便获得内结点（i，j）的交替方向隐式差分方程的表达式，即：

$$\frac{c_z\Delta t}{z_i(z_i+z_{i+1})}(p_w)_{i-1,j,t+\frac{1}{2}} - \left[\frac{c_z\Delta t}{z_i(z_i+z_{i+1})}+1\right](p_w)_{i,j,t+\frac{1}{2}} + \frac{c_z\Delta t}{z_i(z_i+z_{i+1})}(p_w)_{i+1,j,t+\frac{1}{2}}$$
$$= -\frac{c_x\Delta t}{x_i(x_i+x_{i+1})}(p_w)_{i,j-1,t} + \left[\frac{c_x\Delta t}{x_i x_{i+1}}-1\right](p_w)_{i,j,t} - \frac{c_x\Delta t}{x_{i-1}(x_{i+1}+x_i)}(p_w)_{i,j+1,t} \tag{2-36}$$

同理，式（2-32）也可写为：

$$\frac{c_x\Delta t}{x_i(x_i+x_{i+1})}(p_w)_{i,j-1,t+1}-\left[\frac{c_x\Delta t}{x_i x_{i+1}}+1\right](p_w)_{i,j,t+1}+\frac{c_x\Delta t}{x_{i+1}(x_{i+1}+x_i)}(p_w)_{i,j+1,t+1}$$
$$=-\frac{c_z\Delta t}{z_i(z_i+z_{i+1})}(p_w)_{i-1,j,t+\frac{1}{2}}+\left[\frac{c_z\Delta t}{z_i(z_i+z_{i+1})}-1\right](p_w)_{i,j,t+\frac{1}{2}}-$$
$$\frac{c_z\Delta t}{z_{i+1}(z_i+z_{i+1})}(p_w)_{i+1,j,t+\frac{1}{2}} \tag{2-37}$$

现讨论图2-3b中两个渗透系数不同的土层界面上的点（i, j）的差分格式。对于土层分界面上的点（i, j），式（2-31）和式（2-32）可分别改写为：

$$\overline{c_x}\left(\frac{\partial^2 p_w}{\partial x^2}\right)_{i,j,t}+\overline{c_z}\left(\frac{\partial^2 p_w}{\partial z^2}\right)_{i,j,t+\frac{1}{2}}=\left(\frac{\partial p_w}{\partial t}\right)_{i,j,t+\frac{1}{2}} \tag{2-38}$$

和

$$\overline{c_x}\left(\frac{\partial^2 p_w}{\partial x^2}\right)_{i,j,t+1}+\overline{c_z}\left(\frac{\partial^2 p_w}{\partial z^2}\right)_{i,j,t+\frac{1}{2}}=\left(\frac{\partial p_w}{\partial t}\right)_{i,j,t+1} \tag{2-39}$$

式中 $\overline{c_x}$——分层界面处水平方向的平均固结系数，m^2/s；

$\overline{c_z}$——分层界面处竖直方向的平均固结系数，m^2/s。

根据水在水平方向连续渗流的特点，即水平方向总渗流量等于各分层渗流量之和以及各分层内水力坡降相同等条件，它的水平方向固结系数可取加权平均值，即：

$$\overline{c_x}=\frac{c_{x_1}z_i+c_{x_2}z_{i+1}}{z_i+z_{i+1}} \tag{2-40}$$

式中 c_{x_1}——第1土层的水平方向固结系数，m^2/s；

c_{x_2}——第2土层的水平方向固结系数，m^2/s；

z_i，z_{i+1}——第i土层、第$i+1$土层的厚度。

于是，x轴方向的二阶导数通过泰勒级数展开可得：

$$\overline{c_x}\left(\frac{\partial^2 p_w}{\partial x^2}\right)_{i,j,t}=\frac{2\overline{c_x}}{x_i(x_i+x_{i+1})}(p_w)_{i,j-1,t}-\frac{2\overline{c_x}}{x_i x_{i+1}}(p_w)_{i,j,t}+\frac{2\overline{c_x}}{x_{i+1}(x_i+x_{i+1})}(p_w)_{i,j+1,t} \tag{2-41}$$

当渗流与层面正交时，竖直方向固结系数若仍取加权平均值，即把多层非均质土当做均质土来处理，所得到的孔隙水压力分布线较为光滑，在分层界面处无折变现象，不能反映多层介质体系中的渗流特点。因此，当水沿竖直方向渗流时，除在界面处要满足水流连续性条件外，还要满足变形协调条件。取图2-3b中点（i, j）处一微分体，根据单位时间内土层Ⅰ、Ⅱ内的竖直方向变形量的和等于相对应的均一土层竖直方向变形量的协调条件，可写出如下关系式：

$$\left(\frac{k_{z_1}}{c_{z_1}}\frac{z_i}{2}\right)\frac{\partial p_w}{\partial t}+\left(\frac{k_{z_2}}{c_{z_2}}\frac{z_{i+1}}{2}\right)\frac{\partial p_w}{\partial t}=\left(\frac{\overline{k_z}}{\overline{c_z}}\frac{z_i+z_{i+1}}{2}\right)\frac{\partial p_w}{\partial t} \tag{2-42}$$

于是可得：

$$\overline{c_z} = \frac{c_{z_1} c_{z_2} (z_i + z_{i+1})}{c_{z_1} k_{z_2} z_i + c_{z_2} k_{z_1} z_{i+1}} \overline{k_z} = m \overline{k_z} \tag{2-43}$$

式中 k_{z_1}——第1层土的竖直方向渗透系数，m/s；

c_{z_1}——第1层土的竖直方向固结系数，m^2/s；

$\overline{k_z}$——均一土层的竖直方向渗透系数，m/s；

m——代换符号，$m = \frac{c_{z_1} c_{z_2} (z_i + z_{i+1})}{c_{z_1} k_{z_2} z_i + c_{z_2} k_{z_1} z_{i+1}}$。

若取$\overline{k_{z_2}} = k_{z_1}$，即土层Ⅱ的$k_{z_2}$用土层Ⅰ的$k_{z_1}$所替代，则为了保证水流流速的连续性条件，点$(i+1, j)$处的孔隙水压力要满足下列条件：

$$(p_w)'_{i+1,j,t+\frac{1}{2}} = \frac{k_{z_2}}{k_{z_1}} [(p_w)_{i+1,j,t+\frac{1}{2}} - (p_w)_{i,j,t+\frac{1}{2}}] + (p_w)_{i,j,t+\frac{1}{2}} \tag{2-44}$$

于是，式（2-38）左边的第二项可写为：

$$\overline{c_z} \left(\frac{\partial^2 p_w}{\partial z^2} \right)_{i,j,t+\frac{1}{2}} = \frac{2mk_{z_1}}{z_i (z_i + z_{i+1})} (p_w)_{i-1,j,t+\frac{1}{2}} - \frac{2mk_{z_1}}{z_i z_{i+1}} (p_w)_{i,j,t+\frac{1}{2}} + \frac{2mk_{z_1}}{z_i (z_i + z_{i+1})} (p_w)'_{i+1,j,t+\frac{1}{2}} \tag{2-45}$$

如图2-3b所示，当上、下两层土的性质相同时，式（2-45）便成为前面讨论的某土层内部结点的差分表达形式。

式（2-38）的右端项取向后差分，可得：

$$\frac{\partial p_w}{\partial t} = \frac{2[(p_w)_{i,j,t+\frac{1}{2}} - (p_w)_{i,j,t}]}{\Delta t} \tag{2-46}$$

将式（2-41）、式（2-44）和式（2-46）代入式（2-38），整理后便获得分层界面处点(i, j)的交替方向隐式差分方程的表达式，即：

$$m\eta_1 (p_w)_{i-1,j,t+\frac{1}{2}} - (m\eta_1 + m\eta_2 + 2)(p_w)_{i,j,t+\frac{1}{2}} + m\eta_2 (p_w)_{i+1,j,t+\frac{1}{2}} = -[\eta_3 (p_w)_{i,j-1,t} - (\eta_3 + \eta_4 - 2)(p_w)_{i,j,t} + \eta_4 (p_w)_{i,j+1,t}] \tag{2-47}$$

同理，式（2-39）也可写为：

$$\eta_3 (p_w)_{i,j-1,t+1} - (\eta_3 + \eta_4 - 2)(p_w)_{i,j,t+1} + \eta_4 (p_w)_{i,j+1,t+1} = -[m\eta_1 (p_w)_{i-1,j,t-\frac{1}{2}} - (m\eta_1 + m\eta_2 + 2)(p_w)_{i,j,t+\frac{1}{2}} + m\eta_2 (p_w)_{i+1,j,t+\frac{1}{2}}] \tag{2-48}$$

式中，$\eta_1 = \frac{2\Delta t k_{z_1}}{(z_i + z_{i+1}) z_i}$，$\eta_2 = \frac{2\Delta t k_{z_2}}{(z_i + z_{i+1}) z_{i+1}}$，$\eta_3 = \frac{2\overline{c_x}\Delta t}{(x_i + x_{i+1}) x_i}$，$\eta_4 = \frac{2\overline{c_x}\Delta t}{(x_i + x_{i+1}) x_{i+1}}$，$\overline{c_x} = \frac{c_{x_1} z_i + c_{x_2} z_{i+1}}{z_i + z_{i+1}}$。

另外，对于透水层与不透水层分界面上的点，可以把点$(i+1, j)$视作点

$(i-1, j)$ 的镜面反射点。这样可得 $z_i = z_{i+1}$，$(p_w)_{i-1,j,t+\frac{1}{2}} = (p_w)_{i+1,j,t+\frac{1}{2}}$，$(p_w)_{i-1,j,t} = (p_w)_{i+1,j,t}$。于是，式（2-36）变为：

$$\frac{c_z\Delta t}{z_i^2}(p_w)_{i-1,j,t+\frac{1}{2}} - \left[\frac{c_z\Delta t}{z_i^2} + 1\right](p_w)_{i,j,t+\frac{1}{2}}$$

$$= -\frac{c_x\Delta t}{x_i(x_i + x_{i+1})}(p_w)_{i,j-1,t} + \left[\frac{c_x\Delta t}{x_i x_{i+1}} - 1\right](p_w)_{i,j,t} - \frac{c_x\Delta t}{x_{i+1}(x_i + x_{i+1})}(p_w)_{i,j+1,t} \tag{2-49}$$

同理，式（2-37）成为：

$$\frac{c_x\Delta t}{x_i(x_i + x_{i+1})}(p_w)_{i,j-1,t} - \left[\frac{c_x\Delta t}{x_i x_{i+1}} + 1\right](p_w)_{i,j,t+1} + \frac{c_x\Delta t}{x_{i+1}(x_i + x_{i+1})}(p_w)_{i,j+1,t+1}$$

$$= -\frac{c_z\Delta t}{z_i^2}(p_w)_{i-1,j,t+\frac{1}{2}} + \left[\frac{c_z\Delta t}{z_i^2} - 1\right](p_w)_{i,j,t+\frac{1}{2}} \tag{2-50}$$

2.2.3.4 解联立方程组

对于每一结点均可写出一差分方程，如有 n 个结点，则可写出 n 个方程，在 n 个方程中还包含了各种边界条件。由 n 个方程组成的方程组中，共有 n 个未知数，通过求解方程组，即可解出 n 个未知量。同时，这类代数方程是微分方程的离散近似模拟，它仍旧保持着原微分方程的某些特征，因此，我们可以针对它的特点构造有效的解法。

一般，对于系数矩阵是中等规模的 n 阶（如 $n < 150$）稠密矩阵的方程组，采用选主元素消元法（如高斯消元法、直接三角分解法）是比较有效的；而对于一些特殊类型矩阵，如对称正定矩阵和对角元占优的三对角矩阵，利用一些简单的矩阵分解，就可得到解对称正定矩阵方程组的平方根法（或改进的平方根法），以及解对角占优的三对角矩阵方程组的追赶法。但如果三对角矩阵的对角不占优，则应采用列主元消元法来求解方程组。

此外，另一类求解线性方程的重要方法是迭代法，其中 $G-S$ 迭代法和逐次松弛迭代法是比较有效的方法。由于迭代法可以只利用系数矩阵的非零元素，因此，迭代法所需要计算机存储单元较少，特别适用于求解大型稀疏矩阵方程组；而对于非线性方程组，可以用牛顿法来进行求解。

2.3 有限单元法

2.3.1 有限单元法的基本原理

有限单元法（FEM）是将微分方程（组）简化为线性代数方程组从而求解问题的一种数值分析方法，是20世纪60年代发展起来的一种强有力的数值计算工具，它对非均质、非线性、复杂边界问题具有很强的适用性。

有限单元法的理论基础是依据最小势能原理。有限单元法将计算的连续体对象离散化，成为由若干较小的单元组成的连续体，这些较小的单元被称为有限元，被离散的相邻单元彼此连接，保持原先的连续性质，单元边线的交点称为结点，一般情况下以结点位移作为未知量。有限单元法的特点是把有限个单元逐个地分析处理，每个单元要满足其平衡方程、本构方程和几何方程，形成单元的几何矩阵、应力矩阵和刚度矩阵，然后根据位移模式、单元边线和结点处位移协调条件组合成整体刚度矩阵，再考虑到边界条件、荷载条件等进行求解。求得结点位移后，逐个单元地计算单元应变、应力，这样就最终得到整个计算对象的位移场、应变场和应力场。有限单元法计算可概括为6个步骤：(1) 结构的离散化；(2) 形函数的选择；(3) 建立单元应力和结点位移之间的关系；(4) 建立单元上的结点力和结点位移之间的关系；(5) 建立整体平衡方程；(6) 求解未知结点位移和单元应力。

2.3.1.1 结构的离散化

结构离散化是将计算对象视为连续体后再划分成有限个单元体，并在单元体的指定点设置结点，相邻的单元体只在结点处相互连接。离散后的结构与原结构形状相同、材料相同、荷载和边界条件相同，常用于离散结构的单元形式有平面三角形单元、平面四边形等参单元、空间四面体单元、空间六面体等参单元等，每种形态的单元又可以有不同的结点数。为了有效地逼近实际连续体，应选择合适的单元类型、确定合适单元的数量和密度，这一过程称为建模。一般情况下，单元划分越细则对变形情况的表述越精确，即越接近实际，但计算量也越大。

2.3.1.2 形函数的选择

形函数（也称位移函数）决定了单元内部的各点的位移模式，对于它的选择是有限元法分析中的一个关键问题，目前常选择多项式作为形函数。

根据所选择的形函数就可导出用结点位移表示单元内任意点位移的关系式，其矩阵形式为：

$$\{w\} = [N]\{\delta\}^{e} \tag{2-51}$$

式（2－51）中，以平面三结点三角形单元为例，任意点的位移分量列阵 $\{w\} = [w_x, w_z]^{T}$；单元结点（i, j, m）的位移列阵 $\{\delta\}^{e} = [w_{xi}, w_{zi}, w_{xj}, w_{zj}, w_{xm}, w_{zm}]^{T}$，形函数矩阵 $[N] = \begin{bmatrix} N_i & 0 & N_j & 0 & N_m & 0 \\ 0 & N_i & 0 & N_j & 0 & N_m \end{bmatrix}$ 是结点坐标的函数，对于三结点三角形单元可将其假定为线性模式，因此式（2－51）可变为：

$$\begin{cases} w_x(x, z) = N_i(x, z)w_{xi} + N_j(x, z)w_{xj} + N_m(x, z)w_{xm} \\ w_z(x, z) = N_i(x, z)w_{zi} + N_j(x, z)w_{zj} + N_m(x, z)w_{zm} \end{cases} \tag{2-52}$$

2.3.1.3 建立单元应力和结点位移之间的关系

利用几何方程和式（2－51）导出用结点位移表示单元应变的关系式，即：

$$\{\varepsilon\} = [B]\{\delta\}^{e} \tag{2-53}$$

式中 $\{\varepsilon\}$——x，z 平面单元内任意点的应变列阵，$\{\varepsilon\} = [\varepsilon_x, \varepsilon_z, \gamma_{xz}]^{T}$；

$[B]$——应变矩阵：

$$[B] = \begin{bmatrix} \dfrac{\partial N_i}{\partial x} & 0 & \dfrac{\partial N_j}{\partial x} & 0 & \dfrac{\partial N_m}{\partial x} & 0 \\ 0 & \dfrac{\partial N_i}{\partial z} & 0 & \dfrac{\partial N_j}{\partial z} & 0 & \dfrac{\partial N_m}{\partial z} \\ \dfrac{\partial N_i}{\partial z} & \dfrac{\partial N_i}{\partial x} & \dfrac{\partial N_j}{\partial z} & \dfrac{\partial N_j}{\partial x} & \dfrac{\partial N_m}{\partial z} & \dfrac{\partial N_m}{\partial x} \end{bmatrix} \tag{2-54}$$

利用物理方程和式（2－53）可导出单元应力的关系式，即：

$$\{\sigma\} = [D][B]\{\delta\}^{e} \tag{2-55}$$

式中 $\{\sigma\}$——单元内任意点的应力列阵；

$[D]$——与单元材料性质有关的弹性矩阵或弹塑性矩阵。

对于平面应变弹性问题，则有：

$$[D] = \frac{E(1-\nu)}{(1+\nu)(1-2\nu)} \begin{bmatrix} 1 & \dfrac{\nu}{1-\nu} & 0 \\ \dfrac{\nu}{1-\nu} & 1 & 0 \\ 0 & 0 & \dfrac{1-2\nu}{2(1-\nu)} \end{bmatrix} \tag{2-56}$$

式中 E——弹性模量，Pa；

ν——泊松比。

2.3.1.4 建立单元上的结点力和结点位移之间的关系

利用虚功原理，单元结点力和结点位移之间的关系式可表示为单元平衡方程，即：

$$\{F\}^{e} = [k]^{e}\{\delta\}^{e} \tag{2-57}$$

式中 $\{F\}^{e}$——单元等效结点力列阵；

$[k]^{e}$——单元刚度矩阵。

对于任意单元的 i，j，m，每个结点都存在 x 轴方向和 z 轴方向的两个分力，因此 $\{F\}^{e} = [F_{xi}, F_{zi}, F_{xj}, F_{zj}, F_{xm}, F_{zm}]$，$\{F\}^{e}$ 和$[k]^{e}$ 分别为：

$$\{F\}^{e} = \iint B^{T}[\sigma]\,\mathrm{d}x\mathrm{d}z \tag{2-58}$$

$$[k]^{e} = \iint B^{T}[D][B]\,\mathrm{d}x\mathrm{d}z \tag{2-59}$$

2.3.1.5 建立整体平衡方程

集合所有单元的刚度矩阵，得结构整体刚度矩阵 $[K]$；同时，集合作用于各单元的等效结点力矩阵，形成总体荷载矩阵 $[R]$，从而，整个结构的平衡方程表示为：

$$[K]\{\delta\} = \{R\} \tag{2-60}$$

2.3.1.6 求解未知结点位移和单元应力

考虑一定的边界条件，求解式（2-60）即可得到所有未知结点位移。在线性问题中，可根据方程组的具体特点，选择合适的计算方法，一次求解式（2-60）即可得到解答。

对于非线性问题，则要通过一系列的步骤，并采用逐步修正刚度矩阵或荷载矩阵的方法，或采用增量法，才能获得各结点的正确位移。

最后，利用式（2-53）、式（2-55）和已求出的结点位移计算各单元的应变和应力。

2.3.2 土工问题分析的有限元方法

自1966年美国学者Clough和Woodward首先将有限元法用于土坝的应力和变形分析以来，该方法已在岩土工程问题的分析中得到广泛应用。在水利水电、土木、港口等工程中，为了使地基及土工结构的设计更加安全、可靠、经济，必须对其应力变形有准确认识，而有限元法是目前最有效方便的处理复杂受力和边界条件的方法之一[4~6]。

用于土体的有限元应力变形分析方法可分为总应力分析法和有效应力分析法。总应力分析法不区分土单元中由土颗粒骨架和孔隙水分别传递和承受的应力（即有效应力和孔隙水应力），而将土体作为一相介质考虑，以土体应力为总应力。因此，土体总应力有限元分析的方法原理与一般固体力学有限元法相同。

有效应力分析法则区分土体中的有效应力和孔隙水应力，将土颗粒骨架变形与孔隙水的渗透同步考虑，因而较总应力分析法能更真实地反映土体的自身特性，能更合理地计算土体在外荷载作用下的变形，因此其应用范围也更广。由于这时土体是作为二相介质考虑的，同时需考虑渗流对孔隙水应力变化的影响，因此，存在耦合作用，其有限元控制方程与一般固体力学有限元方程有所不同。

对于透水性强的地基或土工建筑物，可用总应力法进行计算，但由于该法较简单，因此也常用于分析饱和砂土的应力变形；而对于饱和软土等透水性较弱的地基或土工建筑物，应用较严密的有效应力法进行计算。

由于土体的复杂变形特性，即使用总应力法对土体或土工建筑物进行有限元分析，在实际应用时，也有其特殊性，需针对岩土体的特殊性进行相应处理。例如本构关系的选用，模型参数的确定，非线性分析方法的采用，特殊问题（单元破坏、湿化、分期施工、接触问题）的处理等。

2.4 其他数值方法简介

除了上面两节介绍的有限单元法和有限差分法，其他数值方法如滑移线理论与特征线方法、边界元法、离散元法、非连续变形分析法、流形元法等也应用广泛[7~11]。

滑移线理论的概念应用于土力学起于20世纪50年代，并成功应用于研究土体稳定问题，例如地基承载力、土坡稳定、土压力等。土力学中的滑移线理论是从经典塑性力学的基础上发展起来的，即假定土体为理想刚塑性体，强度包线为直线且服从正交流动规则的标准库仑材料。滑移线理论是基于平面应变状态的土体内当达到“塑性流动”时，塑性区内的应力和应变速度的偏微分方程是双曲线这一事实来求解平面应变问题的一种方法，而应用特征线理论是求解平面应变问题极限解的一种方法。

边界元法化微分方程为边界积分方程，使用类似于有限元法的离散技术来离散边界。由于离散化所引起的误差仅来源于边界，因此提高了计算精度。依靠边界结点上算得的量，即可计算区域内的有关物理量，从而减少了准备工作量及计算量。边界元法又有直接法及间接法之分，其中间接法需要先求取一个虚设的量。边界元法的缺点是对变系数或非线性问题的适应性不如有限元法。

离散单元法用于非连续性岩体有其独特优势。由于岩体中每个岩块之间存在节理、裂隙等，因此使得整个岩体成为不完全连续体。离散单元法的基本原理是基于牛顿第二定律，即假设被节理裂隙切割的岩块是刚体，岩石块体按照整个岩体的节理裂隙互相镶嵌排列，每个岩块在空间中有自己的位置并处于平衡状态。当外力或位移约束条件发生变化时，块体在自重和外力作用下将产生位移（移动和转动），使得块体的空间位置发生变化，从而导致相邻块体受力和位置发生变化，甚至使块体互相重叠。随着外力和约束条件的变化或时间的延续，有更多的块体发生位置的变化并互相重叠，离散元法模拟各个块体的移动和转动，直至岩体破坏。离散元法在边坡、危岩和矿井稳定等岩石力学问题中得到了广泛应用。此外，颗粒离散元还被广泛地应用于研究复杂物理场作用下粉体的动力学行为和多相混合材料介质或具有复杂结构的材料的力学特性，其涉及粉末加工、研磨技术、混合搅拌等工业加工领域和粮食等颗粒离散体的仓储和运输等实际生产领域。

非连续变形分析法（DDA）的主要优势是适合于求解具有节理的非连续性岩体的非连续大变形问题，它是在不连续体位移分析法的基础上推广而来的一种正分析方法，它可以从块体结构的几何参数、力学参数、外荷载约束情况计算出块体的位移、变形、应力、应变以及块体间离合情况。非连续变形分析法视岩块为简单变形体，既有刚体运动还有常应变，无需保持结点处力的平衡与变形协调，可以在一定的约束下只单独满足每个块体的平衡并有自己的位移和变形。DDA法可求得块体系统最终达到平衡时的应力场及位移场等情况以及运动过程中各块体的相对位置及接触关系，还可以模拟出岩石块体之间在界面上的运动，包括移动、转动、张开、闭合等全部过程，据此可以判定出岩体的破坏程度、破坏范围，从而对岩体整体和局部的稳定性作出正确的评价。DDA 法在隧洞和矿井稳定等岩石力学问题中已得到广泛应用。

需要指出的是，不管采用何种数值方法，运用比较符合工程实际的计算模型和参数都是取得数值分析合理结果的重要影响因素之一。取得计算参数的方法有三种途径：一是室内模拟试验，建立相应的模型并确定参数；二是原位试验或现场观测，建立相应的模型并确定相关参数；三是应用易于得到的现场观测数据（例如位移），选用适当的模型通过数值分析方法反演该模型参数，这种方法称为反演分析或反分析法，现有多种反分析方法，例如逆反分析、正反分析、随机反分析、模糊反分析等。近年来人工神经网络算法、遗传算法等也相继应用于参数反分析法研究。

2.5 本书采用的数值方法

目前，在岩土工程的数值分析中，用的最为普遍的是有限元法和有限差分法。当数值分析中的差分法盛行于工程科学时，土工中的渗流及固结问题在 20 世纪 40 年代后期也开始采用差分法，并且利用差分法成功地解决了某些实际问题，如土坝渗流及浸润线的求法、土坝及地基的固结等。20 世纪 50 年代及 60 年代初，弹性地基上的梁与板以及板桩也用差分法来求解。

20 世纪 60 年代，土石坝静力问题采用有限元法来求解获得巨大成功，并且石坝及高楼（包括地基）施工成功地使用有限元法解决了抗震分析，20 世纪 70 年代后期到 20 世纪 80 年代，边界元法异军突起。这些数值方法的发展使有限差分法在土工中的应用暂时趋于停滞。但近 10 年来，随着任意网格的差分、快速拉格朗日法等的发展，有限差分法又有了新进展，使得这种古老方法又可以与有限元法等新方法相匹敌，如在岩土工程分析中应用较多的商业软件 FLAC，就是一款基于有限差分算法的软件[12]。基于上述分析，考虑到有限差分数学理论简单易懂，在分析渗流固结问题时有其特殊的优点和简便之处，本书的全部数值模拟均采用有限差分方法进行。

当然，在某些特定的条件下，有限元法与有限差分法，有限元法与边界元法或有限元法与离散元法相结合来处理某一问题，比用它们各自求解更有优越性。总之，多种数值方法的互相渗透和互相配合，使求解土工或其他工程学科问题又达到了一个新阶段，将数值方法解决问题的能力提高到新的水平。

参 考 文 献

[1] 卢廷浩．岩土工程图数值分析［M］．北京：中国水利水电出版社，2008.

[2]［美］C. S. 德赛，J. T. 克里斯琴．岩土工程数值方法［M］．卢世深，潘善德，王钟琦等译．北京：中国建筑工业出版社，1981.

[3] 龚晓南．土工计算机分析［M］．北京：中国建筑工业出版社，2000.

[4] 钱家欢，殷宗泽．土工数值分析［M］．北京：中国铁道出版社，1991.

[5] 钱家欢，等．土工原理与计算［M］．北京：中国水利水电出版社，1987.

[6] 廖红建，王铁行．岩土工程数值分析［M］．北京：机械工业出版社，2006.

[7] 中国力学学会计算力学委员会．第一届全国计算岩土力学研讨会论文集［C］．成都：西南交通大学出版社，1987.

[8] 刘凯欣，高凌天．离散元法研究的评述［J］．力学进展，2003，33（25）：483~490.

[9] Cundall P A，Strack O D L. A discrete numerical model for granular assembles［J］. Geotechnique，1979，29（1）：47~65.

[10] Walton O R. Particle dynamics modeling of geological materials［J］. Report UCRL 52915. Lawrence National Lab，1980.

[11] 王泳嘉，邢纪波．离散单元法及其在岩土力学中的应用［M］．沈阳：东北工学院出版社，1991.

[12] ITASCA Consulting Group. FLAC Manuals. ITASCA，2008.

3 天然软土堆载预压施工过程的数值模拟

3.1 天然结构性软土研究概述

3.1.1 天然软土的结构性与堆载预压法

近年来，伴随着经济的快速发展，我国的现代化建设正如火如荼地进行着，而在我国经济最为发达的东部沿海地区，修建了大量道路桥梁以及房屋建筑物等土木工程构筑物。这些地区的土层基本上都是天然软黏土层，天然软黏土有一个非常重要的固有特性，就是具有一定的结构性，软土的结构性对软土的工程特性，如渗透性、压缩性以及强度特性等，具有深远的影响。而软土的固结与这些特性有着很紧密的联系，同样，软土的固结与地基的工程性状也有着紧密的关系，如软土地基的渗流、稳定和沉降等问题，因此在土力学的研究中，固结理论占据着非常重要的一席，对于结构性软土固结理论的研究必将对土力学的理论研究以及工程实践起到巨大的促进作用。

伴随着人类社会的快速发展，现代化建设对土体研究提出的要求也越来越高。虽然目前使用的固结强度理论在工程实践中应用很广，并且取得了丰硕的成果，但是根据现行的固结强度理论进行研究分析，其分析计算得到的结果与在工程实践上实际测的结果存在一定的差距，更重要的是，这些理论大多是建立在重塑土实验的基础上的，而随着人们对土力学理论研究的深入以及大量工程实践经验的积累，天然软黏土的结构性对于软土力学研究的重要性也越来越明显。但是，目前在国内外的土力学理论研究中，考虑软黏土结构性的固结强度理论和方法很少，由此不难看出，天然软黏土的结构性特性在土力学理论研究中的独特地位，然而仅在最近几年，对于软黏土结构性的认识与研究才开始在我国得到重视。目前虽然我国对于天然黏性土结构性的研究有了一定的广度和深度，但不幸的是，在实际的工程实践中，软黏土的结构性还是没有受到足够的重视，这可能会导致人们对施工过程中的一些工程问题重视不够，从而引发一些工程质量问题或工程事故，造成人员伤亡及财产损失。

堆载预压作为一种常用的软土地基处理方法被广泛应用。本章在进行堆载预压模拟中考虑了软土的结构性这一固有特性，是很有实践意义的，尤其是把结构性软黏土的研究成果应用在工程实践中，必将对工程实践起到重要的指导意义，对工程技术的完善具有一定的参考价值。

3.1.2 天然软土结构性研究综述

在我国东部沿海地区，土层一般是由淤泥质粉质黏土以及淤泥质黏土构成，这些软黏土具有孔隙比大、含水量高、强度低以及压缩性高等许多不利的工程特性，因此在工程建设中，必须特别重视这些软土层。我们知道，绝大多数天然软黏土都具有一定的结构性，而这种结构性对土的工程特性影响显著。近些年来，国内学者普遍开始对天然软土的结构性进行研究，作为天然软土的一种固有特性，结构性并不是以力学性质的形式出现，而是通过自身的变化规律来影响土的一些工程特性，如渗透性、压缩性和剪切强度等，这就使得人们在工程实践中更难把握土性质的变化。

近代土力学大多通过对重塑土特性的研究分析得出研究结论，而在这些研究中，20 世纪 30 年代形成的 Hvorslev[1]和 Rendulic[2]理论最为突出。20 世纪 40 年代后，人们对重塑土进行了深入的研究，尤其是英国学者，在这一方面取得了突出的成就，建立了临界状态土力学理论的基本框架，即剑桥模型。在过去的几十年中，通过对重塑土的研究，一系列有关土力学的概念不断地形成并广为传播，以至于在许多人看来，这些就代表了软黏土的一切。但是从 20 世纪 60 年代开始，少数学者陆续对天然软黏土的特性进行了研究，研究发现天然软土与重塑土有许多不同之处，其中最为重要的是，软黏土在天然沉积过程中，土颗粒会逐渐形成一定的骨架结构，它们之间的接触点会由于地下长期的物理化学作用而慢慢形成胶结，从而使天然软黏土具有一定的结构性。而重塑土却不具有这些特性，这主要是因为土粒间形成的骨架被破坏而无法实现胶结，下面将着重介绍结构性软土的力学特性研究现状。

3.1.2.1 结构性软黏土的压缩特性

用孔隙指数 I_v 来使压缩参数归一化，就可以比较天然软黏土的沉积压缩曲线 SCL 和重塑黏土的固有压缩曲线 ICL。英国学者 Burland[3]在 1990 年做了一个 Rankine 的讲座，总结了西方在天然黏土方面的研究成果。Burland 根据大量取自不同深度的天然土样孔隙比与上覆压力的统计结果提供了表征天然沉积土压缩过程的沉积压缩曲线（SCL），如图 3 - 1 所示，该图下方的一条所谓固有压缩曲线（ICL）实际上是取各种土重塑后的压缩曲线上各点对应的平均值所得的曲线。为了说明这一曲线同样适用于我国的软黏土，魏汝龙[4]（1990）也给出了我国软黏土的压缩曲线，如图 3 - 2 所示。从图 3 - 1 和图 3 - 2 可以看出：具有结构性的天然软土的沉积压缩曲线在 SCL 附近，要高于重塑土固有压缩曲线 ICL，即在同一压力下，天然软土的孔隙比明显地高于重塑土，符合 Burland 的沉积压缩曲线图。

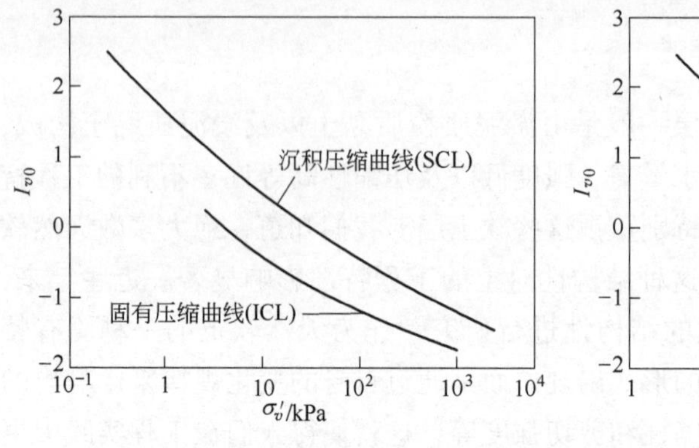

图 3-1 天然土的沉积压缩曲线
(Burland, 1990)

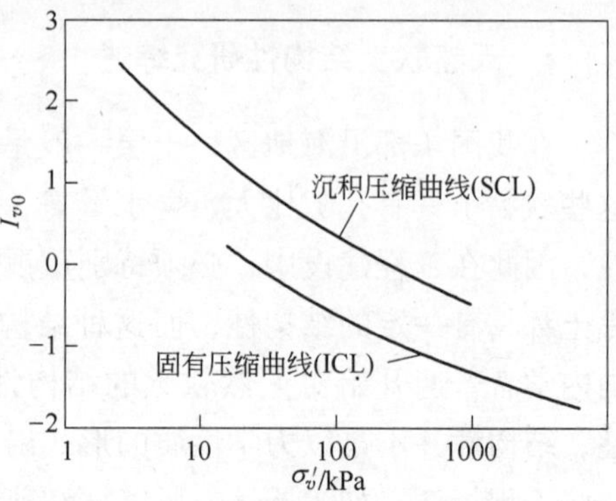

图 3-2 我国软土的沉积压缩曲线
(魏汝龙, 1990)

国内外不同学者对不同地区的黏土进行了大量的研究，例如 Mesri 等[5]（1975）对 Mexico City 的黏土，Yong[6]（1977）对 Leda Clay 的黏土，张诚厚[7]（1983）对湛江及上海的黏土，Burland[3]（1990）对 Troll field Clay 的黏土，熊传祥、周建安等[8]（2002）对杭州的黏土，王立忠等[9]（2004）对温州的软土等进行了研究。研究结果表明，结构性强的原状黏土具有明显的结构屈服压力（又称准先期固结压力），当有效上覆压力在低于结构屈服压力范围内，土的压缩性较小，一旦超过结构屈服压力，则土的压缩性显著增大，最后趋于重塑土的压缩曲线。沈珠江[10]（2004）指出，天然结构黏土的压缩曲线的初始段很平缓，当压力超过某一 σ_{pc} 值时就出现陡降段，并靠近于重塑土的压缩曲线，如图 3-3 和图 3-4 所示。沈同时提出，由于 σ_{pc} 值超过上覆压力 σ_{z0}，因此很多人从重塑土的超固结概念出发，把 σ_{pc}/σ_{z0} 的比值称为超固结比，从结构软土高孔隙比的

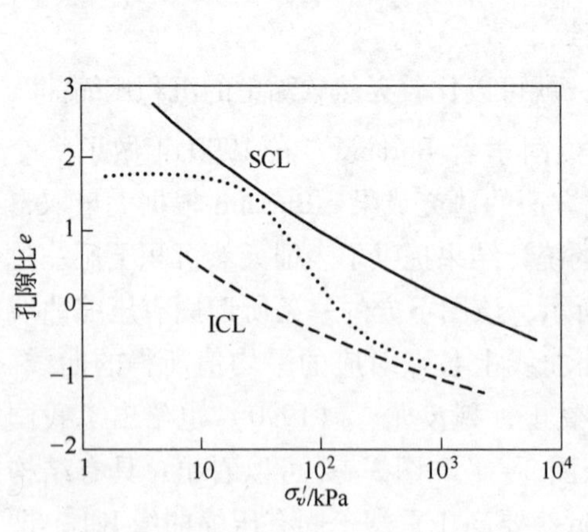

图 3-3 Bothkennar 黏土压缩曲线
(Smith, 1992)

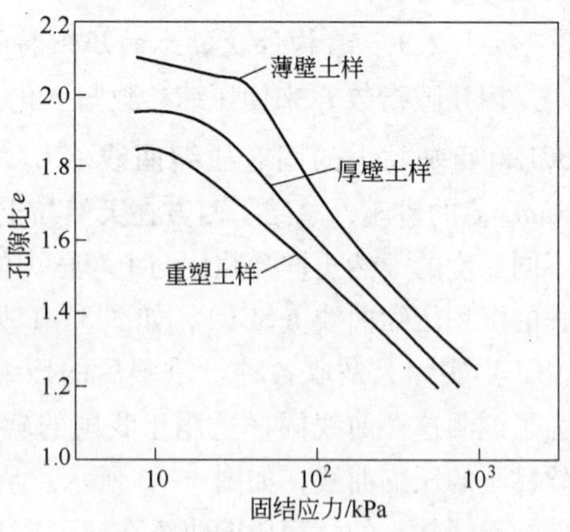

图 3-4 广深路淤泥压缩曲线
(沈珠江, 2004)

角度看，天然黏土似乎属于欠固结土，而从压缩曲线形状的角度看，天然黏土又好像属于超固结土。真正的超固结土的压缩曲线往往都是缓降型的，可见把重塑土研究所得来的概念用在天然软土上，必会引发混乱。其实，σ_{pc}是土体结构强度的表现，σ_{pc}/σ_{z0}理应被称为结构应力比，而不宜被称为超固结比。

3.1.2.2 结构性软黏土的应力—应变关系

由于天然软黏土具有结构性，这是重塑土所不具有的特性，因此重塑土的应力应变曲线所具有的归一化特性不能盲目用于天然软黏土。因为天然软黏土在结构破坏前后的性质有很大的不同，从而无法实现归一化。

Tavenas[11]（1977）和李作勤[12]（1982）等学者通过对软黏土的大量研究后指出：对于结构性较强的结构性黏土，在三轴固结排水压缩试验中，当结构屈服压力低于固结压力时，应力－应变关系呈应变硬化型，而当结构屈服压力高于固结压力时，应力－应变关系呈应变软化型；在固结不排水压缩试验中，孔隙压力的变化规律也随固结压力与结构屈服压力两者之间的大小关系不同而不同，会出现 Skemptom 系数大于 1 的情况。而张诚厚[7]（1983）指出，对于结构强度低的结构性黏土，应力－应变关系呈双曲线型。

周成[13]（2002）在实验室通过模拟天然黏土的结构性得出类似结论，他指出：在不排水条件下，结构性黏土的应力－应变曲线表现为应变软化，特别是当围压较低时更明显，而重塑土没有软化现象；但在排水条件下，重塑土与结构性黏土都表现为应变硬化。

3.1.2.3 结构性软黏土的强度包络线特点

沈珠江[14]（1998）指出，与压缩曲线以σ_{pc}为界形成性质截然不同的两段曲线类似，天然土的剪切曲线在围压等于σ_{pc}前后也有明显的转折，如图 3－5 和图 3－6 所示，其原因与围压较小时结构强度保持完好而围压较大时结构被破坏有关。压缩曲线和剪切曲线分成两段这一事实充分说明归一化的概念不适用于天然软黏土。熊传祥、龚晓南等[8]（2002）通过对杭州淤泥质黏土进行的结构性试验研究表明，结构性软黏土的强度包络线的转折点出现在固结压力等于结构屈服压力处，具有结构性的黏土在围压较低时具有剪胀性，表现出超固结土的特性，而在高围压时表现出正常固结土的特性。

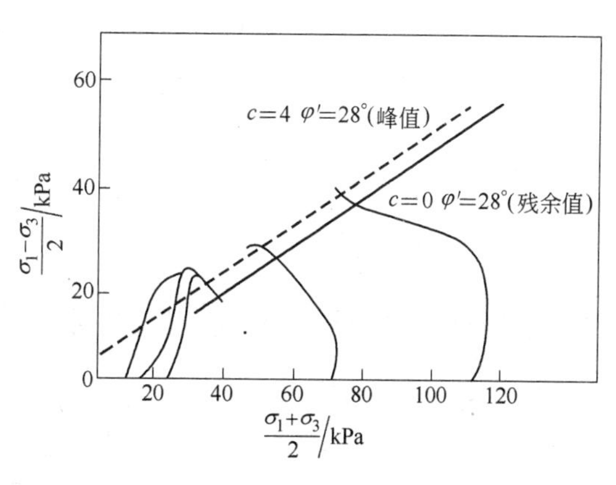

图 3－5 Rang de Flenve 黏土剪切强度
（沈珠江，1998）

根据结构性对天然软黏土的强

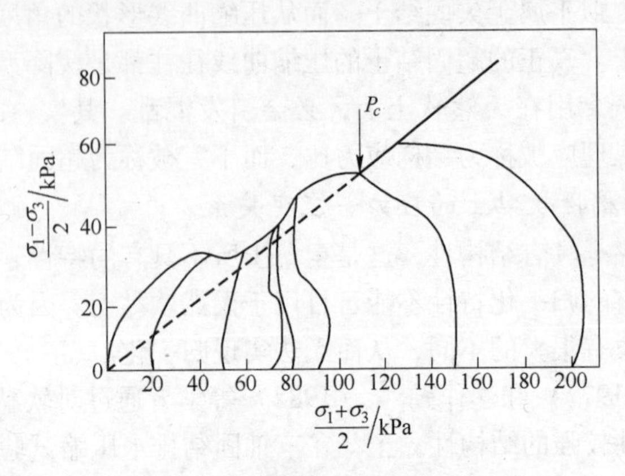

图 3－6　上海黏土剪切强度

（沈珠江，1998）

度包络线的影响，沈珠江[14]（1998）提供了一种简便的办法来计算考虑结构性的抗剪强度，即假设天然的强度包络线分成两段，采用双线性模型来模拟不排水强度包络线，如图 3－7 所示。如果通过现场十字板试验或其他试验获得天然强度 c_u，并从围压高于 σ_{pc} 的固结不排水试验测定 ϕ_{cu}，即可得出以 σ_{pc} 为转折点的两段直线，第一段强度参数为 c_{cu1} 和 ϕ_{cu1}，第二段则为 $c_{cu2}=0$ 和 ϕ_{cu2}。由此可将具有结构性的天然黏土的不排水强度近似地分为两段来进行归一化。

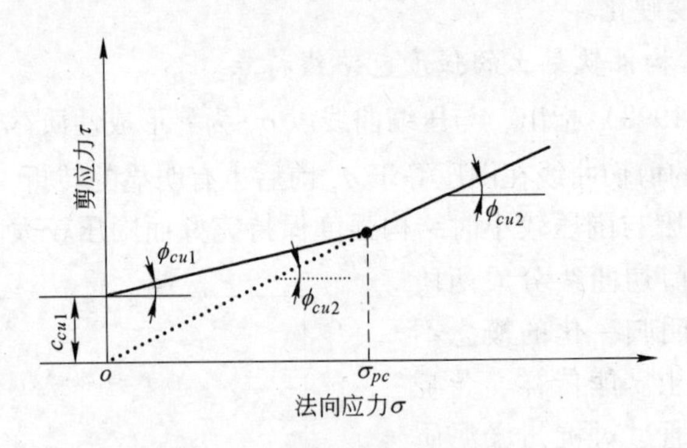

图 3－7　结构性土的抗剪强度

（沈珠江，1998）

3.1.3　一维线性及非线性固结理论综述

太沙基（Terzaghi）在 1925 年就创立了经典的饱和土一维固结理论，标志着近代土力学的诞生。该理论假设土体为饱和土体，采用了线弹性的应力－应变关系，假定土体的渗透系数 k_v、体积压缩系数 m_v 等固结参数在固结过程中保持不变，而且土中渗流和土体变形均只发生在竖直方向上，故称为饱和土体一维固结理论。虽然比一维固结理论更加接近实际情况的二维、三维固结理论在此之后有了很大的发展，如 Rendulic[2]（1936）将 Terzaghi 的一维固结理论推广到二维和三维情况，得到 Terzaghi - Rendulic 固结理论；Biot[15]（1947）考虑了孔隙水压力消散与土体骨架变形之间的耦合作用，建立了比较完善的土体的二维和三维固结理论——Biot 固结理论。但是由于目前二维、三维固结理论在指标测定方面和数学求解方面上的困难，因此一维固结理论至今仍然在实际工程中被广泛运用。

多年来，一维固结理论发展迅速，研究内容主要侧重于对太沙基假设的修正上，这是因为太沙基一维经典固结理论对于土体的假设与土体实际情况相差甚远，比如说所有的土体的压缩性和渗透性都是呈现非线性特征的，土的性质又与应力历史密切相关等等。因此，许多学者致力于不断去除太沙基假定的不当之处，对固结问题展开了深入广泛的研究。

3.1.3.1 一维线性固结研究现状

1925 年太沙基创立了经典的一维固结理论，该理论假定土体的压缩性和渗透性在固结过程中保持不变，即土体的体积压缩系数 m_v 和渗透系数 k_v 均被假定为常数，所以该理论又被称为饱和土的一维线性固结理论。此后，多数学者开始对线性固结理论进行了广泛深入的研究。Gray[16]（1945）给出了双层地基在瞬时加荷条件下的一维线性固结的解析解，但没考虑荷载随时间的变化情况；Schiffman[17]（1958）在 Terzaghi 理论的基础上考虑了外荷载随时间变化的影响，推导了一段斜向变荷载条件下饱和土的一维固结方程；Wilson 和 Elgohary[18]（1974）分析了矩形波形荷载下的饱和黏土一维固结问题；Olson[19]（1977）提出了求解多段斜向变荷载作用下固结方程积分的思路，但没有给出具体解的表达式；Baligh 和 Levadoux[20]（1978）开展了循环荷载作用下土体一维固结问题的研究，并运用叠加法获得了解析解，分析了土体在循环荷载作用下的固结性状；吴世明等[21]（1988）推导了以积分形式表达的任意荷载的一维固结的通解；栾茂田等[22]（1992）运用分离变量法求解了双层地基在不同时刻各深度处的孔隙水压力及固结度的解析式；Lee 等[23]（1992）和谢康和等[24,25]（1994，1995）求解了变荷载下双层、多层地基的一维固结方程，并获得了解析解，指出按应变定义的平均固结度和按应力定义的平均固结度有着本质的区别；谢康和[26]（1996）对半透水边界下层状土一维线性固结性状进行了分析；Zhu 等[27]（1999）研究了随深度变化的变荷载作用下双层地基的一维固结问题；蔡袁强等[28]（1998）、徐长节等[29]（1999）、关山海[30]（2002）利用拉普拉斯变换及其逆变换，获得了常见循环荷载（梯形、三角形、矩形）作用下的单层、双层地基的一维线性固结方程的解析解；梁旭等[31]（2002）根据太沙基的线弹性固结理论，用拉普拉斯变换及逆变换分别求出了恒荷载、三角形荷载、矩形荷载和正弦波荷载等荷载作用下的孔压及固结度表达式，并分析了各种循环荷载下的固结性状。

3.1.3.2 一维非线性固结研究现状

非线性是土所固有的复杂特性之一，主要是指土的压缩性和渗透性在土体压缩固结过程中随有效应力的变化而呈非线性变化。

一维非线性固结理论的研究始于20世纪60年代，为了克服传统固结理论中将固结系数 C_v 视为常数的不足之处，在小应变的假定下，众多学者研究并且发展了与土体固结系数 C_v 直接相关的体积压缩系数 m_v 和渗透系数 k_v 随深度或者时间变化时的一维非线性固结理论。渗透性和压缩性的非线性变化为影响土体固结性状的重要因素，在固结过程中，土体的压缩性和渗透性随着有效应力的增加而呈非线性减少趋势，于是学者们根据室内试验结果建立了关于渗透性和压缩性的非线性模型，从而建立了相应的一维非线性固结理论。该类研究由 Davis 和 Raymond[32]（1965）首先提出，得到的固结理论成为真正意义上的一维非线性固结理论。

本节将首先介绍众多学者所提出和发展的各种不同的非线性渗透模型和压缩模型。

A 非线性压缩模型

国内外学者对软黏土的压缩特性做了大量的研究，并且提出了两类主要非线性本构模型：一类为非线性弹性模型，如 $e-\lg p$ 压缩模型、$\lg e-\lg p$ 压缩模型、双曲线压缩模型等；另一类为非线性流变模型，如 Voigt 模型、Kelvin 模型等。

$e-\lg p$ 压缩模型：使用非线性应力-应变关系对太沙基固结进行修正，研究大多使用 $e-\lg p$ 半对数曲线的形式，定义 $e-\lg p$ 的斜率——压缩指数 C_c 为常数，由于压缩指数 C_c 随有效应力变化的规律难以确定，因此 Mesri 和 Choi[33]（1985）提出了通过连接先期固结压力点和正常固结段的某一任意点得出割线压缩指数，从而建立不同初始孔隙比下割线压缩指数与 $\lg(p/p_c)$ 的关系曲线。

$\lg(e+e_c)-\lg p$ 压缩模型：由于结构性等因素的差异，有些天然软土的压缩曲线特别是正常固结阶段的压缩曲线在 $e-\lg p$ 坐标系中并不是直线，常出现明显的弯曲，Chai 等[34]（2004）提出，对于一些天然结构性软土，压缩曲线在 $\lg(e+e_c)-\lg p$ 坐标系中的线性效果要明显优于 $e-\lg p$ 坐标系。其表达式如下：

$$\lg(e+e_c)=\lg(e+e_0)-\lambda\lg(p/p_0)$$

式中 p_0——初始围压；

e_0——初始孔隙比；

H——试样高度；

λ——修正压缩指数，即 $0\leqslant z\leqslant H$ 直线的斜率；

e_c——实验参数。

大量实验结果表明：e_c 的变化范围在 $-1\sim1$ 之间，特别是当 $e_c=0$ 时，模型

转化为 $\lg e-\lg p$ 模型；当 $e_c=1$ 时，模型转化为 $\lg(e+1)-\lg p$ 模型。已有研究表明，$\lg e-\lg p$ 压缩模型能够模拟相当一部分天然土的压缩特性。

双曲线压缩模型：魏汝龙[35,36]（1980，1993）根据大量的压缩试验提出，软黏土压缩曲线的整个形状符合双曲线的特征，双曲线模型具有不受土体初始孔隙比的影响和便于电算等优点。徐少曼[37]（1987）指出，在侧限条件下土体垂直压力与垂直侧限应变的关系，可以用双曲线模型进行良好的拟合。刘保健[38,39]（1999，2000）通过对饱和黏土的大量室内试验资料的分析，验证了双曲线模型的适用性。

当然，上述非线性压缩模型并非对各种黏土均能适用，需要结合试验结果和实际情况来选择合适的压缩模型。

B 非线性渗透模型

影响渗透系数的因素很多，但已有研究表明饱和黏土的渗透性是与孔隙比有关的，许多学者为此专门通过分析孔隙比和渗透系数的关系来对饱和黏土的渗透性进行研究，并提出了许多关于黏土的非线性渗透模型。

$e-\lg k_v$ 渗透模型：Raymond[40]（1966）、Balasubramaniam 和 Chowdary[41]（1978）、Mesri 和 Rokhsar[42]（1974）等指出，$e-\lg k_v$ 在坐标系中呈直线关系，这对于常见黏土都是普遍适用的；Tavenas[43,44]（1983a，1983b）在总结大量天然原状土的渗透试验数据基础上发现 $e-\lg k_v$ 在坐标系中基本上都满足直线关系，并认为直线斜率即渗透指数的经验公式为 $C_k=0.5e_0$，其中 e_0 为初始孔隙比。

h_3 渗透模型：Mesri 和 Olson[45]（1971）在 $e-\lg k_v$ 渗透模型的基础上，提出了 $\lg e-\lg k_v$ 渗透模型。Wood 和 Al - Tabbaa[46]（1987）、Znidarcic 和 Aiban[47]（1989）、Pane[48]（1985）通过大量的试验研究证实了 h_3 模型的适用性。

$\lg e-\lg[k_v(1+e)]$ 渗透模型：Samarasinghe 等[49]（1982）通过大量试验研究发现，$e-\lg k_v$ 渗透模型的线性关系并非适用于所有的固结压力范围，当固结压力较大时，土体的 $e-\lg k_v$ 关系曲线将偏离直线。因此他提出了适用于一般正常固结黏土的 $\lg e-\lg[k_v(1+e)]$ 渗透模型。

总体来说，这些渗透模型均没有完全描述不同土体渗透性的变化规律，因此应该根据具体情况和试验结果来选择合适的渗透模型。

20 世纪 60 年代人们开始对非线性固结进行研究，非线性固结理论的研究发展迅猛。Richart[50]（1957）采用有限差分方法求解固结方程时考虑了孔隙比的改变；Schiffman[17]（1958）在固结理论研究中考虑了渗透系数的非线性变化；Lo[51]（1960）在固结理论研究中考虑了固结系数的变化；Hansbo[52]（1960）在研究黏土地基的砂井固结问题时考虑了黏土渗透性的变化；Davis 和 Raymond[32]（1965）基于线性的 $e-\lg p$ 关系，假设渗透系数 k_v 与体积压缩系数 m_v 是同步的，得出了固结系数 c_v 为恒定量的固结方程，并且获得了解析解；Barden[53] 等

(1965) 假定土体在固结过程中压缩性和渗透性分别服从 $e-\lg p$ 和 $k_v=k_f(1+bu^n)$ 关系 (b 和 n 为常数), 用有限差分法分析了土体一维非线性固结问题; Gibson[54] (1967) 在研究均质饱和土体的非线性固结时考虑了在固结过程中的渗透系数 k_v 与体积压缩系数 m_v 的改变, 他同时指出 Darey 定律是有限适用的, 这与土骨架形状的改变及超静孔水压力减少的梯度有关, 从而提出了一维非线性应变固结理论; Poskitt[55] (1969)、Mesri[42] 等 (1974)、Mesri 和 Choi[33] (1985) 采用经验关系 $e-\lg p$ 和 $e-\lg k_v$ 得到了土体一维非线性固结的有限差分法解答; Znidarcic[56] (1986) 采用实验分析的方法研究非线性固结问题, 利用实验拟合的孔隙比与渗透系数的曲线来反分析土体的固结, 结果表明采用实验与理论分析相结合的方法能很好地预估软土的固结变形; Duncan[57] (1993) 采用有限单元法 FEM 研究了土体的一维非线性固结问题, 并编制了相应的计算程序 CONSOL; 谢康和等[58,59] (1996, 2002) 在 Davis 等人的基础上进一步分析了逐渐加荷条件下单层和双层地基一维非线性固结的解析解, 并引入 $e-\lg p$ 和 $e-\lg k_v$ 关系, 采用半解析法得到了变荷载下成层地基一维非线性固结半解析解; 李冰河等[60~62] (1999a, 1999b, 2000) 针对以前的非线性固结理论研究都是假设初始有效应力为恒值而非随深度变化, 而天然沉积土层中的自重应力均沿深度变化的状况, 研究了初始有效应力随深度、土体的渗透系数 k_v 与体积压缩系数 m_v 非线性变化的一维固结问题, 并运用半解析解得到了解答, 还采用 Crank - Nicolson 有限差分法求解了一维非线性固结问题, 分析了非线性固结参数对土体的固结影响; 江雯[63] (2003) 采用半解析法较全面地研究了单层和双层地基的一维非线性固结性状, 得到了一些固结分析结论; 谢康和等[64,65] (1999, 2003) 对于复杂的成层地基一维非线性固结问题, 给出了半解析解, 并编制了相应的计算程序 NAODCLS, 分析了变荷载成层地基一维非线性固结性状; 施建勇等[66] (2001) 提出了用双曲线压缩模型来模拟土体的非线性压缩性质, 并在 Davis 等[32] (1965) 的假定基础上, 推导了一维非线性固结解析解, 并将结果与底部可测孔压的固结试验结果进行了对比; 谢康和等[65] (2003) 求出了考虑土体成层性的非线性一维固结理论半解析解, 分析了不同加荷速率和最终荷载大小等因素对固结性状的影响; 谢康和等[67] (2006) 求出了考虑沉积作用即自重应力沿深度非线性分布的非线性一维固结理论半解析解, 并详细分析了自重应力对固结性状的影响; 谢康和等[58,59,65,67] (1996, 2002, 2003, 2006)、李冰河等[60,61] (1999a, 1999b)、刘祚秋[68] (2007)、张磊[69] (2007) 均提出过变荷载条件下非线性固结方程; 曹宇春[70] (2006) 建立了任意变荷载作用下饱和土体一维非线性固结方程; 耿雪玉等[71] (2004)、谢康和[67] (2006) 均使用拉普拉斯变换及其逆变换推导出了循环荷载作用下的一维非线性固结方程的解析解。

对于考虑应力历史的非线性固结问题, Garlanger[72] (1972) 根据 Taylor[73]

(1948) 和 Bjerrum[74] (1967) 提出的时间线理论，采用孔隙比与有效应力变化的双对数直线关系，研究了超固结效应的影响，但该研究没有考虑外荷载随时间变化及渗透系数的变化的情况。Mesri 和 Rokhsar[42] (1974) 在 Garlanger[72] (1972) 的基础上基于 $e-\lg p$ 和 $e-\lg k_v$ 的经验公式建立了超固结土的固结理论，并用有限差分法作了解答；Gobara[75] (2003) 建立了超固结土的一维固结方程并进行了数值模拟；Chen[76]等 (2004) 假定土体在先期固结压力前后的固结系数及渗透系数（均为常数）不同，使用积分法和精确解法相结合的方法求解了超固结土的一维固结问题，但没考虑土体渗透性和压缩性的非线性变化；曹宇春等[70] (2006) 推导了一维非线性超固结土的固结方程，并使用 Crank - Nicolson 差分法进行了数值求解，但使用了经验的 $e-\lg p$ 和 $e-\lg k_v$ 的非线性关系；谢康和等[67] (2006)、温介邦等[77] (2007) 在以往研究的基础上推导了考虑了应力历史这一因素的一维非线性固结方程，使用经验的 $e-\lg p$ 和 $e-\lg k_v$ 的非线性关系，但其外荷载为单级均布连续荷载。

3.1.4 软土抗剪强度随固结度增长的研究现状

抗剪强度是土的重要特征之一，软土地基稳定性、地基承载力和挡土墙土压力等一些岩土工程问题均与土的强度有密切的关系，而软土工程中发生的多数工程事故就是由于对抗剪强度特性及其变化规律了解不足而引起的。考虑到土的强度性质和机理十分复杂以及施工现场条件对抗剪强度的影响，最终抗剪强度必须考虑到施工排水固结引起的强度的增长、土层各向异性等一些因素。

法国工程师库仑在 17 世纪中期提出了著名的库仑公式，此后，许多学者考虑到影响土体强度的许多不同的因素，对抗剪强度进行了广泛的研究。进入 20 世纪 30 年代后，在太沙基、伏斯列夫、罗斯科等学者的系统研究的基础上，逐渐形成了近代土的抗剪强度的理论（Parry[78]，2000）；Bjerrum[79,80] (1972，1973) 针对现场试验不受取样扰动的影响，对现场十字板强度进行了修正；而 Mesri[81,82] (1975，1989) 结合 Bjeerrum 的研究成果，提出了不排水强度的经验公式；Bjerrum 等[80] (1973) 提出的再压缩技术以及 Ladd 和 Foott[83] (1974) 提出的应力历史和归一化的土工特性——SHANSEP 法均可用来确定土的不排水强度。

考虑到软土强度随固结变形的增长，不少学者通过研究分析提出了不同的解决方法。马斯洛夫曾提出等含水量法，即把压力和含水量作为影响抗剪强度的基本因素，根据含水量找到对应的内摩擦角和凝聚力。我国对于软黏土抗剪强度增长规律问题的研究开始于 20 世纪 60 年代初期，主要有曾国熙[84] (1988) 提出的有效应力法和赵令炜、沈珠江[85] (1962) 提出的有效固结应力法，这两种方法都隐含一个假定，即不同固结程度下的内摩擦角等于固结完成时的内摩擦角。曾国熙[84] (1988) 提出的有效应力法以三轴固结排水试验为基础，结合应力圆理论推导了具体公式，但其在理论计算中，孔压难以估计，从而限制了该法的实际应用；沈珠江[14]（1998）提出的有效固结应力法，考虑了压缩引起的强度增长，而忽略剪缩引起的强度增长，在强度公式中考虑压缩过程中的孔隙压力而不计剪切引起的孔隙压力；Terzaghi 和 Peck[86]（1967）提出了一种不排水强度增长公式来计算强度的增长，得到了不排水强度和有效固结应力的比与固结不排水强度参数 ϕ_{cu} 的关系式；Casagrande[87]（1941，见 Ladd：1991）提出了用 QRS 法来估算强度增长，该法采用不固结不排水三轴试验确定土的初始不排水强度，对于施工土体发生部分固结的情况，利用等压固结不排水三轴试验来估算地基土的强度；包伟力等[88]（2001）利用离心模型试验对软黏土的抗剪强度及强度参数随固结度的增长规律作了一些分析，给出了抗剪强度与固结度的经验公式；何群等[89]（2005）也通过大量的室内试验，探讨了在不同固结压力作用下，抗剪强度指标与固结度的变化规律；唐炫等[90]（2009）也探讨了软土的抗剪强度随固结度的变化规律；向先超等[91]（2008）研究了淤泥抗剪强度分布规律和排水固结过程中抗剪强度的增长规律；秦植海[92]（1996）和杨嵘昌[93]（2001）用各自的方法推导了任意固结度的不排水总应力强度指标的表达式；魏丽敏等[94]（2009）基于秦植海和杨嵘昌两位学者的理论建立了饱和黏土任意固结度不排水强度指标的理论公式，并用任意固结度强度指标计算的强度增长与有效固结应力法进行比较，从而证明了两者的等效性。

3.1.5 软土地基稳定分析研究现状

在工程施工过程中，软土稳定问题广泛存在，如路堤、基坑、山体、堤坝、渠道等都属于稳定问题，而失稳现象在工程中也随处可见，因此如何分析土体的稳定性，并对不太稳定的土体采取必要的防治措施，是工程师们非常关心的问题。在软土地基稳定性分析中，采用极限平衡法中的条分法来分析地基稳定性的做法由来已久，而且目前仍然是工程科研和实践中主要的分析手段。

3.1.5.1 极限平衡分析法

1776 年，法国工程师库仑提出了计算挡土墙土压力的方法，标志着土力学雏形的产生。朗肯（1857）在假设墙后土体各点处于极限平衡状态的基础上，建立了计算主动和被动土压力的方法[95]。库仑和朗肯在分析土压力时采用的方法后来被推广到地基承载力和边坡稳定分析中，形成了一个体系，这就是极限平衡分析法。

目前在地基稳定分析领域，由于在滑坡时确实存在着一个明确的滑裂面而且存在滑移线法求解难实现等因素，因此人们仍普遍采用垂直条分法来分析软土地基的稳定性问题，并逐渐形成了各种各样的极限平衡分析简化方法。

Fellenius[96]（1927）假定将土条底法向应力简单看成是土条重量在法线方向

的投影并将滑裂面视为圆弧，所以使法向力通过圆心，力矩为零，使计算工作大大简化，这种边坡稳定分析的圆弧滑动分析方法就叫做 Fellenius 法，也称为瑞典圆弧法。Bishop[97]（1955）对传统的瑞典圆弧法做了重要改进，提出了 Bishop 法。他提出了安全系数的定义，然后假定各个土条间的作用力为水平方向，从而求出土条底面的法向力，用力矩平衡来求解安全系数。在以后的几十年中，世界各国学者都致力于通过力的平衡来求解安全系数。Janbu[98]（1954）假定土条间力为水平，从而提出了 Janbu 法；Lowe 和 Karafiath[99]（1959）建议将土条条间力倾角取为土条顶部和底部倾角的平均值；美国陆军工程师团法[100]（1967）假定条间力的倾角等于平均坝坡。这些方法求得的安全系数，均不满足力矩平衡要求，故称为简化法。

随着计算机的出现及发展普及，在工程实践中采用更严格的方法的条件已经成熟，因此各国学者陆续建立了同时满足力和力矩平衡条件且对滑裂面形状不作假定的地基稳定分析方法。Morgenstern 和 Price[101]（1965）提出了适用于任意形状滑裂面，满足力和力矩平衡的 Morgenstern - Price 法；Spencer[102]（1967）提出了假定条间力倾角为常数的分析方法；Janbu[103]（1973）在 Janbu 简化法的基础上，提出了同时满足力矩和力的平衡的通用条分法，此法的重要特点是通过假定土条侧向力的作用点来求解问题；Sarma[104]（1973）提出了对每个土条施加水平力来求解问题的方法；陈祖煜和 Morgenstern[105]（1983）在 Morgenstern - Price 法的基础上作了改进，提出了安全系数的完整解析方法，从根本上解决了数值分析的收敛问题。这些方法均通过做一定的假设把土坡稳定的超静定问题转化为静定问题来进行解答，而且这些方法均采用了土的有效应力强度指标。

3.1.5.2 最危险滑裂面的确定

在软土地基稳定分析中，有一个重要的步骤，就是在众多的可能滑裂面中找到一个安全系数相对最小的最危险滑裂面。以前，在计算手段有限的情况下，许多学者在寻找最危险滑裂面位置方面作了很大努力，通过各种途径探索最危险滑弧位置的规律，制作图表、曲线，或将某类边坡归类并分别总结出滑弧圆心的初始位置，以减少试算工作量并尽可能找到最危险滑裂面。在今天，由于计算机的普遍采用，这些问题已经变得不那么重要了。我们可以充分利用计算机高速处理能力来编制相应的程序，处理每一种可能发生的情况，从而使这种计算变得异常简单。近年来，不同学者提出了许多求解最危险滑裂面的方法。对于确定临界圆弧滑裂面，许多计算程序都通过将滑动面圆心在一定范围内变动并将半径按一定规律变化来求解可能滑裂面安全系数的最小值，从而来寻找临界滑裂面；但对于确定临界非圆弧滑裂面则比较复杂。

Baker 和 Garber（1977）利用变分法来确定潜在的滑裂面[95]。Baker（1980）使用动态规划来寻找最小安全系数，这种方法把求解安全系数和求解最小安全系数耦合在一起[95]。Celestino 和 Duncan[106]（1980）、Li 和 White[107]（1987）采用多变量法来求解临界滑裂面；Nguyen[108]（1985）采用单形法求解临界滑裂面；张天宝[109]（1981）对圆弧滑裂面采用解析法来求解临界滑裂面；孙君实[110]（1983）采用复形法可确定任意形状滑裂面的最小安全系数；Boutrop 和 Lovell[111]（1980）使用随机滑动面生成器生成运动许可的滑裂面，从这些生成的滑动面中选取最小安全系数对应的最危险滑裂面；周文通[112]（1984）使用 Powell 法计算“改良圆弧法”的最小安全系数。

陈祖煜和邵长明[113]（1988）介绍了使用负梯度法、单形法及 DFP 法求解任意形状滑裂面的安全系数的极值；Husein 和 Malkawi 等（2001）采用 Monte－Carlo 方法来寻找临界滑裂面[95]；Zhu（2001）引入了“临界滑移场”的概念，利用优化原理，结合简布的普通条分法来寻找最危险滑裂面，这种方法将求解最危险滑裂面转变为确定大量离散网格点的危险滑动方向[95]。

20 世纪 90 年代以后，陆续出现了许多采用非数值分析方法来寻找安全系数的最小值的方法，如蒙特卡洛法、随机搜索法、模拟退火法、遗传算法等。Chen[114]（1992）就采用随机搜索法来搜索最危险滑裂面，这样就可以避免常规方法中搜索失败的状况。

在进行地基稳定性分析时，使用何种搜索最危险滑裂面的方法，应根据软土地基的实际情况做出合理性判断，并同时使用多种搜索方法来搜索，以确定找到真正的最危险滑裂面。

3.2 任意固结度结构性软土的抗剪强度分析

众所周知，土力学的基石之一是土的抗剪强度理论，这也是边坡稳定性分析、地基承载力计算及挡土墙土压力计算的理论基础之一。而在工程和生产实践过程中，有很多施工现场出现的工程事故是因为人们对软土的抗剪强度特性以及强度变化机理认识不到位导致的，因而对天然软黏土的抗剪强度特性进行理论研究和试验分析，对于工程建设是很有裨益的。

其实，人类研究分析软土的抗剪强度的理论的历史可追溯到 17 世纪。法国著名工程师库仑（Coulomb）于 17 世纪中期提出的抗剪强度理论——库仑定律，其表达式为：$\tau_f = c + \sigma\tan\phi$。因其作为理论性以及基础性的研究成果，具有形式简易和使用方便等优点，因而其在实际的工程实践中应用广泛。而在实际的工程中，基于工程施工现场的工程环境地质情况和实际施工过程，准确地预测出施工现场软土的黏聚力 c 值和内摩擦角 ϕ 值，对于确定软土抗剪强度来说，是工程的难点和重点。库仑、摩尔、太沙基、伏斯列夫以及罗斯科等学者均提出了自己的强度理论，这些强度理论的形成分别基于他们各自对于软土抗剪强度的科学研究和分析，至此，近代土的抗剪强度理论雏形诞生。

通过对 Mohr - Coulomb 强度理论的进一步深入研究，科学家们发现该强度理论存在着一些不足之处，如土体的抗剪强度只与法向应力有关，这与事实是很不相符的；事实上，软土应力路径以及固结历史的不同将会产生不同的抗剪强度，例如在目前常规的三轴剪切试验中，正常固结的土样在受剪切破坏时，没有显著的破裂面，其应力 - 应变曲线也没有明显的峰值；而超固结的土样在剪切破坏时，具有显著的破裂面，其应力 - 应变曲线也有明显的峰值。这说明，对某一土样，其强度指标——黏聚力 c 值和内摩擦角 ϕ 值并不是恒定不变的，比如在软土路堤分级填筑等实际的工程实践过程中，在不同的填筑高度和填筑时间，土体的强度指标是不断地发生变化的。如何准确地确定软土不同时期的抗剪强度，这对于保证工程稳定性是非常关键的。对于在软土固结的不同时期软土抗剪强度的变化规律，国内外学者通过理论分析和试验研究，得到了许多重要的研究结果。

目前在实际工程中，预测土体抗剪强度随固结度变化的方法，以曾国熙[84]（1988）提出的有效应力法以及赵令炜、沈珠江[85]（1962）提出的有效固结应力法较为普遍。此外，包伟力等[88]（2001）利用离心模型试验对土的抗剪强度随固结度的变化规律进行了一些分析研究；而何群等[89]（2005）则通过大量的土工试验，推求了在不同固结压力作用下，抗剪强度指标随固结度的变化规律。杨嵘昌[93]（2001）从软土的应力路径出发，对软土的抗剪强度指标与任意固结度的关系进行了理论研究，并给出了任意固结度与强度指标关系的理论公式。

3.2.1 固结条件下抗剪强度的增长

对于软土抗剪强度随固结度增长的变化规律，目前，有很多学者通过试验和理论研究分析，提出了各自的分析方法，主要有有效应力法和有效固结应力法。

3.2.1.1 有效应力法

曾国熙先生在 1975 年就提出了有效应力法，其可以用来预测固结变化条件下抗剪强度的变化，他指出，随着软土固结的不断进行，地基软土的抗剪强度也在不断地增大，在某一条件下，软土的剪切蠕动有可能导致抗剪强度发生衰减。但是由于剪切蠕动，软土地基的抗剪强度发生的衰减量难以计量，对于如何描述强度值的变化，我们可以提出折减系数这个与软土工程性质有关的物理概念来处理，故软土地基某一时刻某一点的抗剪强度 τ_f 可表示为：

$$\tau_f = \eta(\tau_{f0} + \Delta\tau_f) \tag{3-1}$$

式中 τ_{f0}——在荷载加载前软土中某一点的天然抗剪强度值，kPa；

$\Delta\tau_f$——软土固结所造成的抗剪强度增加量，kPa；

η——考虑到剪切蠕动对强度的影响提出的折减系数，建议取 $\eta = 0.75 \sim 0.90$。

以软土的三轴固结排水试验为基础，并结合摩尔应力圆理论，可推导出最大

有效主应力 σ_1' 与抗剪强度值的表达式，即：

$$\tau_f = \sigma_1' \frac{\sin\phi' \cos\phi'}{1 + \sin\phi'} = k\sigma_1' \tag{3-2}$$

式中 σ_1'——最大有效主应力，kPa；

k——内摩擦角的函数，$k = \frac{\sin\phi' \cos\phi'}{1 + \sin\phi'}$；

ϕ'——土的有效内摩擦角的函数。

由此，伴随软土固结而增长的强度值为：

$$\Delta\tau_f = k\Delta\sigma_1' = k(\Delta\sigma_1 - \Delta u) = k\Delta\sigma_1\left(1 - \frac{\Delta u}{\Delta\sigma_1}\right) \tag{3-3}$$

将固结度 $U_t = 1 - \frac{\Delta u}{\Delta\sigma_1}$ 代入式（3-3）可知：

$$\Delta\tau_f = k\Delta\sigma_1 U_t \tag{3-4}$$

把式（3-4）代入式（3-1）中可知：

$$\tau_f = \eta[\tau_{f0} + k(\Delta\sigma_1 - \Delta u)] \tag{3-5}$$

式中 $\Delta\sigma_1$——土体中由于荷载作用所引起的某一点的最大主应力增量，kPa；

Δu——土体中由于荷载作用所引起的某一点的超孔隙水压力增量，kPa；

U_t——t 时刻时，软土地基的平均固结度，%。

国内外工程界均普遍认为：与其他分析方法相比，有效应力法对土体的实际状况的反映要更准确些，是一种比较行之有效的分析法，但是在工程的设计阶段以及施工阶段，由于施工现场可能产生的超孔隙水压力的预测比较困难，故该法的应用受到了很大的限制。

3.2.1.2 有效固结应力法

剪缩以及压缩是引起软黏土压密的两个因素，相应的，孔隙水压力的增长也是由两部分组成，即压应力和剪应力。然而较压应力引起的孔隙压力，剪切引起的孔隙水压力就较为难以预测。沈珠江（1962）提出的有效固结应力法分析的基本思想，就是只考虑由压缩导致的强度增长。而忽略剪缩造成的强度增长。而相应的，在强度增长中只考虑压缩过程中的孔隙压力，不计剪切造成的孔压，因此通过剪切前的有效固结应力就能够表示软土的抗剪强度的变化。因此，在破坏以前，在潜在的破坏面上有效应力的增加量就决定了软土的抗剪强度，即：

$$\Delta\tau_f = \Delta\sigma_c' \tan\phi_c \tag{3-6}$$

式中 $\Delta\sigma_c'$——有效固结应力，kPa；

ϕ_c——土内摩擦角。

以有效固结应力 $\Delta\sigma_c'$ 为横坐标，抗剪强度 $\Delta\tau$ 为纵坐标，把破坏点绘制到坐标图上，然后从坐标图上即可得到 ϕ_c 值。

于是，假定最大主应力与破裂面夹角为45°或者为（$45° + \phi_{cu}/2$）时，ϕ_c 和

ϕ_{cu}分别有以下关系，即：

$$\tan\phi_c = \frac{(1+\sin\phi_{cu})}{\cos\phi_{cu}}\tan\phi_{cu} \tag{3-7}$$

或者

$$\tan\phi_c = (1+\sin\phi_{cu})\tan\phi_{cu} \tag{3-8}$$

由等压固结不排水剪切试验，可以得到强度增长公式的方法是有效固结应力法的基本思路，但是由于在施工现场，地基土层处于 K_0 固结状态，故在现场的应力状况和室内试验之间建立一种等价关系，这是一般较为常见的处理方法，其等价转换公式如下：

$$\Delta\sigma'_c = \frac{1}{2}(1+K_0)\Delta\sigma'_{vc} \tag{3-9}$$

或者

$$\Delta\sigma'_c = \frac{1}{3}(1+2K_0)\Delta\sigma'_{vc} \tag{3-10}$$

式中 $\Delta\sigma'_{vc}$——土层竖直方向有效固结应力，kPa。

可知，由于固结所造成的强度增长值，因此当最大主应力与破裂面之间的夹角为45°时，有：

$$\Delta\tau_f = \frac{1}{2}(1+K_0)\frac{\sin\phi_{cu}}{1-\sin\phi_{cu}}\Delta\sigma'_{vc} \tag{3-11}$$

或者

$$\Delta\tau_f = \frac{1}{3}(1+2K_0)\frac{\sin\phi_{cu}}{1-\sin\phi_{cu}}\Delta\sigma'_{vc} \tag{3-12}$$

当最大主应力与破裂面之间的夹角为（$45°+\phi_{cu}/2$）时，有：

$$\Delta\tau_f = \frac{1}{2}(1+K_0)\tan\phi_{cu}(1+\sin\phi_{cu})\Delta\sigma'_{vc} \tag{3-13}$$

或者

$$\Delta\tau_f = \frac{1}{3}(1+2K_0)\tan\phi_{cu}(1+\sin\phi_{cu})\Delta\sigma'_{vc} \tag{3-14}$$

由 $\Delta\tau_f = \frac{1}{2}(1+K_0)\frac{\sin\phi_{cu}}{1-\sin\phi_{cu}}\Delta\sigma'_{vc}$ 可知：

$$\Delta\tau_f = \frac{1}{2}(1+K_0)\frac{\sin\phi_{cu}}{1-\sin\phi_{cu}}\Delta\sigma'_{vc}$$

$$= \frac{1}{2}(1+K_0)\frac{\cos\phi_{cu}}{1-\sin\phi_{cu}}\tan\phi_{cu}\Delta\sigma'_{vc} = \beta\tan\phi_{cu}\Delta\sigma'_{vc} \tag{3-15}$$

由于软黏土的 ϕ_{cu}一般在 12°～15°之间，而侧压力系数 K_0 多数在 0.5～0.6 之间，故此时的 β 值就非常接近于 1。在许多规范中，建议的强度增长估算公式为：

$$\Delta\tau_f = \beta\tan\phi_{cu}\Delta\sigma'_{vc} \tag{3-16}$$

如果按固结度来表示，由 $\Delta\sigma'_{vc} = U\Delta\sigma_{vc}$ 可知，上式就可改为：

$$\Delta\tau_f = U\tan\phi_{cu}\Delta\sigma_{vc} \tag{3-17}$$

式中 $\Delta\sigma_{vc}$——竖直方向施加的荷载，kPa。

3.2.2 饱和软黏土任意固结度不排水强度

3.2.2.1 不排水抗剪强度计算公式的推导

国内学者杨嵘昌（2001）根据应力路径线得出了一个重要结论，即 K_{fi} 线截距和斜率并不随着 $\Delta\sigma_3$ 的改变而改变，如图 3－8 所示，利用截距与斜率间的几何关系，即可得到任意固结度时的黏聚力 c_i 和内摩擦角 ϕ_i，其表达式如下：

$$\begin{cases}\sin\phi_i = \dfrac{U_i\sin\phi_{cu}}{1-(1-U_i)\sin\phi_{cu}} \\ c_i = \dfrac{(1-U_i)(1-\sin\phi_{cu})}{1-(1-U_i)\sin\phi_{cu}}\dfrac{c_u}{\cos\phi_i}\end{cases} \tag{3-18}$$

式中 c_u——不排水不固结强度指标；

c_{cu}，ϕ_{cu}——固结不排水强度指标；

U_i，c_i，ϕ_i——分别为任意时刻黏土的固结度以及在此固结度下的黏土的强度指标。

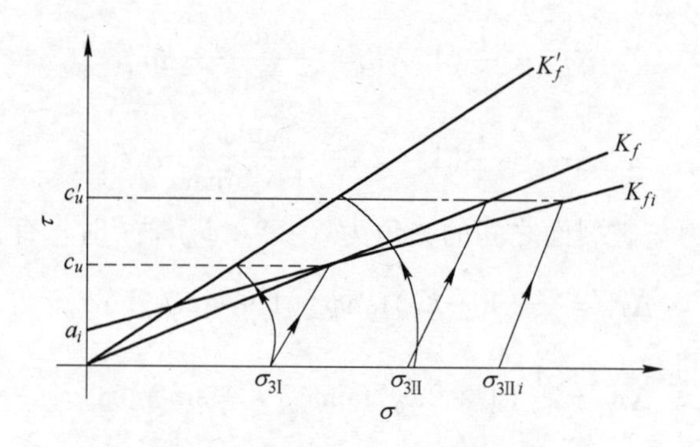

图 3－8 杨嵘昌公式计算参考图

我们知道，由常规的固结不排水三轴压缩试验得出的强度的试验参数指标为 c_{cu} 和 ϕ_{cu}，因此要得到不同施工阶段不同固结度情况下破裂面上的不排水强度，必须建立不排水强度与固结度、固结不排水强度参数指标 c_{cu} 和 ϕ_{cu} 之间的关系。由杨嵘昌提出的任意固结度下不排水强度指标计算公式，使固结不排水强度指标 c_{cu} 和 ϕ_{cu} 与任意固结度下的固结度 U_i 以及强度参数 c_i、ϕ_i 之间建立了联系。因此只要建立任意固结度下的强度指标参数 c_i、ϕ_i 与不排水强度之间的联系，就能够使不排水强度与固结不排水强度指标参数 c_{cu} 和 ϕ_{cu} 联系起来。

为了求得任意固结度下不排水强度的数学表达式，即建立软土不排水强度与任意固结度强度指标之间的函数关系，首先必须对破裂面的方向做出假设，如图 3－9 所示，我们通常假定破裂面与最大主应力之间的夹角为 45°，如图 3－9 中的 c 点，其对应的固结不排水强度为 τ_c。

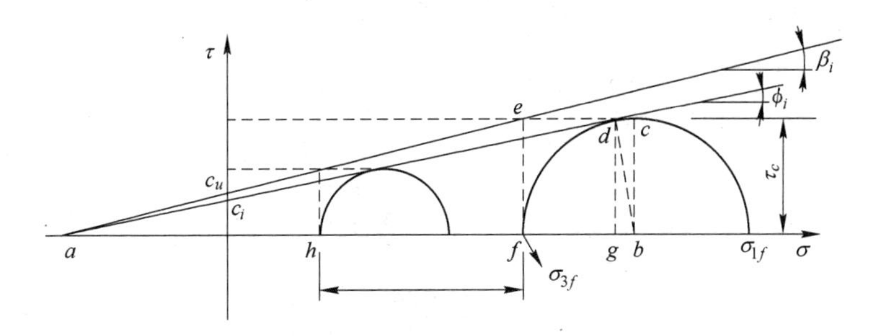

图 3－9 任意固结度强度指标下抗剪强度的增长

如图 3－9 所示，图中小圆为应力圆 1，即为起始圆，对应于天然地基土的强度，图中大圆为应力圆 2，即为施加周围压力增量 $\Delta\sigma_3$ 后排水固结度为 U_i 时进行不排水剪切试验所得应力圆，即任意固结度 U_i 下的应力圆。这两个应力圆的公切线对应着任意固结度下的强度指标参数 c_i 和 ϕ_i。

假设最大主应力与破裂面的夹角为 45°时，从图 3－9 可知：

$$fb = cb = bd = ef = \tau_c$$

$$af = ab - fb = \frac{bd}{\sin\phi_i} - fb = \frac{\tau_c}{\sin\phi_i} - \tau_c$$

因此有：

$$\tan\alpha_i = \frac{ef}{af} = \frac{\tau_c}{\dfrac{\tau_c}{\sin\phi_i} - \tau_c} = \frac{\sin\phi_i}{1 - \sin\phi_i} \tag{3-19}$$

由图 3－9 可知：

$$\tau_c = af\tan\alpha_i = (c_i\cot\phi_i + \sigma_{3f})\tan\alpha_i = (c_i\cot\phi_i + \sigma_{3f})\frac{\sin\phi_i}{1 - \sin\phi_i} \tag{3-20}$$

考虑到固结的作用必然会导致 σ_{3f} 的增加，这必将造成软土强度的增长，故由式（3－20）可知：

$$\Delta\tau_c = \frac{\sin\phi_i}{1 - \sin\phi_i}\Delta\sigma_{3f} \tag{3-21}$$

$\Delta\tau_c$ 即为固结引起的强度增长值。

由于在施工现场中，软土始终处于 K_0 固结状态，这与室内三轴等压固结不排水试验所模拟的应力状态不同，而在施工现场条件下，由于预剪应力问题的存在，这给强度公式的使用带来了不便。因而为了解决这一问题，一般常见的处理方法是在室内试验和现场的应力状况之间建立一种等价关系，如采用以下关系式处理：

$$\sigma_{3f} = \frac{1}{2}(1 + K_0)\sigma_z \quad 或者 \quad \sigma_{3f} = \frac{1}{3}(1 + 2K_0)\sigma_z$$

式中 σ_z——现场土层中竖直方向固结应力，kPa。

这样公式（3－20）可写为：

$$\tau_c = \left[c_i\cot\phi_i + \frac{1}{2}(1+K_0)\sigma_z\right]\frac{\sin\phi_i}{1-\sin\phi_i} \tag{3-22a}$$

或者

$$\tau_c = \left[c_i\cot\phi_i + \frac{1}{3}(1+2K_0)\sigma_z\right]\frac{\sin\phi_i}{1-\sin\phi_i} \tag{3-22b}$$

其中

$$\begin{cases} \sin\phi_i = \dfrac{U_i\sin\phi_{cu}}{1-(1-U_i)\sin\phi_{cu}} \\ c_i = \dfrac{(1-U_i)(1-\sin\phi_{cu})}{1-(1-U_i)\sin\phi_{cu}}\dfrac{c_u}{\cos\phi_i} \\ \cos\phi_i = \sqrt{1-\sin^2\phi_i} \end{cases} \tag{3-23}$$

则由公式（3－21）可知，考虑固结作用下导致的强度增长值，可得：

$$\Delta\tau_c = \frac{1}{2}(1+K_0)\frac{\sin\phi_i}{1-\sin\phi_i}\Delta\sigma_z \tag{3-24a}$$

或者

$$\Delta\tau_c = \frac{1}{3}(1+2K_0)\frac{\sin\phi_i}{1-\sin\phi_i}\Delta\sigma_z \tag{3-24b}$$

式中 $\Delta\sigma_z$——竖直方向施加的外荷载，kPa。

由此可知，式（3－22a）和式（3－22b）即为根据摩尔应力圆的应力路径变化推导出的软土任意固结度下不排水抗剪强度的数学表达式。

3.2.2.2 与有效固结应力法的比较

为了验证推导出的软土任意固结度不排水强度的数学表达式的正确性，有必要将其与工程实践上常用的由沈珠江（1962）等提出的有效固结应力法进行对比分析，根据有效固结应力法，可以推导出软土的不排水强度为：

$$\tau_c = \frac{\cos\phi_{cu}}{1-\sin\phi_{cu}}c_{cu} + \frac{1}{2}(1+K_0)\frac{\sin\phi_{cu}}{1-\sin\phi_{cu}}\sigma'_z \tag{3-25a}$$

或者

$$\tau_c = \frac{\cos\phi_{cu}}{1-\sin\phi_{cu}}c_{cu} + \frac{1}{3}(1+2K_0)\frac{\sin\phi_{cu}}{1-\sin\phi_{cu}}\sigma'_z \tag{3-25b}$$

相应的强度增长值为：

$$\Delta\tau_c = \frac{1}{2}(1+K_0)\frac{\sin\phi_{cu}}{1-\sin\phi_{cu}}U_i\Delta\sigma_z \tag{3-26a}$$

或者

$$\Delta\tau_c = \frac{1}{3}(1+2K_0)\frac{\sin\phi_{cu}}{1-\sin\phi_{cu}}U_i\Delta\sigma_z \tag{3-26b}$$

利用任意固结度强度指标和有效固结应力法可以计算出各自的强度增长值，然后将两者进行比较，就可以验证任意固结度强度公式的准确性。

将式(3－23）代入任意固结度强度增长公式(式(3－24a）和式(3－24b))

可知：

$$\Delta\tau_c = \frac{1}{2}(1 + K_0)\frac{\sin\phi_i}{1 - \sin\phi_i}\Delta\sigma_z$$

$$= \frac{1}{2}(1 + K_0)\Delta\sigma_z\frac{U_i\sin\phi_{cu}}{1 - (1 - U_i)\sin\phi_{cu}}\frac{1}{1 - \frac{U_i\sin\phi_{cu}}{1 - (1 - U_i)\sin\phi_{cu}}}$$

$$= \frac{1}{2}(1 + K_0)\frac{\sin\phi_{cu}}{1 - \sin\phi_{cu}}U_i\Delta\sigma_z \tag{3-27a}$$

或者 $$\Delta\tau_c = \frac{1}{3}(1 + 2K_0)\frac{\sin\phi_i}{1 - \sin\phi_i}\Delta\sigma_z = \frac{1}{3}(1 + 2K_0)\frac{\sin\phi_{cu}}{1 - \sin\phi_{cu}}U_i\Delta\sigma_z \tag{3-27b}$$

这与有效固结应力法计算的强度增长公式（式(3 - 25a) 和式(3 - 25b)）一样，从而可以证明任意固结度下不排水强度求解方法的正确性。

与有效固结应力法相比，杨嵘昌的任意固结度强度指标推导公式的优越性在于能够方便地把变化的强度指标 c_i、ϕ_i 运用到软土稳定程序中来考虑填筑地基强度的增长。

对于任意固结度强度推导中的软土地基的天然强度 c_u，可以通过有效固结应力法不排水强度公式来确定，即：

$$c_u = \frac{\cos\phi_{cu}}{1 - \sin\phi_{cu}}c_{cu} + \frac{1}{2}(1 + K_0)\frac{\sin\phi_{cu}}{1 - \sin\phi_{cu}}\gamma h \tag{3-28a}$$

或者 $$c_u = \frac{\cos\phi_{cu}}{1 - \sin\phi_{cu}}c_{cu} + \frac{1}{3}(1 + 2K_0)\frac{\sin\phi_{cu}}{1 - \sin\phi_{cu}}\gamma h \tag{3-28b}$$

式中 γ——地基土的重度，kN/m^3；

h——地基土的深度，m。

3.2.3 结构性天然软黏土任意固结度不排水强度

3.2.3.1 结构性对软土的不排水强度的影响

沈珠江[14]（1998）指出，天然土的剪切曲线类似于压缩曲线，他们均在 σ_{pc} 两侧形成不同的两段，即在 σ_{pc} 前后曲线有明显的转折，如图 3 - 7 所示，其原因在于当围压较小时，结构强度能够保持完好，而当围压较大时，其结构却被破坏，使得曲线在 σ_{pc} 前后分成两段。从压缩曲线和剪切曲线分成明显的两段可以看出，曲线归一化的概念显然不再适用于天然软黏土上。从图 3 - 5 ~ 图 3 - 7 中可以看出对于结构性的天然软土的强度包络线，当围压大于某一临界压力值时，软土的结构将会发生破坏，此时的软土称为结构破坏的土，其黏聚力为零，但其强度包络线有一定的斜率；当围压小于临界压力值时，软土的结构不会发生破坏，此时强度包络线的斜率较结构破坏土小一些，黏聚力不为零。

3.2.3.2 结构性软土的不排水强度公式的推求

根据结构性对天然软黏土的强度包络线的影响，我们可以假设天然土的强度包络线分成两段，可利用双线性模型来模拟，如图3－7所示。图3－7中，两段直线的交点对应着临界压力 σ_{pc}，通过有效固结应力法可以获得天然强度 c_u，而利用固结不排水试验则可测定出固结不排水强度指标 c_{cu}、ϕ_{cu}，而且以 σ_{pc} 为转折点的两段直线，对应着三个抗剪强度指标 c_{cu1}、ϕ_{cu1} 和 ϕ_{cu2}，第一段直线对应的强度指标为 c_{cu1} 和 ϕ_{cu1}，第二段直线对应的强度指标为 $c_{cu2}=0$ 和 ϕ_{cu2}。由此具有结构性的天然黏土的不排水强度可以近似地分为两段来进行归一化。

考虑到结构性对天然软土的影响，根据上节所推导出的任意固结度的强度公式以及上述双线性模型的分析思路，必须对任意固结度强度公式进行改进，使其更加符合天然软土的实际情况，改进后即可以得到结构性天然软土在任意固结度下的强度表达式，即：

$$\tau_c = \left[c_i \cot\phi_i + \frac{1}{2}(1+K_0)\sigma_z\right]\frac{\sin\phi_i}{1-\sin\phi_i} \tag{3-29}$$

式中 σ_z——施工现场土层竖直方向固结应力，kPa。

所以当 $\sigma \leqslant \sigma_{pc}$ 时（σ 为有效应力，σ_{pc} 为临界压力），有：

$$\begin{cases} \sin\phi_i = \dfrac{U_i \sin\phi_{cu1}}{1-(1-U_i)\sin\phi_{cu1}} \\ c_i = \dfrac{(1-U_i)(1-\sin\phi_{cu1})}{1-(1-U_i)\sin\phi_{cu1}}\dfrac{c_u}{\cos\phi_i} \\ c_u = \dfrac{\cos\phi_{cu1}}{1-\sin\phi_{cu1}}c_{cu1} + \dfrac{1}{2}(1+K_0)\dfrac{\sin\phi_{cu1}}{1-\sin\phi_{cu1}}\gamma h \end{cases} \tag{3-30}$$

当 $\sigma > \sigma_{pc}$ 时，有：

$$\begin{cases} \sin\phi_i = \dfrac{U_i \sin\phi_{cu2}}{1-(1-U_i)\sin\phi_{cu2}} \\ c_i = \dfrac{(1-U_i)(1-\sin\phi_{cu2})}{1-(1-U_i)\sin\phi_{cu2}}\dfrac{c_u}{\cos\phi_i} \\ c_u = \dfrac{1}{2}(1+K_0)\dfrac{\sin\phi_{cu2}}{1-\sin\phi_{cu2}}\gamma h \end{cases} \tag{3-31}$$

或者还可将天然软土在任意固结度下的强度表达式表示为：

$$\tau_c = \left[c_i \cot\phi_i + \frac{1}{3}(1+2K_0)\sigma_z\right]\frac{\sin\phi_i}{1-\sin\phi_i} \tag{3-32}$$

当 $\sigma \leqslant \sigma_{pc}$ 时，有：

$$\begin{cases} \sin\phi_i = \dfrac{U_i \sin\phi_{cu1}}{1-(1-U_i)\sin\phi_{cu1}} \\ c_i = \dfrac{(1-U_i)(1-\sin\phi_{cu1})}{1-(1-U_i)\sin\phi_{cu1}} \dfrac{c_u}{\cos\phi_i} \\ c_u = \dfrac{\cos\phi_{cu1}}{1-\sin\phi_{cu1}} c_{cu1} + \dfrac{1}{3}(1+2K_0)\dfrac{\sin\phi_{cu1}}{1-\sin\phi_{cu1}}\gamma h \end{cases} \tag{3-33}$$

当$\sigma > \sigma_{pc}$时，有：

$$\begin{cases} \sin\phi_i = \dfrac{U_i \sin\phi_{cu2}}{1-(1-U_i)\sin\phi_{cu2}} \\ c_i = \dfrac{(1-U_i)(1-\sin\phi_{cu2})}{1-(1-U_i)\sin\phi_{cu2}} \dfrac{c_u}{\cos\phi_i} \\ c_u = \dfrac{1}{3}(1+2K_0)\dfrac{\sin\phi_{cu2}}{1-\sin\phi_{cu2}}\gamma h \end{cases} \tag{3-34}$$

综上所述，由于结构性软土的抗剪强度在临界压力 σ_{pc}处存在明显的转折，所以在计算软土的抗剪强度时，必须考虑到结构性对软土强度的影响。在软土有效应力达到临界固结压力之前，软土结构保持完好，没有被破坏，此时软土的强度包络线所基于的固结不排水强度指标为 c_{cu1}和 ϕ_{cu1}，而当软土有效应力达到临界固结压力之后，软土结构发生破坏，此时软土强度包络线基于的固结不排水强度指标发生了改变，黏聚力变成了零，即 $c_{cu2}=0$，而内摩擦角变大为 ϕ_{cu2}。因此在本节所推导出的任意固结度不排水强度公式中，当有效应力小于临界固结压力时，不排水强度所基于的固结不排水强度指标为 c_{cu1}和 ϕ_{cu1}；当有效应力大于临界固结压力时，固结不排水强度指标就相应地改为 c_{cu2}和 ϕ_{cu2}。这样本章所推导出的不排水强度公式就能够考虑到软土的结构性，成为考虑结构性的天然软黏土不排水强度公式。

3.3 结构性软土一维非线性固结方程

太沙基（Terzaghi）于 1925 年创立的经典饱和土一维固结理论[115]采用了线弹性的应力－应变关系，即假定土体的渗透系数 k_v、体积压缩系数 m_v 等固结参数在固结过程中保持不变，但这与土体实际情况不符。一般来说土体的压缩性和渗透性都是呈现非线性特征的，土的性质又与应力历史密切相关。因此，许多学者致力于不断去除太沙基假定的不当之处，对固结问题展开了深入广泛的研究。

一维非线性固结理论的研究始于 20 世纪 60 年代，Davis 和 Raymond[32]（1965）基于线性的 $e-\lg p$ 关系，假设渗透系数 k_v 与体积压缩系数 m_v 是同步的，得出了固结系数 c_v 为恒定量的固结方程，并且获得了解析解。Mesri 等[33,42]和 Barden 等[53]则分别引用由大量实验分析总结得到的经验关系 $e-\lg p$ 和 $e-\lg k_v$，并分别将其应用于饱和软土一维固结研究中，得到了考虑荷载瞬时施加时的固结曲线。谢康和等[58,59,116]在 Davis 等人的基础上进一步研究了逐步加荷条件下单层和双层地基一维非线性固结的解析解[67]，并在以往研究的基础上推导了考虑到应力历史这一因素的一维非线性固结方程，但其外荷载为单级均布连续荷载，采用经验关系的 $e-\lg p$ 和 $e-\lg k_v$ 非线性关系，且未考虑天然土的结构性这一重要因素对土体固结的影响。曹宇春等[70]建立了任意施工荷载下天然结构性黏土的一维非线性固结方程，但仍沿用 $e-\lg p$ 和 $e-\lg k_v$ 的非线性关系。

沈珠江[117]（1998）指出，结构性天然黏土具有高孔隙比、强渗透性以及具有陡降型压缩曲线的特点，并提出了结构应力比的概念。之后，沈珠江等相继提出了结构性土的边界面堆砌体模型[118]、二元介质本构关系及渗流模型[119,120]等。刘恩龙等[121]还建立了能够反映结构性土压缩曲线在 $e-\lg p$ 坐标中的非线性数学关系，可用于结构性软土的沉降计算。

本节将综合考虑土的结构性和分级施工荷载影响，将 $\lg e-\lg k_v$ 和 $\lg e-\lg p$ 双对数关系的非线性模型引入到一维固结的研究之中，并引用结构应力比的概念建立天然软黏土的一维非线性固结控制方程。然后利用 Crank - Nicolson 差分法来求解，最后与不考虑土结构性的非线性固结结果和线性固结结果进行比较分析。对天然结构性软黏土和超固结土而言，虽固结曲线形状不同但性状类似，因此本节的研究方法也可进一步扩展至超固结土的一维非线性问题分析中。

3.3.1 分级加载时太沙基一维固结方程的推导

Terzaghi 建立的一维固结方程中假设外荷载为均布连续荷载，且一次施加于土层。在单面排水情况下，Terzaghi 一维固结理论的解答为：

$$u(z,t) = \frac{4}{\pi}\sigma_z \sum_{m=1}^{\infty} \frac{1}{m}\sin\frac{m\pi z}{2H}\exp\left(-\frac{m^2\pi^2}{4}T_v\right) \tag{3-35}$$

式中 $u(z,t)$ ——任意位置和时间的孔隙水压，kPa；

m——正奇数，$m=1, 3, 5, \cdots$；

z——计算点离排水面的距离，m；

t——任意时刻，s；

σ_z——$t=0$ 时刻瞬时施加的外荷载，kPa；

H——土层厚度，m；

T_v——时间因数，$T_v = C_v t/H^2$，其中 $C_v = k_v(1+e)/(\gamma_w a) = k_v E_s/\gamma_w$ 为竖直方向固结系数。

实际施工中，荷载通常是分级加载的，假设分级荷载变化规律用图 3 - 10 所示的 m 段直线来模拟，其中 t_m 为施工时间。故有：$q(t)=p_i$（当 $t_i<t\leqslant t_{i+1}$，$i=1, 2, \cdots, m-1$）；$q(t)=Q$（当 $t>t_m$ 时）。

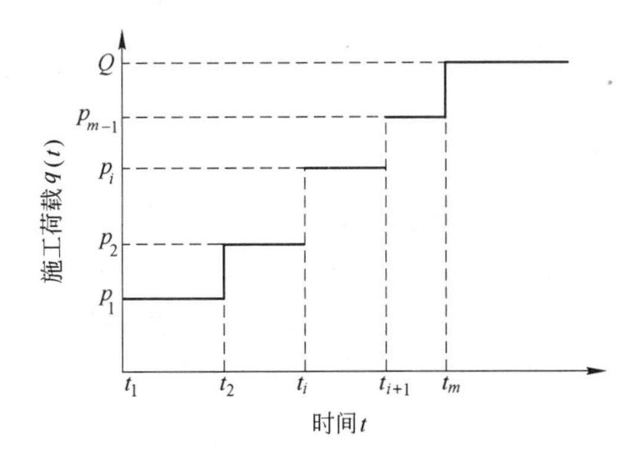

图3-10 施工荷载分级加载示意图

则此时 Terzaghi 固结方程的解为：

$$u(z,t) = \frac{4}{\pi}\sum_{k=1}^{i} p_k \sum_{m=1}^{\infty} \frac{1}{m}\sin\frac{m\pi z}{2H}\exp\left[-\frac{m^2\pi^2}{4}(T_v - T_{vk})\right](t_i < t \leqslant t_{i+1}) \quad (3-36)$$

式中，$T_{vk} = C_v t_k / H^2$，对于双面排水情况，只要取公式中的 H 等于土层厚度的一半即可。

3.3.2 考虑结构应力比的土体非线性固结的推导

3.3.2.1 非线性压缩模型的选取

Chai[34] 等（2004）指出，对于高灵敏度的天然结构性软土而言，压缩曲线在 $\lg e - \lg p$ 坐标系中的线性效果要优于在 $e - \lg p$ 中，其表达式如下：

$$\lg(e + e_c) = \lg(e + e_0) - \lambda \lg(p/p_0) \quad (3-37)$$

式中 λ——修正压缩指数，即 $\lg(e+e_c) - \lg p$ 直线的斜率；

e_c——实验参数。

大量实验结果表明：e_c 的变化范围在 $-1 \sim 1$ 之间，特别的当 $e_c = 0$ 时，模型转化为 $\lg e - \lg p$ 模型，当 $e_c = 1$ 时，模型转化为 $\lg(e+1) - \lg p$ 模型。已有研究表明，$\lg e - \lg p$ 压缩模型能够模拟相当一部分天然土的压缩特性，故本节将使用 $\lg e - \lg p$ 压缩模型。

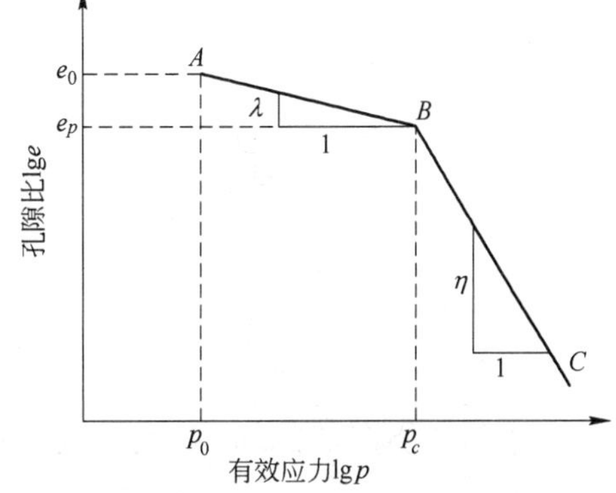

图3-11 饱和软土压缩曲线图

对于结构性土，土体受荷载作用前期土体结构未完全破坏（$p < p_c$，即图3-11中的 AB 段，斜率为 λ，其中 p_c 为结构应力），在外荷载作用下有效应力随着超孔隙水压力的消散而不断增长，

当土体的有效应力超过结构应力时（$p > p_c$，即图 3－11 中的 BC 段，斜率为 η），软土结构大部分受到破坏变成重塑土，故可建立分段压缩方程为：

$$\begin{cases} \lg e - \lg e_0 = -\lambda \lg(p/p_c) & (p \leqslant p_c) \\ \lg e - \lg e_0 = -\lambda \lg(p_c/p_0) - \eta \lg(p/p_c) & (p > p_c) \end{cases} \tag{3-38}$$

3.3.2.2 非线性渗透模型的选取

Mesri 和 Olson[45]（1971）根据实验分析发现，土体孔隙比的变化范围过大时，$e - \lg k_v$ 渗透模型可能并不适用，因此对该模型做出了一些修正，提出了 $\lg e - \lg k_v$ 渗透模型：$k_v = Be^A$（A，B 为黏土渗透特性参数），该模型也可表示为：$\lg k_v = \lg B + A\lg e$。

Al－Tabbaa 和 Wood[46]（1987）、Aiban 和 Znidarcic[47]（1989）、Pane[48]（1985）通过试验证实了该模型能较好地描述孔隙比与渗透系数的关系。

本节采用这一非线性渗透模型，为了方便与 $\lg e - \lg p$ 联合进行方程推导，方程也可改写为：

$$\lg e - \lg e_0 = c\lg(k_v/k_{v0}) \tag{3-39}$$

式中 c——修正渗透系数，即为该模型的直线斜率；

k_{v0}——k_v 的初值。

3.3.2.3 非线性固结控制方程的建立

由压缩方程（3－38）可得：

$$e = \begin{cases} e_0\left(\dfrac{p}{p_0}\right)^{-\lambda} & (p \leqslant p_c) \\ e_0\left(\dfrac{p_c}{p_0}\right)^{-\lambda}\left(\dfrac{p}{p_c}\right)^{-\eta} = e_0 S_t^{-\lambda}\left(\dfrac{p}{p_c}\right)^{-\eta} & (p > p_c) \end{cases} \tag{3-40}$$

式中 S_t——结构应力比，$S_t = p_c/p_0$。

式（3－40）两端分别对时间 t 求偏微分，可得：

$$\frac{\partial e}{\partial t} = \begin{cases} e_0(-\lambda)\left(\dfrac{p}{p_0}\right)^{-\lambda-1}\dfrac{1}{p_0}\dfrac{\partial p}{\partial t} & (p \leqslant p_c) \\ e_0 S_t^{-\lambda}(-\eta)\left(\dfrac{p}{p_0}\right)^{-\eta-1}\dfrac{1}{p_c}\dfrac{\partial p}{\partial t} & (p > p_c) \end{cases} \tag{3-41}$$

联立式（3－38）和式（3－39）可得：

$$k_v = \begin{cases} k_{v0}\left(\dfrac{p}{p_0}\right)^{-\lambda/c} & (p \leqslant p_c) \\ k_{v0} S_t^{-\lambda/c}\left(\dfrac{p}{p_c}\right)^{-\eta/c} & (p > p_c) \end{cases} \tag{3-42}$$

由有效应力原理 $p = p_0 + q(t) - u$，对 t 求偏微分，可得：

$$\frac{\partial p}{\partial t} = \frac{\partial q(t)}{\partial t} - \frac{\partial u}{\partial t} \tag{3-43}$$

式中 u——当前饱和土的超静孔隙水压力，kPa；

$q(t)$——当前施工荷载，kPa；

γ_w——水重度，kN/m^3；

e，p，k_v——分别为饱和土当前孔隙比、有效应力和渗透系数；

e_0，p_0，k_{v0}——分别为饱和土初始孔隙比、初始有效应力和初始渗透系数。

小应变条件下饱和软土一维固结控制方程为：

$$\frac{1}{\gamma_w}\frac{\partial}{\partial z}\left(k_v\frac{\partial u}{\partial z}\right)=\frac{1}{1+e_0}\frac{\partial e}{\partial t} \tag{3-44}$$

将式（3-41）、式（3-42）、式（3-43）代入式（3-44），可得基于 $\lg e-\lg p$ 压缩模型和 $\lg e-\lg k_v$ 渗透模型的一维非线性固结控制方程：

$$\begin{cases}\dfrac{1}{\gamma_w}\dfrac{\partial}{\partial z}\left[k_{v0}\left(\dfrac{p}{p_0}\right)^{-\lambda/c}\dfrac{\partial u}{\partial z}\right]=\dfrac{e_0\lambda}{1+e_0}\left(\dfrac{p}{p_0}\right)^{-\lambda-1}\dfrac{1}{p_0}\left(\dfrac{\partial u}{\partial t}-\dfrac{\partial q(t)}{\partial t}\right) & (p\leqslant p_c)\\ \dfrac{1}{\gamma_w}\dfrac{\partial}{\partial z}\left[k_{v0}S_t^{-\lambda/c}\left(\dfrac{p}{p_c}\right)^{-\eta/c}\dfrac{\partial u}{\partial z}\right]=\dfrac{e_0S_t^{-\lambda}\eta}{1+e_0}\left(\dfrac{p}{p_0}\right)^{-\eta-1}\dfrac{1}{p_c}\left(\dfrac{\partial u}{\partial t}-\dfrac{\partial q(t)}{\partial t}\right) & (p>p_c)\end{cases} \tag{3-45}$$

边界条件和初始条件为：

$$\begin{cases}u=0\ （t=t_1=0，0\leqslant z\leqslant H，H\ 为土层厚度）\\ z=0，u=0\\ z=H，\dfrac{\partial u}{\partial z}=0\ （底面不排水）或\ u=0\ （底面排水）\end{cases}$$

3.4 一维非线性固结求解与程序开发

3.4.1 Crank-Nicolson 差分法求解过程

方程（3-45）为二阶非线性偏微分方程，本节采用 Crank-Nicolson 有限差分法来求解该偏微分方程。

对 $p=p_0+q(t)-u$ 两边关于 z 求导可得：$\partial u/\partial z=\gamma'-\partial p/\partial z$，则方程（3-45）可改写为：

$$\begin{cases}\dfrac{\partial}{\partial z}\left[k_{v0}\left(\dfrac{p}{p_0}\right)^{-\lambda/c}\left(\dfrac{\partial p}{\partial z}-\gamma'\right)\right]-\dfrac{\gamma_w e_0\lambda}{1+e_0}\left(\dfrac{p}{p_0}\right)^{-\lambda-1}\dfrac{1}{p_0}\dfrac{\partial p}{\partial t}=0 & (p\leqslant p_c)\\ \dfrac{\partial}{\partial z}\left[k_{v0}S_t^{-\lambda/c}\left(\dfrac{p}{p_c}\right)^{-\eta/c}\left(\dfrac{\partial p}{\partial z}-\gamma'\right)\right]-\dfrac{\gamma_w e_0S_t^{-\lambda}\eta}{1+e_0}\left(\dfrac{p}{p_0}\right)^{-\eta-1}\dfrac{1}{p_c}\dfrac{\partial p}{\partial t}=0 & (p>p_c)\end{cases} \tag{3-46}$$

整理式（3-46）可得：

$$\begin{cases}\left(\dfrac{p}{p_0}\right)^{-\lambda/c}\dfrac{\partial^2 p}{\partial z^2}+\dfrac{\lambda\gamma'}{cp_0}\left(\dfrac{p}{p_0}\right)^{-1-\lambda/c}\left(1+\dfrac{p}{p_0}\right)\dfrac{\partial p}{\partial z}-\dfrac{\lambda p^{-1-\lambda/c}}{cp_0^{-\lambda/c}}\left(\dfrac{\partial p}{\partial z}\right)^2-\\ \qquad\dfrac{\lambda p^{-\lambda/c}\gamma'^2}{cp_0^{1-\lambda/c}}-\dfrac{\lambda\gamma_w e_0}{k_{v0}(1+e_0)}\dfrac{p^{-1-\lambda}}{p_0^{-\lambda}}\dfrac{\partial p}{\partial t}=0 \qquad (p\leqslant p_c)\\ S_t^{-\lambda/c}\left(\dfrac{p}{p_0}\right)^{-\eta/c}\dfrac{\partial^2 p}{\partial z^2}+\dfrac{\eta\gamma' p^{-1-\eta/c}}{cp_0^{-\eta/c}}\left(1+\dfrac{p}{p_0}\right)\dfrac{\partial p}{\partial z}-\dfrac{\eta}{c}S_t^{-\lambda/c}\dfrac{p^{-1-\eta/c}}{p_0^{-\eta/c}}\left(\dfrac{\partial p}{\partial z}\right)^2-\\ \qquad\dfrac{\eta p^{-\eta/c}\gamma'^2}{cp_0^{1-\eta/c}}-\dfrac{\gamma_w e_0 S_t^{\eta-\lambda-\eta/c}}{(1+e_0)k_{v0}}\dfrac{p^{-1-\eta}}{p_0^{-\eta}}\dfrac{\partial p}{\partial t}=0 \qquad (p>p_c)\end{cases} \tag{3-47}$$

由于存在有效应力原理 $p=p_0+q(t)-u$，因此初始条件和边界条件也相应改为：

$$\begin{cases}p=p_0\ (t=t_1=0,\ 0\leqslant z\leqslant H,\ H\text{为土层厚度})\\ z=0,\ p=p_0+q(t)\\ z=H,\ \partial p/\partial z=\gamma'\ (\text{底面不排水})\ \text{或}\ p=p_0+q(t)\ (\text{底面排水})\end{cases}$$

相应的差分格式为：

$$\begin{cases}p_j^0=(p_0)_j\\ p_1^n=(p_0)_1+p_i(t_i<n\Delta T\leqslant t_{i+1})\\ \dfrac{p_{m+1}^n-p_{m-1}^n}{2\Delta Z}=(\gamma')_m(\text{底面不排水})(t_i<n\Delta T\leqslant t_{i+1})\\ p_m^n=(p_0)_m+p_i(\text{底面排水})(t_i<n\Delta T\leqslant t_{i+1})\end{cases}$$

同理将方程（3-47）离散差分，可得：

$$\begin{cases}\left[\dfrac{p_j^n}{(p_0)_j}\right]^{-\lambda/c}\dfrac{p_{j+1}^{n+1}-2p_j^{n+1}+p_{j-1}^{n+1}+p_{j+1}^n-2p_j^n+p_{j-1}^n}{2(\Delta Z)^2}+\left(\dfrac{\lambda\gamma'}{cp_0}\right)_j\left[\dfrac{p_j^n}{(p_0)_j}\right]^{-1-\lambda/c}\cdot\\ \quad\left[1+\dfrac{p_j^n}{(p_0)_j}\right]\dfrac{p_{j+1}^n-p_{j-1}^n}{2\Delta Z}-\left(\dfrac{\lambda}{cp_0^{-\lambda/c}}\right)_j(p_j^n)^{-1-\lambda/c}\left(\dfrac{p_{j+1}^n-p_{j-1}^n}{2\Delta Z}\right)^2-\left(\dfrac{\lambda\gamma'^2}{cp_0^{1-\lambda/c}}\right)_j(p_j^n)^{-\lambda/c}-\\ \quad\left(\dfrac{\lambda\gamma_w e_0}{k_{v0}(1+e_0)}\right)_j\dfrac{(p_j^n)^{-1-\lambda}}{[(p_0)_j]^{-\lambda}}\dfrac{p_j^{n+1}-p_j^n}{\Delta T}=0 \qquad (p_j^n\leqslant(p_c)_j)\\ \left[\dfrac{p_j^n}{(p_0)_j}\right]^{-\eta/c}[(S_t)_j]^{-\lambda/c}\dfrac{p_{j+1}^{n+1}-2p_j^{n+1}+p_{j-1}^{n+1}+p_{j+1}^n-2p_j^n+p_{j-1}^n}{2(\Delta Z)^2}+\\ \quad\left(\dfrac{\eta\gamma'}{cp_0}\right)_j\left[\dfrac{p_j^n}{(p_0)_j}\right]^{-1-\eta/c}\left[1+\dfrac{p_j^n}{(p_0)_j}\right]\dfrac{p_{j+1}^n-p_{j-1}^n}{2\Delta Z}-\\ \quad\left(\dfrac{\eta}{cp_0^{-\eta/c}}\right)_j[(S_t)_j]^{-\lambda/c}(p_j^n)^{-1-\eta/c}\left(\dfrac{p_{j+1}^n-p_{j-1}^n}{2\Delta Z}\right)^2-\left(\dfrac{\eta\gamma'^2}{cp_0^{1-\eta/c}}\right)_j(p_j^n)^{-\eta/c}-\\ \quad\left(\dfrac{\eta\gamma_w e_0 S_t^{\eta-\lambda-\eta/c}}{k_{v0}(1+e_0)}\right)_j\dfrac{(p_j^n)^{-1-\eta}}{[(p_0)_j]^{-\eta}}\dfrac{p_j^{n+1}-p_j^n}{\Delta T}=0 \qquad (p_j^n>(p_c)_j)\end{cases} \tag{3-48}$$

式中 ΔZ——空间步长；

ΔT——时间步长；

j——空间结点数，$j=1$，2，3，…，m（m 为土层离散结点总数）；

n——时间结点数，$n=1$，2，3，…。

如令：$B=\dfrac{(\Delta Z)^2\lambda e_0\gamma_w}{\Delta T(1+e_0)k_{v0}}$，$D=\dfrac{(\Delta Z)^2\eta e_0\gamma_w S_t^{\lambda/c-\eta/c+\eta-\lambda}}{\Delta T(1+e_0)k_{v0}}$

则上式整理后用一个通式可以表示为：

$$p_{j-1}^{n+1}+E_j\cdot p_j^{n+1}+p_{j+1}^{n+1}=F_j\quad(j=1,2,3,\cdots,m)\tag{3-49}$$

式中，当 $p_j^n\leqslant(p_c)_j$ 时，有：

$$E_j=-2-2B\frac{(p_j^n)^{\lambda/c-\lambda-1}}{(p_0^{\lambda/c-\lambda})_j}$$

$$F_j=2(\Delta Z)^2\left(\frac{\lambda\gamma'^2}{cp_0}\right)_j+\left(\frac{\lambda\gamma'\Delta Z}{c}\right)_j\left[\frac{1}{p_j^n}+\frac{1}{(p_0)_j}\right](p_{j-1}^n-p_{j+1}^n)-p_{j-1}^n+2p_j^n-p_{j+1}^n+$$
$$\left(\frac{\lambda}{2c}\right)_j\frac{1}{p_j^n}(p_{j+1}^n-p_{j-1}^n)^2-2B\left[\frac{p_j^n}{(p_0)_j}\right]^{\lambda/c-\lambda}$$

当 $p_j^n>(p_c)_j$ 时，有：

$$E_j=-2-2D\frac{(p_j^n)^{\eta/c-\eta-1}}{(p_0^{\eta/c-\eta})_j}$$

$$F_j=2(\Delta Z)^2\left(\frac{\eta\gamma'^2}{cp_0}\right)_j+\left(\frac{\eta\gamma'\Delta Z}{c}\right)_j\left[\frac{1}{p_j^n}+\frac{1}{(p_0)_j}\right](p_{j-1}^n-p_{j+1}^n)-p_{j-1}^n+2p_j^n-p_{j+1}^n+$$
$$\left(\frac{\eta}{2c}\right)_j\frac{1}{p_j^n}(p_{j+1}^n-p_{j-1}^n)^2-2D\left[\frac{p_j^n}{(p_0)_j}\right]^{\eta/c-\eta}$$

式（3-49）也可用矩阵形式表示为：

$$\boldsymbol{E}^n\cdot\boldsymbol{P}^{n+1}=\boldsymbol{F}^n\tag{3-50}$$

当单面排水时，可得：

$$\boldsymbol{E}=\begin{bmatrix}E_1 & 0 & & & & & \\ 1 & E_2 & 1 & & & & \\ & 1 & E_3 & 1 & & & \\ & & \cdot & \cdot & \cdot & & \\ & & & \cdot & \cdot & \cdot & \\ & & & & \cdot & \cdot & 1 \\ & & & & & 1 & E_{m-1} & 1 \\ & & & & & & 2 & E_m\end{bmatrix}\quad \boldsymbol{P}=\begin{Bmatrix}p_1\\p_2\\p_3\\\vdots\\p_{m-1}\\p_m\end{Bmatrix}\quad \boldsymbol{F}=\begin{Bmatrix}F_1\\F_2\\F_3\\\vdots\\F_{m-1}\\F_m\end{Bmatrix}$$

E_j, $F_j(j=2, 3, \cdots, m-1)$ 的表达式如式（3－49）所得，$E_1=1$，$F_1=p_1^{n+1}$。

当 $p_m^n \leqslant (p_c)_m$ 时，有：

$$F_m = -2p_{m-1}^n - 4(\gamma')_m \Delta Z + 2p_m^n - 2B\left[\frac{p_m^n}{(p_0)_m}\right]^{\lambda/c-\lambda}$$

当 $p_m^n > (p_c)_m$ 时，有：

$$F_m = -2p_{m-1}^n - 4(\gamma')_m \Delta Z + 2p_m^n - 2D\left[\frac{p_m^n}{(p_0)_m}\right]^{\eta/c-\eta}$$

当双面排水时，可得：

$$\boldsymbol{E} = \begin{bmatrix} E_1 & 0 & & & & & \\ 1 & E_2 & 1 & & & & \\ & 1 & E_3 & 1 & & & \\ & & \cdot & \cdot & \cdot & & \\ & & & \cdot & \cdot & \cdot & \\ & & & & \cdot & \cdot & 1 \\ & & & & & 1 & E_{m-1} & 1 \\ & & & & & & 0 & E_m \end{bmatrix}$$

$$\boldsymbol{P} = \begin{Bmatrix} p_1 \\ p_2 \\ p_3 \\ \vdots \\ p_{m-1} \\ p_m \end{Bmatrix} \qquad \boldsymbol{F} = \begin{Bmatrix} F_1 \\ F_2 \\ F_3 \\ \vdots \\ F_{m-1} \\ F_m \end{Bmatrix}$$

E_j, $F_j(j=2, 3, \cdots, m-1)$ 的表达式如式（3－49）所得，$E_1=1$，$E_m=1$，$F_1=p_1^{n+1}$，$F_m=p_m^{n+1}$。

当 $p_m^n \leqslant (p_c)_m$ 时，有：

$$F_m = -2p_{m-1}^n - 4(\gamma')_m \Delta Z + 2p_m^n - 2B\left[\frac{p_m^n}{(p_0)_m}\right]^{\lambda/c-\lambda}$$

当 $p_m^n > (p_c)_m$ 时，有：

$$F_m = -2p_{m-1}^n - 4(\gamma')_m \Delta Z + 2p_m^n - 2D\left[\frac{p_m^n}{(p_0)_m}\right]^{\eta/c-\eta}$$

可以看出，矩阵方程关于未知数都是线性的，因此根据初始条件可以使用追赶法来求解。土层平均固结度采用谢康和等[65]建议的按孔压定义的计算平均固结度公式，即：

$$U_p = \frac{q(t) - \bar{u}(t)}{q_u} = \frac{q(t)}{q_u} - \frac{\int_0^H u\mathrm{d}z}{Hq_u} = \frac{q(t)}{q_u} - \frac{1}{Hq_u}\sum_{j=1}^{m}\int_{z_{j-1}}^{z_j} u_j\mathrm{d}z$$

$$= \frac{q(t)}{q_u} - \frac{1}{q_u}\sum_{j=1}^{m} u_j(t)z_j \tag{3-51}$$

式中　U_p——土层平均固结度,%；

$q(t)$ ——t 时刻的施工荷载，kPa;

q_u——施工结束后的荷载，kPa;

$u_j(t)$ ——t 时刻某深度点的孔压，kPa。

根据上述算法，本书作者编制了相应的 C + + &MFC 计算程序来求解一维非线性固结问题。

3.4.2　非线性固结程序 3CCON 流程分析图

非线性固结分析程序 3CCON（Three Consolidation Condition）采用 C + + 编程语言编制，3CCON 程序由一个主程序 CONSOLIDATION 和两个子程序 NLCON 和 LCON 组成，其中子程序 NLCON 为分级荷载下一维非线性固结计算程序，子程序 LCON 为分级荷载下一维线性固结计算程序。固结分析程序的主程序和子程序的流程分析如图 3 - 12 ~ 图 3 - 14 所示。

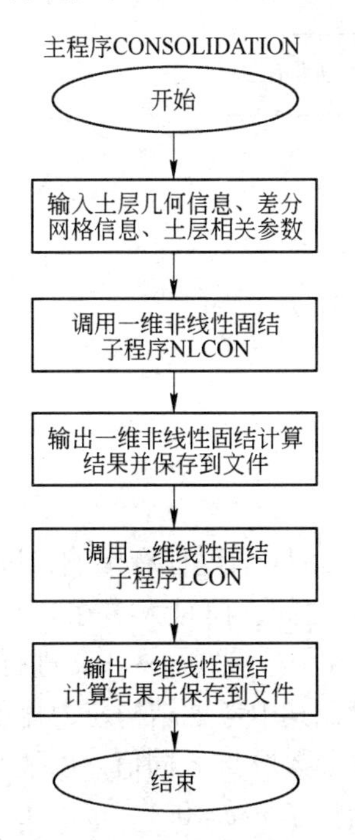

图 3 - 12　固结分析程序 3CCON 主程序流程图

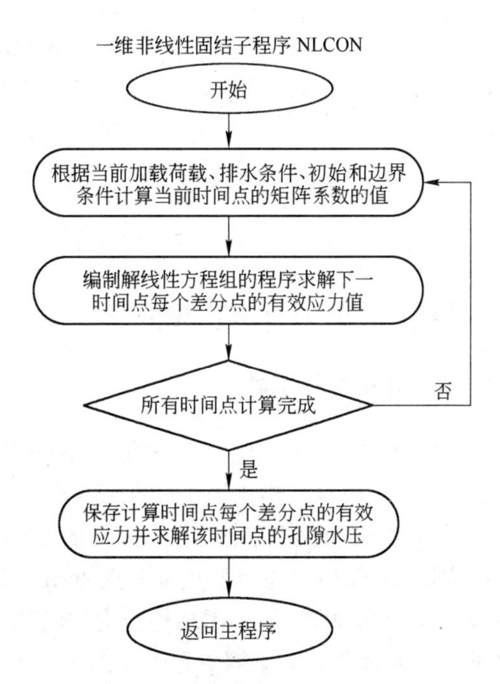

图 3 - 13　非线性固结分析子程序 NLCON 流程图

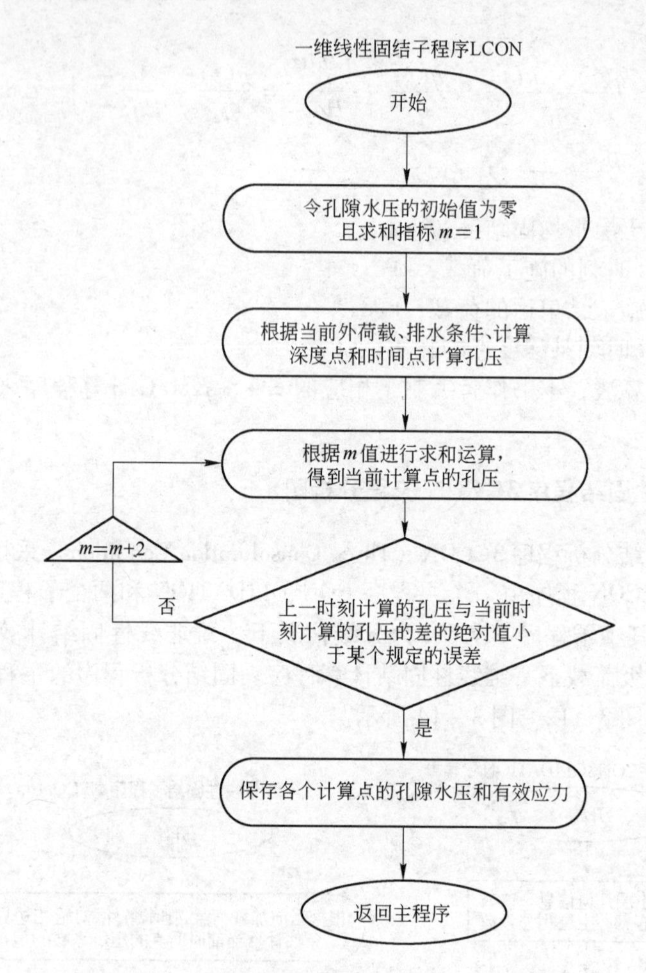

图 3－14 一维线性固结分析子程序 LCON 流程图

3.5 非线性参数对计算结果的影响分析

3.5.1 η/c 比值变化影响

在非线性固结分析中，η/c 比值的不同必定会对固结过程有影响，Berry 和 Wilkinson[122]（1969）指出：η/c 的比值在 0.5～2 之间，而且大多在 0.5～1 之间。为了考虑 η/c 比值变化对土体固结的影响，η/c 比值取 0.1～3.0 进行分析，计算中固定 $c=0.14$，通过变化 η 来改变 η/c 比值，其中考虑结构应力比的非线性参数 λ 均取 0.007，不考虑结构应力比的非线性参数取与 η 同值，以线性固结参数不变作为参考。由于篇幅有限，图 3－15 只给出了 $\eta/c=0.1$，$\eta/c=0.3$，$\eta/c=0.5$，$\eta/c=0.7$，$\eta/c=1.0$，$\eta/c=1.2$，$\eta/c=1.5$，$\eta/c=2.0$ 时的超孔隙水压力－时间曲线以及固结度曲线。

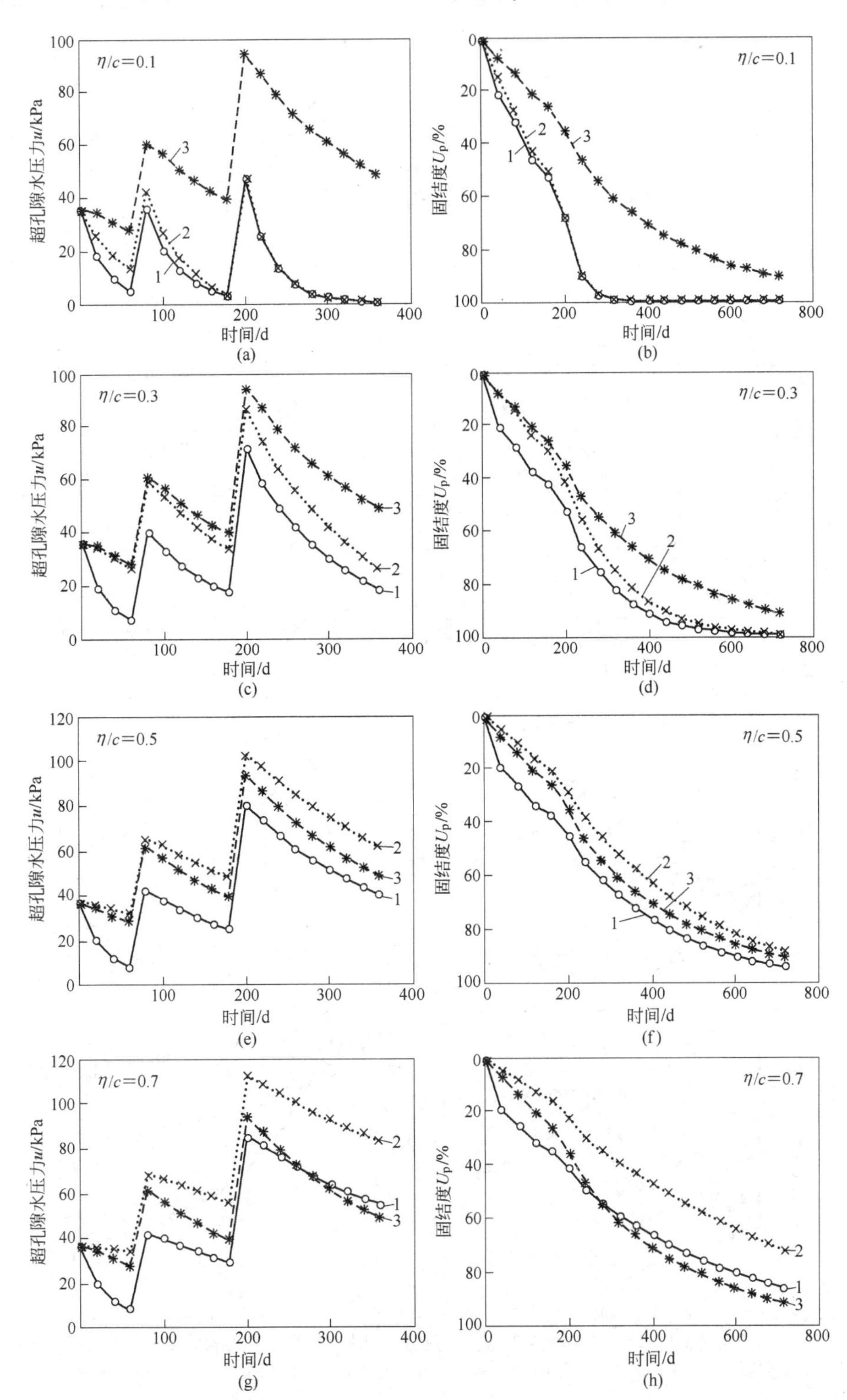

η/c=0.1
超孔隙水压力u/kPa
时间/d
(a)
η/c=0.1
固结度U_p/%
时间/d
(b)
η/c=0.3
超孔隙水压力u/kPa
时间/d
(c)
η/c=0.3
固结度U_p/%
时间/d
(d)
η/c=0.5
超孔隙水压力u/kPa
时间/d
(e)
η/c=0.5
固结度U_p/%
时间/d
(f)
η/c=0.7
超孔隙水压力u/kPa
时间/d
(g)
η/c=0.7
固结度U_p/%
时间/d
(h)

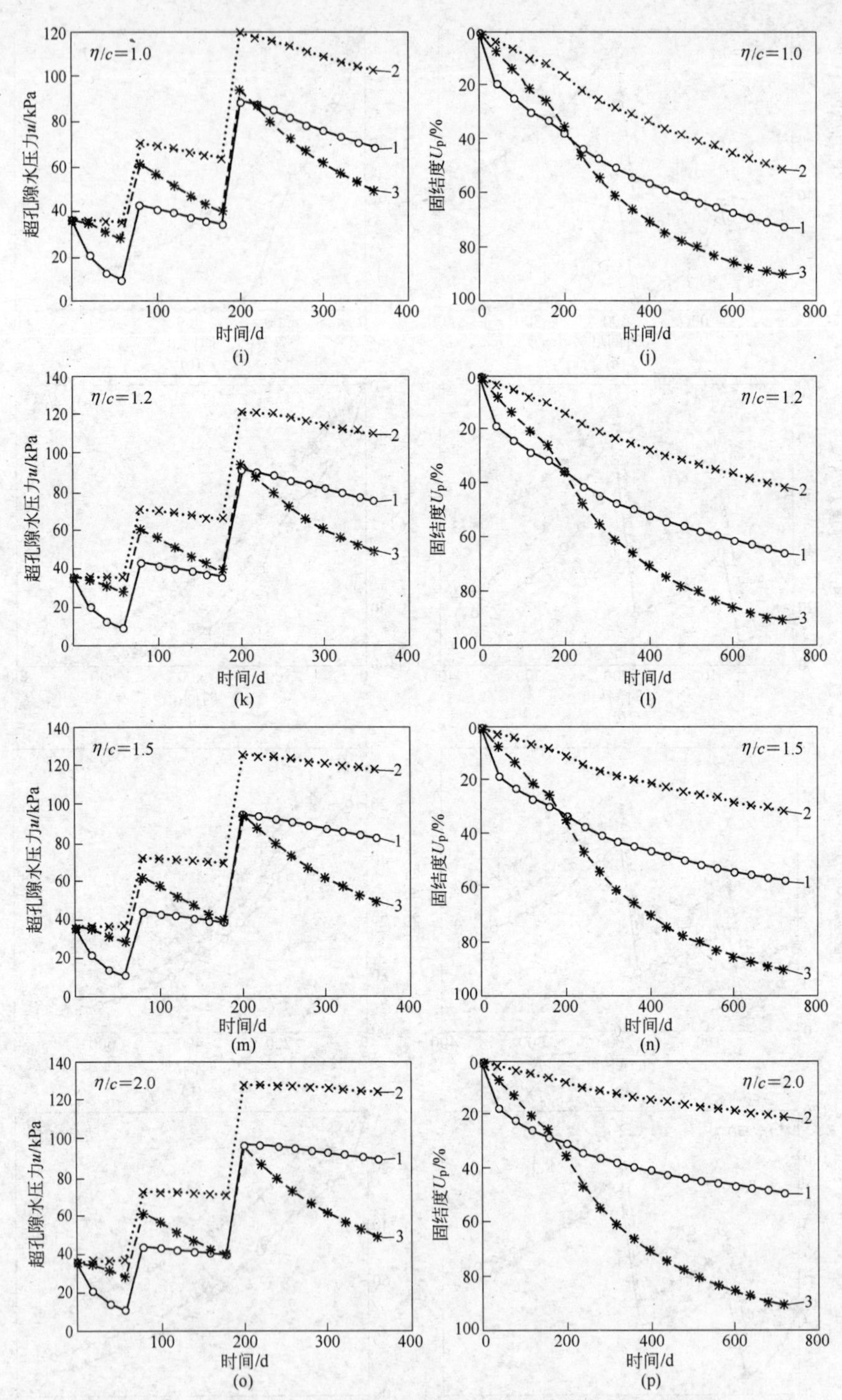

图 3－15 不同 η/c 比值的超孔压－时间曲线及固结度曲线

1—考虑结构应力比的非线性固结；2—不考虑结构应力比的非线性固结；3—太沙基线性固结

从图3-15中可以看出，η/c 比值对非线性固结速率有较大影响，η/c 比值越小，固结速率越快。

当 $\eta/c<0.5$ 时，不考虑结构应力比的固结曲线在线性固结与考虑结构应力比的固结曲线之间。比值较小时考虑结构应力比与不考虑结构应力比的曲线差别不大，随着 η/c 比值的增加，非线性固结与线性固结差值逐渐减小，不考虑结构应力的非线性固结曲线变化更快，逐渐接近线性固结曲线，特别是在固结初始阶段。

随着 η/c 比值的增加，不考虑结构应力比的非线性固结曲线越过线性固结曲线；考虑结构应力比的非线性固结与线性固结的差值逐渐减小，但在固结初始阶段二者仍有较大差别，随着 η/c 比值继续增加，二者出现交点，交点位置位于固结有效应力等于结构屈服应力处，η/c 比值增加，交点位置基本不变。

在外荷载未达到土结构屈服应力之前，太沙基线性固结曲线位于考虑与不考虑结构应力比的固结曲线之间。不考虑结构应力的非线性固结由于未考虑黏土天然结构应力的存在而高估了土的非线性影响，致使计算所得的超孔隙水压力偏大。由于太沙基线性固结既未考虑土的结构应力也未考虑土压缩与渗透的非线性，因此综合的结果是其固结曲线位于考虑与不考虑黏土结构应力比的固结曲线之间。

在外荷载超过土结构屈服应力之后，土天然结构逐渐被破坏，但由于初始压缩阶段（未到达结构应力之前）的差别，考虑与不考虑结构应力比的固结曲线并不重合，近似平行地发展。太沙基线性固结因为忽略了压缩后期孔隙比和渗透系数的降低而高估了固结速度，随着 η/c 比值的增加，非线性固结与线性固结曲线差值逐渐增加。

3.5.2 进一步的讨论

上述分析是基于一组固定的参数（除 η 有变化外）得出的结果，此外，本节还进行了不同参数取值的固结分析。研究表明，不同的参数固结曲线的变化规律一致，但三种曲线变化在相对位置的 η/c 界限值有差别。鉴于天然黏土结构性和非线性的复杂影响，关于结构应力比对其固结特性的影响尚待深入研究。

就工程实践来说，η/c 比值一般在0.5~1.2之间，考虑结构应力比的非线性固结最接近天然黏土的固结特性，因此当外荷载到达结构屈服应力之前，太沙基线性固结曲线接近考虑结构应力比的非线性固结曲线，可以近似使用；但当外荷载大于黏土的结构屈服应力之后，太沙基固结理论由于忽略了黏土固结的非线性而偏离实际情况较大。而不考虑结构应力比的非线性固结理论由于没有考虑天然黏土固结初始阶段结构性的影响而低估了黏土的固结速率，与实际也有较大偏差。

3.6 结构性软土地基堆载施工模拟程序开发

在土力学中，边坡稳定性分析是其经典部分，而软土稳定性问题大量存在于如路堤、基坑、山体、堤坝等各类工程施工过程中，相应地，在这些工程施工过程中也发生过大量的失稳情况，因而对土体的稳定性问题进行分析，对稳定性差的软土采取一些必要的防治措施，历来是工程师们关心和研究的重点。一直以来，在天然软土地基稳定性分析中，人们普遍使用极限平衡法中的条分法来研究，而这种方法当下仍然是工程科研和实践的常用分析法。

在土力学中，人们对土坡稳定性分析的研究，历史悠久，早期人们主要通过工程经验来进行稳定性研究，Culmann 在 1866 年通过土坡破坏面即为土坡坡趾的平面这一假设，开始了土坡稳定性的分析研究，土坡稳定性分析从此进入了理论研究阶段。进入 20 世纪以后，对于软土地基稳定性问题的理论研究，学者们普遍使用垂直条分法来分析，从而使得各种各样的极限平衡分析简化法大量出现。Fellenius[96]（1927）在把土条底面的法向应力当成土条重量在法线方向的投影这一假设的基础上提出了 Fellenius 法，此法还假设土坡滑裂面为圆弧形状，而法向力通过圆心，故其对圆心不取矩。Bishop[97]（1950）对传统的瑞典圆弧法作了重要改进，提出了 Bishop 法。Janbu[98]（1954）通过假定土条间力为水平方向，提出了 Janbu 法。而美国陆军工程师团[100]（1967）基于条间力的倾角等于平均坝坡这一假设，提出了陆军工程师团法。

20 世纪 50 年代之后，随着计算机的出现和普及，在工程实践过程中，通过更严格的方法进行边坡稳定性分析的条件开始成熟，从此，全世界的学者们对滑裂面形状不再作任何假定，陆续建立了既满足力的平衡条件又满足力矩平衡条件的稳定性分析方法。Morgenstern 和 Price[101]（1965）提出了既适用于任意形状滑裂面，又同时满足力和力矩平衡的 Morgenstern - Price 法。Spencer[102]（1967）则提出了条间力倾角为常数的稳定性分析方法。而 Janbu[103]（1973）在 Janbu 简化法的基础之上，提出了 Janbu 通用条分法，此法既满足力矩平衡又满足力的平衡。Sarma[104]（1973）则提出了一种解决稳定问题的处理法，即对每个土条施加水平力。陈祖煜和 Morgenstern[105]（1983）通过对 Morgenstern - Price 法作的一些基本改进，提出了求解安全系数的方法，此法解决了数值分析的最终收敛问题。上述这些方法均通过进行一定的假设，即把稳定的超静定问题转化为静定问题，从而得到最后的解答。

3.6.1 地基稳定分析的极限平衡法

极限平衡法是基于 Mohr - Coulomb 强度准则的，并将滑体看成理想刚塑性体，而不考虑其自身的变形。在工程实践上，条分法是最常见的极限平衡法，条分法的分析原理是将土坡滑动面以上的滑体划分为若干竖条，通过考虑土体的静力平衡条件，并结合 Mohr – Coulomb 强度破坏准则，分析每个竖条的受力情况，最后通过不同的条间力假设以及可能的滑裂面，建立力学方程来求得边坡的最小安全系数，图 3 – 16 为土坡条分法的简单示意图。

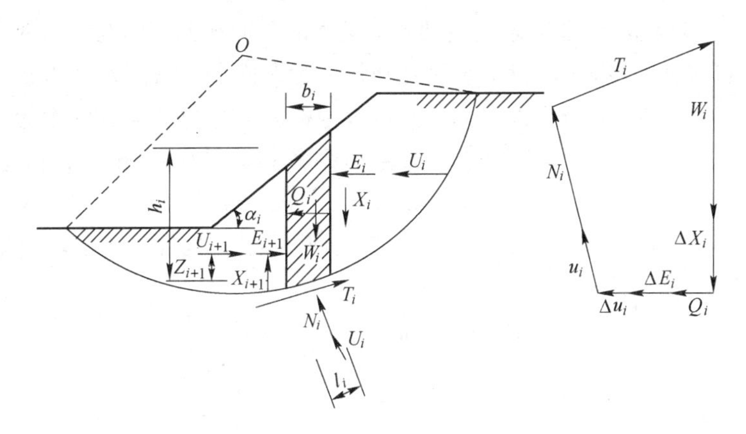

图 3 – 16　条块受力分析图

极限平衡法假设边坡滑体有沿着某一滑裂面向下滑动趋势，而此时滑裂面上的竖条均处于极限平衡状态，根据 Bishop 的定义，安全系数 F_s 可理解为在边坡破坏时，整个滑裂面上的抗剪强度 τ_f 与滑裂面上实际产生的剪切强度 τ 之比，即：

$$F_s = \frac{\tau_f}{\tau} \tag{3-52}$$

在对边坡进行平衡分析时，通常采用垂直条分形式，然后将滑体垂直条分为 n 块，任意取出其中一个条块 i（图 3 – 16）进行受力分析，可以看出这个条块上作用的已知力有自重 W_i、水平力 Q_i，在条块底面及两侧有孔隙水压力 U_i、U_{i+1}、Ub_i。此外，还有滑块底部倾角 α_i，条块截面高度 h_i、h_{i+1}；软土地基的强度参数 c_i、φ_i。而在极限平衡状态下，条块的未知量有 1 个，即安全系数 F_s；条块底面的法向力 N_i，切向力 T_i 及合力作用点，共有 $3n$ 个；条块侧面上的法向力 E_i，切向力 T_i 及合力作用点，共有 $3n-3$ 个。整个滑体就有 $6n-2$ 个未知量；则对于所有的 n 个条块，对于每个条块，可建立力矩平衡方程 1 个，两个方向力的平衡方程 2 个以及 Mohr – Coulomb 破坏准则 1 个，共计有 $4n$ 个。

整个滑体可建立 $4n$ 个方程，但是未知量要比方程数目多 $2n-2$ 个。可以看出这是个超静定问题，一般用两个方法可解决这个问题：第一个方法，引入一些变形协调条件，以此增加方程组数目，但如此会使问题变得更加复杂；第二个方法，就是做一些假定，简化多余变量，这样就可以减少未知数的数量，而目前各种常见的极限平衡法就是通过减少未知数的方法，将超静定问题转化为静定问题，从而方便地求解方程组，最终得到土坡的安全系数值。

3.6.1.1 瑞典圆弧法（Fellenius 法）

Fellenius 提出了解决圆弧滑动的边坡稳定性分析方法，即瑞典圆弧法（Fellenius 1927，1936）。该方法通过假设每个竖条的底面法向应力与在法线方向上土条重量的投影等同，同时假设滑裂面是圆弧，滑裂面上的法向作用力必然会通过圆心，得到其对圆心取矩为零；另外通过假定条间力合力与竖条底面相平行，力的大小相等，而方向则相反，在考虑力矩平衡以及力的平衡时，两者可相互抵消。

如图 3－17 所示，假定各竖条的 N_i 等于 $W_i\cos\alpha_i$，这样，各竖条对圆弧圆心的总滑动力矩为：

$$M_s = \sum(W_i \cdot R \cdot \sin\alpha_i) \tag{3-53}$$

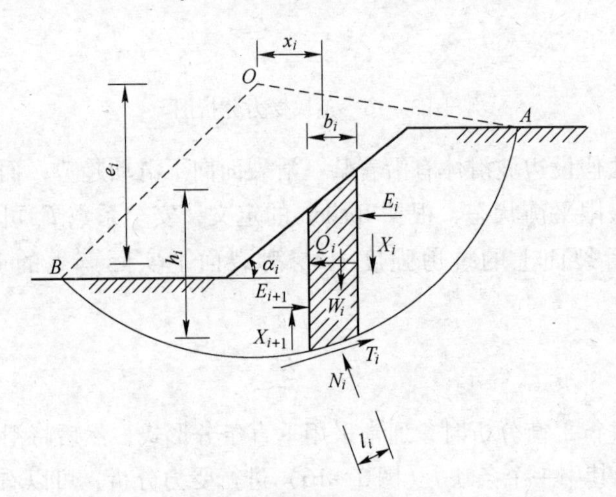

图 3－17 瑞典圆弧法计算示意图

各竖条作用力对圆弧圆心的总抗滑力矩为：

$$M_f = \sum\left(\frac{\tau_{fi} \cdot l_i}{F_s} \cdot R\right) = R\frac{\sum(c_i l_i + W_i\cos\alpha_i\tan\varphi_i)}{F_s} \tag{3-54}$$

由静力平衡条件知，如果滑体保持稳定，其必须满足滑体力矩平衡条件，即式（3－53）与式（3－54）相等，即：

$$M_s = \sum(W_i \cdot R \cdot \sin\alpha_i) = R\frac{\sum(c_i l_i + W_i\cos\alpha_i\tan\varphi_i)}{F_s} = M_f$$

这样边坡的安全系数为：

$$F_s = \frac{\sum(c_i l_i + W_i\cos\alpha_i\tan\varphi_i)}{\sum W_i\sin\alpha_i} \tag{3-55}$$

若各竖条底部的孔隙水压力可知，则根据有效应力原理，即可使用有效应力来表示安全系数，即：

$$F_s = \frac{\sum[c'_i l_i + (W_i\cos\alpha_i - u_i l_i)\tan\varphi'_i]}{\sum W_i\sin\alpha_i} \tag{3-56}$$

瑞典圆弧法忽略了条间力，与其他方法相比，瑞典圆弧法计算得出的安全系数要偏低，所以结果相应的也就偏于安全。

3.6.1.2 简化 Bishop 法

Bishop 基于瑞典圆弧法，对边坡稳定性公式进行了改进，提出了简化 Bishop 法（Bishop 1955），此法同样假定滑裂面为圆弧形状，并忽略竖条的切向条间力，由竖直方向力的平衡，并结合 Mohr - Coulomb 准则，就可以推导出竖条底面的法向力。如图 3 - 17 所示，对于第 i 竖条，由其竖直方向力的平衡可得平衡方程，即：

$$W_i + \Delta X_i - T_i\sin\alpha_i - N_i\cos\alpha_i = 0$$

由上式可知：

$$N_i = \frac{W_i + \Delta X_i - T_i\sin\alpha_i}{\cos\alpha_i} \tag{3-57}$$

然后根据 Mohr - Coulomb 准则就可以知道，在滑动面上，第 i 竖条的抗剪力为：

$$T_i = \frac{c_i l_i + N_i \cdot \tan\varphi_i}{F_s} \tag{3-58}$$

将式（3 - 58）代入式（3 - 57）可得：

$$N_i = \frac{1}{m_i}\left(W_i + \Delta X_i - \frac{c_i l_i}{F_s}\cdot\sin\alpha_i\right) \tag{3-59}$$

其中，$m_i = \frac{\tan\varphi_i}{F_s}\cdot\sin\alpha_i + \cos\alpha_i$。

然后将滑动体对圆心取矩，就可得安全系数为：

$$F_s = \frac{\sum \frac{1}{m_i}[c_i l_i + (W_i + \Delta X_i)\tan\varphi_i]}{\sum W_i\sin\alpha_i} \tag{3-60}$$

通过假定竖向条间力 $\Delta X_i = 0$，简化 Bishop 法安全系数就可表示为：

$$F_s = \frac{\sum \frac{1}{m_i}(c_i l_i + W_i\tan\varphi_i)}{\sum W_i\sin\alpha_i} \tag{3-61}$$

若用有效应力来描述，则可表示为：

$$F_s = \frac{\sum \frac{1}{m_i}[c'_i l_i + (W_i - u_i l_i)\tan\varphi'_i]}{\sum W_i\sin\alpha_i} \tag{3-62}$$

简化 Bishop 法需使用迭代法求解。

3.6.1.3　简布（Janbu）法

简布（Janbu）法（Janbu 1954，1957）假定滑裂面为任意形状，并确定条间法向作用力的作用点在滑面以上 1/3 竖条高度处。

如图 3－17 所示，对每一竖条来说，可建立其竖直方向力的平衡方程，即：

$$N_i\cos\alpha_i = W_i + \Delta X_i - T_i\sin\alpha_i \tag{3-63}$$

然后建立水平方向力的平衡方程，即：

$$\Delta E_i = N_i\sin\alpha_i - T_i\cos\alpha_i \tag{3-64}$$

将式（3－63）代入式（3－64）可知：

$$\Delta E_i = (W_i + \Delta X_i)\tan\alpha_i - T_i\sec\alpha_i \tag{3-65}$$

然后对竖条中点取力矩平衡，可得：

$$X_i b_i = -E_i b_i\tan\alpha_i + h_i\Delta E_i \tag{3-66}$$

由竖条力矩平衡条件（式（3－66）），并结合竖条的力的平衡条件，可知：

$$\Sigma(W_i - \Delta X_i)\tan\alpha_i - \Sigma T_i\sec\alpha_i = 0 \tag{3-67}$$

由 Mohr－Coulomb 准则及式（3－64），可知：

$$T_i = \frac{1}{F_s}\frac{c_i b_i + (W_i + \Delta X_i)\tan\varphi_i}{m_i} \tag{3-68}$$

其中，$m_i = \dfrac{\sin\alpha_i\tan\varphi_i}{F_s} + \cos\alpha_i$。

将式（3－68）代入式（3－67），可得安全系数为：

$$F_s = \frac{\Sigma\dfrac{1}{m_i}[c_i b_i + (W_i + \Delta X_i)\tan\varphi_i]}{\Sigma(W_i + \Delta X_i)\sin\alpha_i} \tag{3-69}$$

简布法也需采用迭代法进行迭代求解。

3.6.1.4　莎尔玛（Sarma）法

莎尔玛在 1979 年提出了 Sarma 法（Sarma 1979），该法假定滑裂面为任意形状，当滑体处于临界状态时，对每个竖条来说，其承受一个水平力 $K_c\Delta W$，K_c 为水平地震加速度系数，可由竖条侧面的临界平衡条件求得。

对于竖条来说，取其平行方向以及垂直方向上力的平衡，即：

$$\mathrm{d}T\cos\alpha - \mathrm{d}N\sin\alpha - \mathrm{d}E - K_c W = 0 \tag{3-70}$$

$$\mathrm{d}T\sin\alpha + \mathrm{d}N\cos\alpha - \mathrm{d}X - \mathrm{d}W = 0 \tag{3-71}$$

由 Mohr－Coulomb 准则，可得：

$$\mathrm{d}T = c'l + (\mathrm{d}N - ul)\tan\varphi' \tag{3-72}$$

对于整个滑体来说，取其力矩以及力的平衡得：

$$\Sigma(\mathrm{d}T\cos\alpha - \mathrm{d}N\sin\alpha)(y - y_c) + \Sigma(\mathrm{d}T\sin\alpha + \mathrm{d}N\cos\alpha)(x - x_c) = 0 \tag{3-73}$$

$$\Sigma \mathrm{d}E = 0 \tag{3-74}$$

式中，x_c，y_c 分别为滑体重心的坐标值。

Sarma 假设，$\mathrm{d}X = \eta G$，$\Sigma G = 0$，其中 G 为待求函数，η 为常数。

由上述各式，并假定 X 值，可知 K_c 值，然后采用迭代法可求解安全系数值 F_s。

3.6.1.5 Morgenstern－Price 通用条分法

Morgenstern－Price 通用条分法（Morgenstern 和 Price 1965）适用于任意形状滑裂面，取切向作用力 X 与法向作用力 E 可得如下关系式，即：

$$X = \lambda f(x)E \tag{3-75}$$

式中，λ 为常数，$f(x)$ 为给定的函数。

由静力平衡条件，可知：

$$\frac{\mathrm{d}X}{\mathrm{d}x}(\tan\phi'_e - \tan\alpha) - \frac{\mathrm{d}E}{\mathrm{d}x}(1 + \tan\phi'_e\tan\alpha)$$

$$= \left(\frac{\mathrm{d}W}{\mathrm{d}x} - \frac{\mathrm{d}V}{\mathrm{d}x}\right)(\tan\phi'_e - \tan\alpha) + c'_e\sec^2\alpha - \frac{\mathrm{d}Q}{\mathrm{d}x}(1 + \tan\phi'_e\tan\alpha) - u\sec^2\alpha\tan\phi'_e \tag{3-76}$$

由力矩平衡条件，并结合 $f(x) = kx + m$，可知：

$$(Kx + L)\frac{\mathrm{d}E}{\mathrm{d}x} + KE = Nx + P \tag{3-77}$$

$$K = \lambda k(\tan\phi'_e - A)$$

$$N = p'[\tan\phi'_e - A - r_u(1 + A^2)\tan\phi'_e] - p_0(1 + A\tan\phi'_e) + p'_0(\tan\phi'_e - A)$$

$$L = \lambda m(\tan\phi'_e - A) - (1 + A\tan\phi'_e)$$

$$P = c'_e(1 + A^2) + q'[\tan\phi'_e - A - r_u(1 + A^2)\tan\phi'_e] - q_0(1 + A\tan\phi'_e) + q'_0(\tan\phi'_e - A)$$

在区间 $[x_i, x_i + \Delta x_i]$ 内，对式（3－77）进行积分：

$$E_{i+1} = \frac{1}{L + K\Delta x}\left(E_iL + P\Delta x + \frac{N\Delta x^2}{2}\right) \tag{3-78}$$

从 $E_0 = 0$ 开始，逐条求 E_i，最后一竖条需要满足条件 $E_n(F, \lambda) = 0$。

对力矩方程求积分，并考虑 $E(a) = E(b) = 0$，可知：

$$M_n(F,\lambda) = \int_a^b\left(X - E\frac{\mathrm{d}y}{\mathrm{d}x}\right)\mathrm{d}x - \int_a^b\frac{\mathrm{d}Q}{\mathrm{d}x}h_e\mathrm{d}x = 0 \tag{3-79}$$

对于式（3－79）来说，利用 Newton－Raphson 法，并结合式 $E_n(F,\lambda) = 0$ 即可使用迭代法求得 F 和 λ 值。

3.6.1.6 Spencer 法（Spencer 1967）

Spencer 在 1967 年提出了 Spencer 法，该法取切向作用力 X 与法向作用力 E

可得如下关系式，即：

$$\tan\theta = \frac{X}{E} = \frac{X + \mathrm{d}X}{E + \mathrm{d}E} \tag{3-80}$$

如果设 X 与 E 的合力为 Q，分别取与竖条底面相平行以及相垂直的力的平衡式可知：

$$\mathrm{d}T - \mathrm{d}W\cos\alpha - (Q + \mathrm{d}Q - Q)\sin(\alpha - \theta) = 0 \tag{3-81}$$

$$\mathrm{d}N - \mathrm{d}W\sin\alpha - (Q + \mathrm{d}Q - Q)\cos(\alpha - \theta) = 0 \tag{3-82}$$

由力矩平衡和力的平衡分别可得：

$$\Sigma\,\mathrm{d}Q\cos(\alpha - \theta)R = 0 \tag{3-83}$$

$$\Sigma\,\mathrm{d}Q = 0 \tag{3-84}$$

式中 R——竖条底面中点与圆心之间的距离，m。

通过式（3-80）~式（3-84），由确定的滑裂面及 θ，即可求出相应的安全系数 F_{s1} 及 F_{s2}，然后作出 F_{s1} 及 F_{s2} 分别关于 θ 的关系曲线图，从图中即可得到安全系数值 F_s。

3.6.1.7 各种极限平衡法的比较

对相邻竖条之间的条块间力，由于所作的假设不同，使得目前常见的极限平衡法有很多种，这些方法或满足力矩平衡条件，或满足力的平衡条件，或同时满足力矩和力的平衡条件。

目前，我国建设部门和交通部门常用的各类方法中，简化简布法、美国陆军工程师团法均是只满足力的平衡条件，但并没有明确考虑力矩的平衡条件；而瑞典条分法、简化 Bishop 法等方法均是只满足力矩的平衡条件；Janbu 法、Spencer 法以及 Morgenstern - Price 法等既满足力矩的平衡条件又满足力的平衡条件，对任意形状的滑裂面均可进行分析。表 3-1 给出了各种极限分析法所满足的平衡及适用条件。

表 3-1 各种常用极限平衡分析方法的平衡条件和适用条件

计算方法	对平衡条件的简化				对滑裂面的假定		对土条侧向作用力的假定
	力平衡		力矩平衡				
	全部满足	部分满足	满足	不满足	圆弧	任意形状	
瑞典法		★	★		★		忽略侧向力
简化 Janbu 法	★			★		★	假定条间剪切力为零
美国陆军工程师团法	★			★		★	假定 β 为土坡的平均坡度
Janbu 法	★		★			★	假定 $A_c = 1/3$
Spencer 法	★		★			★	假定 β 为常数

续表 3-1

计算方法	对平衡条件的简化				对滑裂面的假定		对土条侧向作用力的假定
	力平衡		力矩平衡				
	全部满足	部分满足	满足	不满足	圆弧	任意形状	
简化 Bishop 法		★	★		★		假定 $\beta=0$
Morgenstern - Price 法	★		★			★	假定 β 为各种可能的函数

3.6.2 结构性软土地基的稳定性分析

软土地基由于具有许多工程上的缺点，如承载力低、沉降量大等，使其不能满足建筑物的基本要求。同样的，在软土地基上修建道路，稳定和变形控制问题是重中之重，在这些问题之中，最基本的问题就是稳定性问题，这直接关系到施工安全、进度和工程质量等。在天然软土地基上进行路堤填筑或者堆载预压时，软土地基经常会发生破坏，这通常是由地基的稳定性不足造成的，而大多数的滑裂面通常可近似为圆弧面，由于填土荷载作用下，软土地基发生固结，这直接导致了软土强度的增长，因此在进行地基稳定性分析时，必须考虑到这个问题。本节将结合杨嵘昌（2001）的任意固结度下不排水强度指标，并考虑天然软土的结构特性以及软土的不排水强度破坏特性，提出了考虑结构性软土强度增长的地基稳定性分析方法。

如图 3-18 所示，在软黏土地基上某一路堤的横断面，其中 A 表示路堤填土部分，B 表示地基部分，根据垂直条分法，假设圆弧滑裂面的圆心为 O，半径为 R，将滑裂面以上土体分成许多个竖向土条，在图 3-18 中，取出其中某一个竖条 i，忽略竖条间力，进行受力分析。

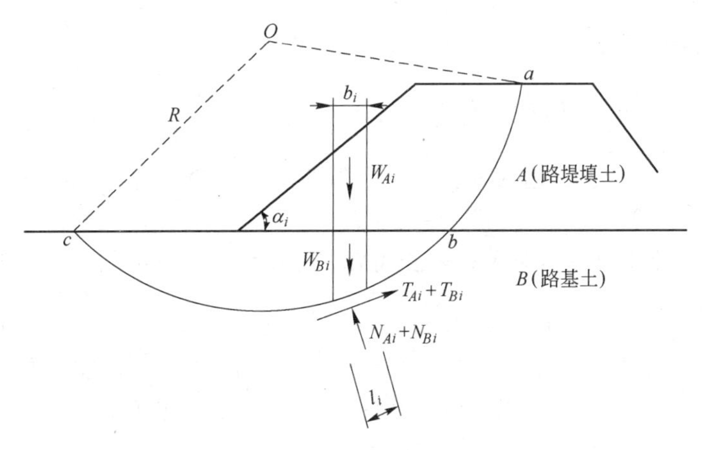

图 3-18 路堤的稳定分析

由安全系数的定义可知：

$$F_s = \frac{M_K}{M_H} \tag{3-85}$$

式中 M_H——滑动土体的重力对圆心取矩，kN·m；

M_K——滑裂面上抗滑力对圆心取矩，kN·m。

如图3-18所示，整个滑裂面产生的总抗滑力矩全部由 ab 滑裂弧上路堤部分产生的抗滑力矩和 bc 滑裂弧上地基部分产生的抗滑力矩组成。

其中，bc 滑裂弧上地基部分产生的抗滑力矩为：

$$(M_K)_{bc} = R\sum_b^c [c_{mi}l_i + (W_{Ai} + W_{Bi})\cos\alpha_i\tan\varphi_{mi}] \tag{3-86}$$

式中 l_i——第 i 竖条底面的弧长，m；

c_{mi}，φ_{mi}——第 i 竖条底面弧线处，软土任意固结度下强度指标，其计算公式可参照3.2节推导的强度指标表达式；

W_{Ai}——路堤填土的第 i 竖条的重量，kN；

W_{Bi}——路基土的第 i 竖条的重量，kN。

路堤填土的应力-应变性质不同于地基土的应力-应变性质，所以在软黏土地基上，如果以砂砾料填筑路堤，考虑到其抗剪强度相对较高，软土地基不等路堤抗剪强度完全发挥出来，就发生破坏了，所以对一定高度的路堤，应该对其抗滑力矩适当折减，即只考虑发挥作用的那部分抗阻力，所以 ab 滑裂弧上路堤部分产生的抗滑力矩为：

$$(M_K)_{ab} = \eta_m R\sum_a^b [c_{cu}l_i + W_{Ai}\cos\alpha_i\tan\varphi_{cu}] \tag{3-87}$$

式中 η_m——路堤抗滑力矩的折减系数，一般采用0.6~0.8；

c_{cu}，φ_{cu}——路堤填土的固结不排水抗剪强度指标，kPa，(°)；

W_{Ai}——路堤填土第 i 竖条的重量，kN。

而滑动土体的重力对圆心取矩的计算公式为：

$$M_H = R\sum(T_A + T_B) = R\left[\sum_c^b (W_A + W_B)_i\sin\alpha_i + \sum_b^a W_{Ai}\sin\alpha_i\right] \tag{3-88}$$

式中，W_A、W_B 分别为路基和路堤部分竖条的重量，kN；α_i 为第 i 竖条底面与水平面的夹角，(°)。

结构性软土地基安全系数计算公式最终可表示为：

$$F_s = \frac{\eta_m R\sum_a^b [c_{cu}l_i + W_{Ai}\cos\alpha_i\tan\varphi_{cu}] + \sum_b^c [c_{mi}l_i + (W_{Ai} + W_{Bi})\cos\alpha_i\tan\varphi_{mi}]}{\sum_c^b (W_A + W_B)_i\sin\alpha_i + \sum_b^a W_{Ai}\sin\alpha_i} \tag{3-89}$$

式中各符号意义同前。

3.6.3 结构性软土地基稳定性分析程序 3CCON&STAB

根据前面几节对于结构性软土固结以及强度稳定性公式的推导，结合3.4节的3CCON程序，笔者使用C++语言编制了在一维非线性固结条件下计算结构性软土地基稳定性的程序3CCON&STAB（3CCON和Stepped Load Stable Analysis）。

3CCON&STAB程序使用滑裂面处理技术，结合最危险滑裂面圆心的搜索方法——4.5H法，考虑不排水条件下天然结构性软土的强度特性以及非线性固结分析来估算结构性软土的有效应力和强度的增长，进而求得地基的安全系数。

3.6.3.1 圆弧滑动法程序编制思想与技术原理说明

地基稳定性分析程序3CCON&STAB主要由一个主程序MAIN和一个子程序SLFS组成，主程序首先根据4.5H法确定滑裂面的圆心范围，进行圆心变化循环，然后针对圆心控制半径的变化，使半径每变化一次即可得到一个滑裂面圆弧。从而根据子程序SLFS部分计算每个滑裂面圆弧的安全系数。这样反复循环计算，即可得到所有可能的圆弧滑裂面，然后主程序MAIN就可以确定最小的安全系数以及对应的圆心坐标，从而确定最危险圆弧滑裂面的位置。程序中具体部分的处理技术包括：路堤填筑边界的确定，最危险滑裂面圆弧圆心范围的确定，半径的控制，圆弧滑裂面与边坡的相对位置判断，土条的划分，非线性固结的计算等。

A 路堤填筑边界的确定

在实际路堤填筑施工中，路堤的示意图如图3－19所示，可以在程序中先输入假定的路堤的位置坐标，即图中的c，d，e，a的坐标值，并且在每一级堆载填筑完成之后，根据该级填土的堆载高度，重新输入路堤的位置坐标。

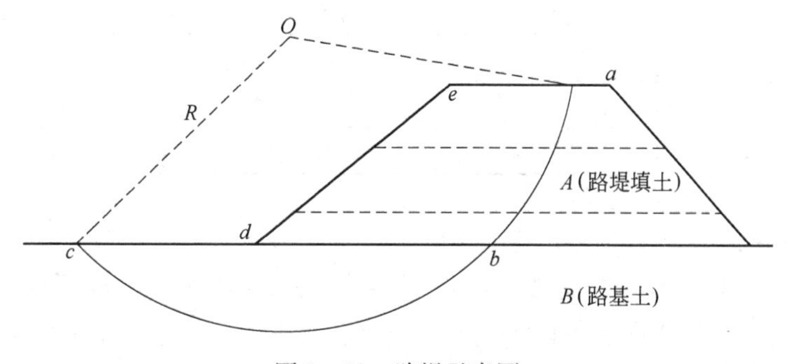

图3－19 路堤示意图

B 最危险滑裂面圆弧圆心范围的确定

根据路堤填筑示意图的路堤坐标，可以使用4.5H法确定最危险滑裂面的圆心的存在范围。

4.5H法即为费伦纽斯提出的近似方法，用来确定最危险滑动面圆心位置，如图3－20所示。

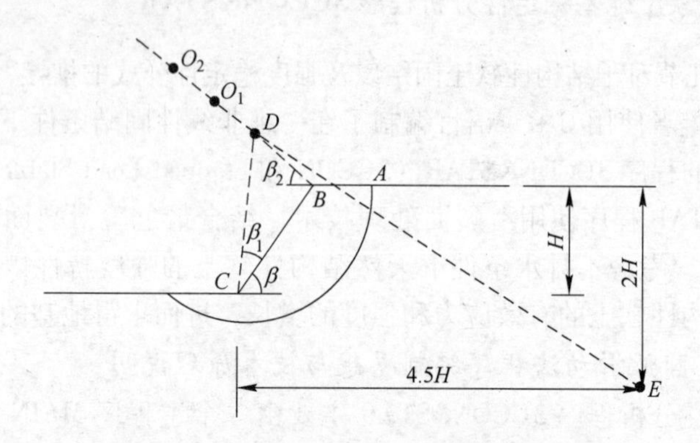

图3－20 最危险滑裂面圆心位置的确定

如图3－20所示，D点为由坡脚β对应的β_1、β_2角作出的交点（β_1、β_2的大小从表3－2中查得），最危险滑裂面圆心位置在图3－20中ED的延长线上，且土的内摩擦角φ越大，圆心越往上移。E点的位置由坡脚C点向下取坡高H的长度，向右水平取4.5H来确定。计算时，自D点向外在ED延长线上取若干点O_1、O_2、…，作为试算圆心，然后随着半径的变化作出一系列的圆弧滑裂面，并求出相应的安全系数，其中最小安全系数对应的圆弧滑裂面即为最危险滑裂面，其对应的圆心为最危险滑裂面的圆心。

表3－2 各种坡脚β对应的β_1、β_2角

土坡坡度	β	β_1	β_2
1:1.0	45°	28°	37°
1:1.5	33°41′	26°	35°
1:2.0	26°34′	25°	35°
1:3.0	18°26′	25°	35°
1:4.0	14°03′	25°	36°

C 半径的控制

如图3－19所示，根据圆心到路堤各个坐标点的距离，即图中的oc、od、oe、oa的长度，判断这四条直线长度的最大和最小值。然后控制半径按照恒定的长度增加量从最小值不断均匀的增大到最大值，这样每增加一次就可以得到一个半径值，也就是得到了一个圆弧。

D 圆弧滑裂面与边坡的相对位置判断

根据圆心的坐标和半径的大小，可以确定一个滑裂面圆弧的位置，因为路堤稳定性计算要考虑到地基土和路堤填土的计算参数指标的不同，其次还要考虑到圆弧滑裂面与路堤边界的交点计算的需要，因此必须要准确判断出圆弧滑裂面与边坡的相对位置，构造的圆弧滑裂面如图 3－21 所示。

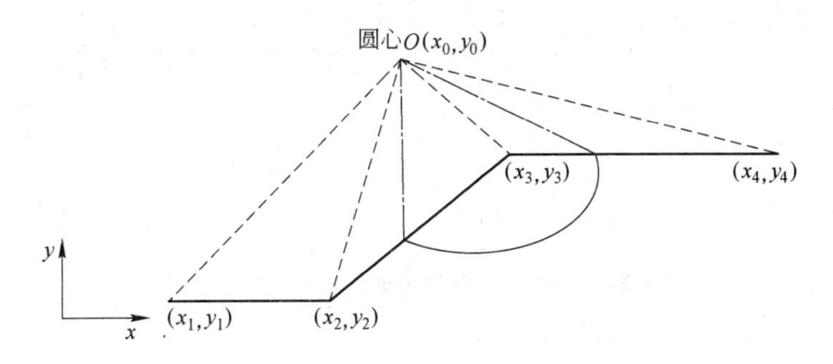

图 3－21 构造圆弧滑裂面示意图

坐标系中，x 轴水平，以指向滑坡的方向为正，y 轴垂直向上为正。某一半径为 R_0 的圆弧圆心 O 至边坡各折点的距离分别为 R_1、R_2、R_3、R_4，如图 3－22 所示。

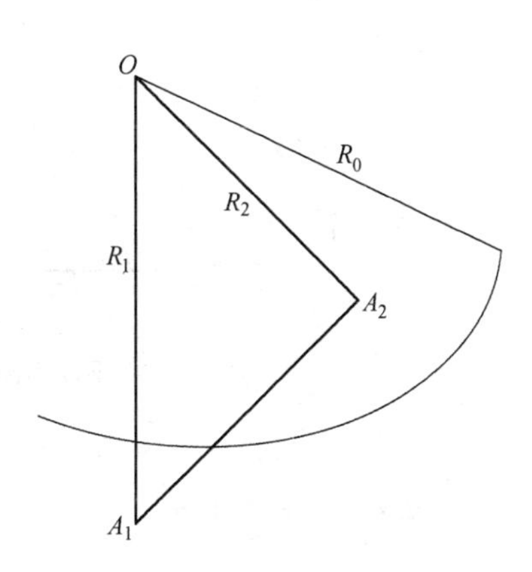

图 3－22 圆弧滑裂面与边坡相交的关系示意图

可以证明，某一半径为 R_0 的圆弧与线段 A_1A_2 有且只有一个的交点的必要条件是 $R_2 \leqslant R_0 \leqslant R_1$，其中 R_1、R_2 为圆心至线段端点的距离。如果 R_0 同时大于 R_1、R_2，则没有交点；如果 R_0 同时小于 R_1、R_2，则圆弧与 A_1A_2 不是没有交点就是有两个交点。

根据上述原理可知，圆弧滑裂面与边坡的相对位置可能有以下几种情况（见图 3－23 ~ 图 3－26）：

（1）当满足 $R_3 \leqslant R_0 \leqslant R_2$ 时

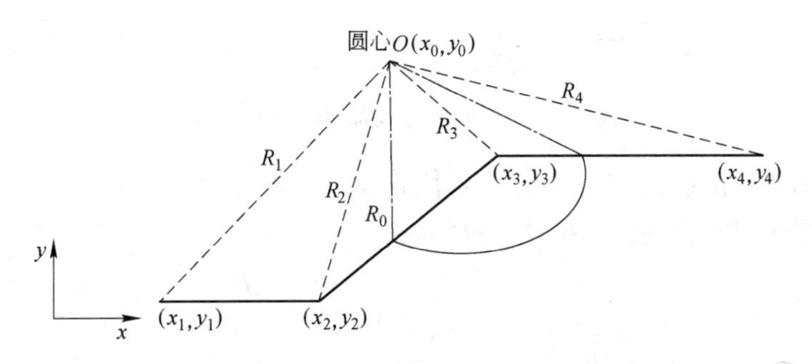

图 3－23 圆弧滑裂面与边坡的相对位置示意 1 图

（2）当满足 $\max(R_2, R_3) < R_0 < \min(R_1, R_4)$ 时

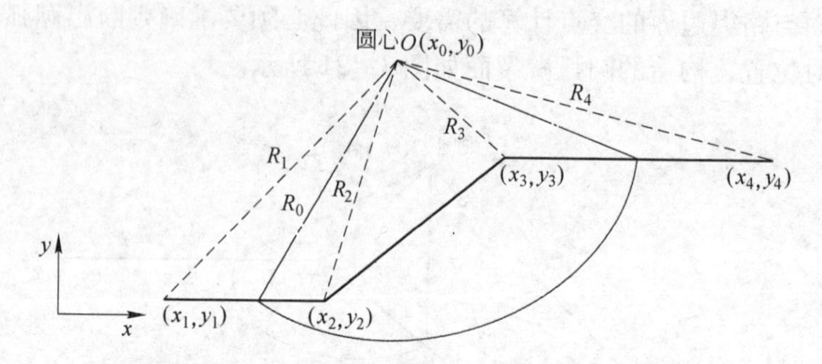

图 3-24　圆弧滑裂面与边坡的相对位置示意 2 图

（3）当满足 $R_2 \leqslant R_0 \leqslant R_3$ 时

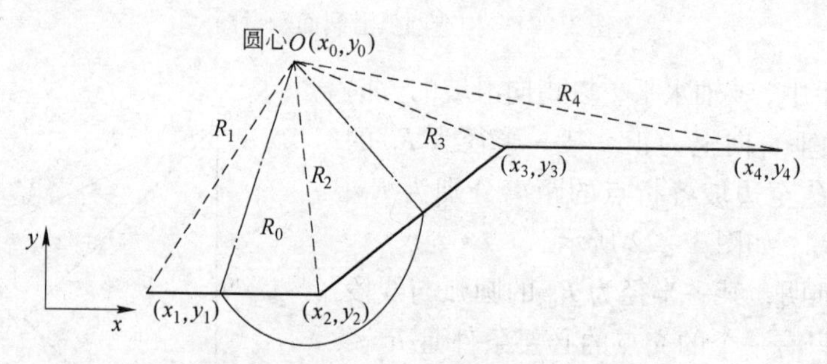

图 3-25　圆弧滑裂面与边坡的相对位置示意 3 图

（4）设点 (x_2, y_2)，(x_3, y_3) 连成的直线为 L，圆心 (x_0, y_0) 到直线 L 的距离为 $d_{\min}$，当满足 $d_{\min} < R_0 < \min(R_2, R_3)$ 时

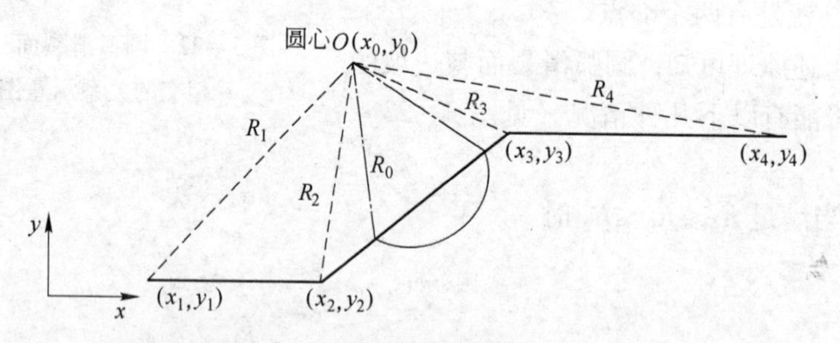

图 3-26　圆弧滑裂面与边坡的相对位置示意 4 图

当已知圆弧滑裂面与边坡的相对位置时，就可以求出圆弧与边坡交点的坐标，现以图 3-26 为例进行推导，可得：

$$\begin{cases}(x - x_0)^2 + (y - y_0)^2 = R_0^2 \\ (y - y_2)/(x - x_2) = s \\ s = (y_3 - y_2)/(x_3 - x_2)\end{cases}$$

联立以上方程组，求解可得：

$$x_i = [2(x_0 + st) \pm \sqrt{\Delta}]/[2(1 + s^2)]$$

$$y_i = s(x_i - x_2) + y_2$$

其中

$$s = (y_3 - y_2)/(x_3 - x_2),\ t = sx_2 - y_2 + y_0$$

$$\Delta = 4(x_0 + st)^2 - 4(1 + s^2)(x_0^2 + t^2 - R_0^2)$$

此联立方程组有两个根，计算时下交点取“-”号，计算上交点取“+”号。

E 土条的划分

根据圆弧滑裂面与边坡的相对位置，可以确定圆弧滑裂面与边坡的交点坐标，根据这些交点坐标将滑动土体划分 N 个土条后能够得到每个土条的底部中点的坐标，然后由非线性固结计算得到每个土条底部中点处的固结度，进而获得每个土条底部的抗剪强度指标，这样就可以知道每个土条在圆弧滑裂面上的抗剪强度。

F 非线性固结的计算方法

在填土的实际施工过程中，为了知道在堆载作用下软土地基固结导致地基土抗剪强度增长的规律，就必须确定圆弧滑裂面上各点的有效应力的增长情况以及固结度的变化情况，进而利用任意固结度法来确定圆弧滑裂面上每个土条的抗剪强度值，从而进行路堤稳定性的失稳分析。在非线性固结分析中，假定地基土沿着每个土条的深度方向均承受相同的上部荷载，其大小都等于该土条上部堆载的大小，这样就可以利用3.4节介绍的非线性固结分析程序来求解每个土条底部的有效应力值和固结度在施工堆载过程中的变化情况，从而确定不同计算时刻的强度值。

3.6.3.2 程序流程图

稳定性分析程序3CCON&STAB的主程序MAIN和子程序SLFS的流程图如图3-27、图3-28所示，此外，SLSTABLE程序中还需要进行非线性固结计算，可参考3.4节的程序3CCON。

3.6.4 结构性软土路堤分级加载方案确定及MFC界面开发

软土地基由于具有许多工程上的缺点，如承载力低、沉降量大等，使其不能满足建筑物对其的基本要求。同样的，在软土地基上修建道路，稳定和变形控制问题是重中之重，在这些问题之中，最基本的问题就是稳定性问题，这直接关系到施工安全、进度和工程质量等。对于在软土地基上修建道路而言，通常路堤填筑都有一定的高度，这是为了满足各个方面的需要，因此在道路施工过程中，必须要面对并且解决两大重点问题，即路堤稳定性以及均匀沉降，而解决这两大重

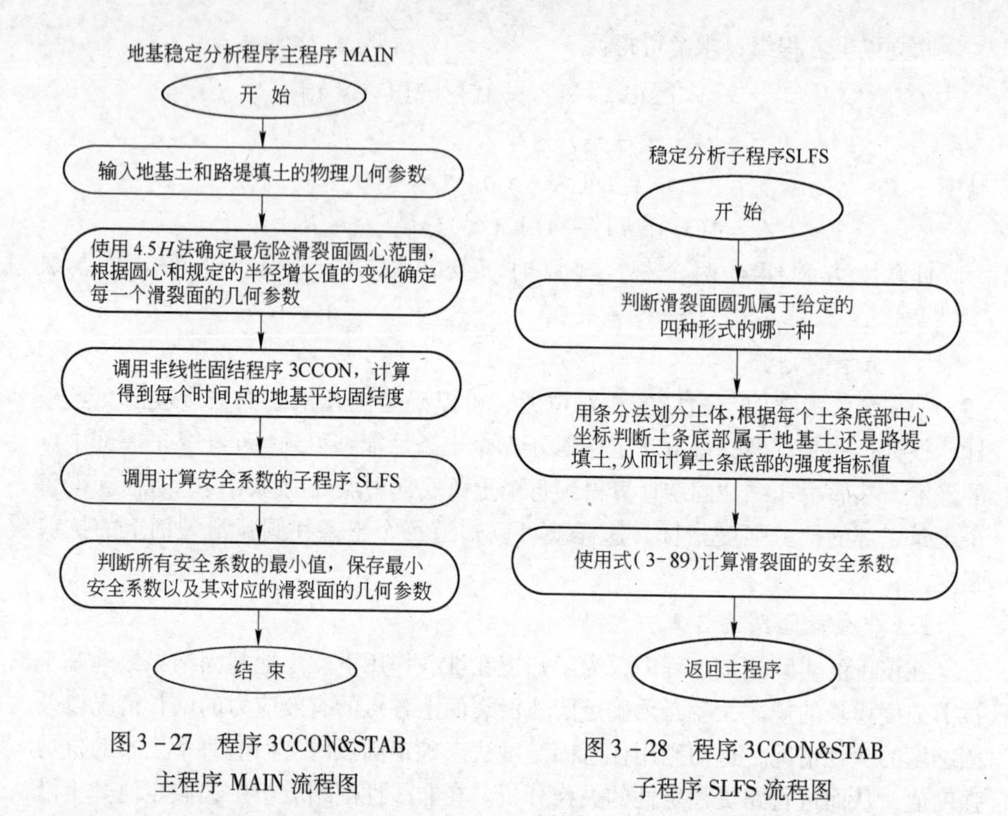

图 3-27 程序 3CCON&STAB 主程序 MAIN 流程图

图 3-28 程序 3CCON&STAB 子程序 SLFS 流程图

点问题的关键，就是控制好施工过程中路堤的填筑速率。路堤填筑施工时，最为常见的路堤失稳破坏主要还是路堤填土速率过快造成的，因为填筑速率过快，使得软土地基中的超孔隙水压力无法迅速的消散掉，这样就会导致软土地基强度的提高速率不能和地基剪应力增长速率保持一致，从而导致路堤发生失稳。因此，在道路施工建设过程中，通常采用分级填筑的方法来严格地控制填土的填筑速率，这样将会使软土地基有一定的时间发生固结，从而使得地基中的超孔隙水压有充分的时间消散，待软土地基的强度增强到一定的程度时，方可填筑下一级填土荷载，这样方可保证路堤的稳定。

在路堤填筑施工过程中，为了在短时间内完成填筑，以便提高资金利用效率，降低资金花费，使有限的资金发挥最大的效力，因此在每一级填筑后，不宜等软土地基充分固结再进行填筑，即不必等到地基强度达到最大值时再进行下一级填筑。所以为了使路堤填筑的施工期缩短，就必须提高施工速率，但是又不能造成路堤失稳，所以在路堤填筑施工过程中，必须找到一个充分合理的速率填筑方案：一方面，路堤分级填筑时，填筑速率不应太快，使得每一级填筑均能利用到上一级填筑后增长的抗剪强度；另一方面，又要尽最大的可能，缩短填筑的施工期，使工程发挥出最大的经济效益。

3.6.4.1 路堤加载机理分析

事实上，在路堤填筑施工过程中，填筑往往都是分级进行的，这主要是由于结构性软土的强度较低，荷载往往不可能一次性地快速施加，否则将造成路堤发生失稳破坏，因此必须等上一级填土填筑后，软土地基有一定的时间发生固结，待软土地基的强度增强到一定的程度时，方可进行下一级填筑。一般路堤分级填筑过程如图3-29所示。

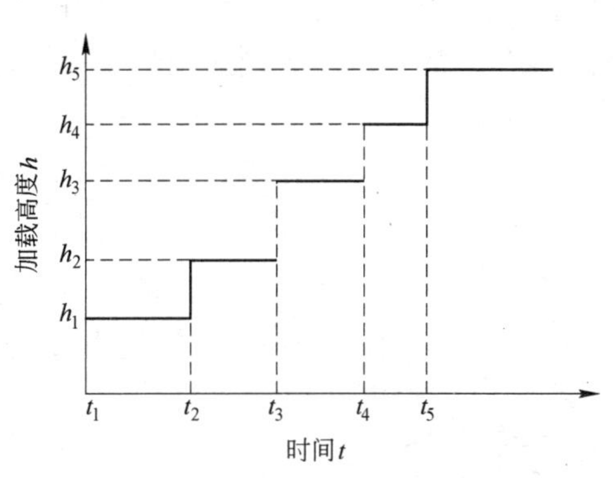

图3-29 路堤分级加载示意图

从图3-29中可以看出，路堤从 h_1 高度填筑到 h_2 高度，该级填土从开始填筑到最后填筑完成，其施工时间一般来说是比较短的，所以为了使路堤的分级加载填筑研究更加便捷，对于每一级填土荷载，我们均假定其为一次性加载，即荷载在瞬时加载完成，然后在下一级填土加载前，这级填土恒载稳压的时间比较长，这是因为要等待软土地基的强度增强到一定的程度时，这样才方便并且有利于下一级填土荷载的加载。因此在图3-29中，每一个时间段为一个周期，即包含了加载期以及稳压期。为了更好地分析有效应力、孔隙水压力、抗剪强度和安全系数等随时间的变化规律，可取 $t_2 \sim t_3$ 为一个周期，在这个周期内，有效应力、孔隙水压力、抗剪强度和安全系数随时间变化而变化的过程分析如下。

A 有效应力变化分析

路堤从 h_1 填筑开始后到 h_2 填筑完成前的这段过程中，即图中 $t_2 \sim t_3$ 这段时间，在外荷载瞬时加载并保持不变的条件下，有效应力随着时间的增加而不断的增加。这主要是因为在外荷载的作用下，地基发生固结，这时超孔隙水压力随着时间而不断地发生消散，根据有效应力原理，超孔隙水压力的减少等于有效应力的增加，故此时有效应力主要承担了超孔隙水压力消散的部分，这构成了有效应力增加的主体，而有效应力在 t_3 时刻将达到最大。有效应力变化示意图如图3-30所示。

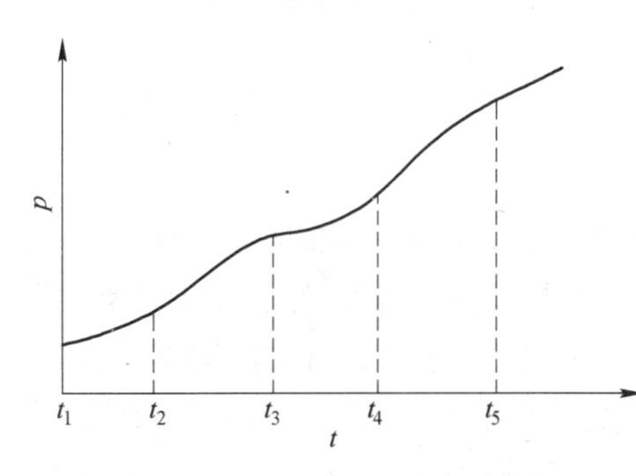

图3-30 有效应力随时间变化示意图

B 超孔隙水压力变化分析

路堤在填筑期间，即在图中 $t_2 \sim t_3$ 这段填筑周期内，由于荷载是近乎于瞬时加载的，故其加载速度相对于超孔隙水向外渗流的速度来说要快很多，即外荷载瞬时加载后，由超孔隙水压力首先来承担，因此超孔隙水压力瞬间升高得很快，恒载时，由于外荷载的作用，地基中的孔隙水不断向外渗流，即超孔隙水压力不断地发生消散，在 t_3 时刻达到最小。超孔隙水压力变化示意图如图 3－31 和图 3－32所示。

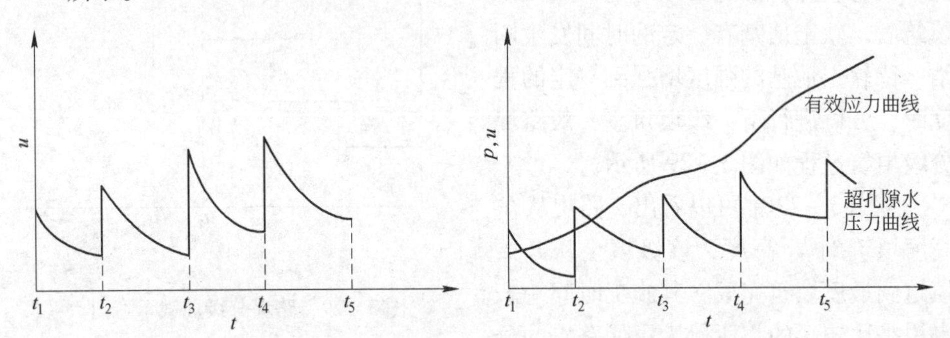

图 3－31　超孔隙水压力随时间变化示意图　图 3－32　超孔隙水压力与有效应力比较示意图

C　抗剪强度变化分析

路堤从 h_2 开始填筑后到 h_3 开始填筑前的这段过程中，即图中 $t_2\sim t_3$ 这段时间，在 h_2 高度填筑完成后的稳压阶段，填土将不再继续堆载，荷载保持不变，在外荷载作用下，地基土将发生排水固结，相应的软土抗剪强度也将得到很大的增加，但是强度增加的速率将会越来越低，并在 t_3 时刻达到最大。抗剪强度变化示意图如图 3－33 所示。

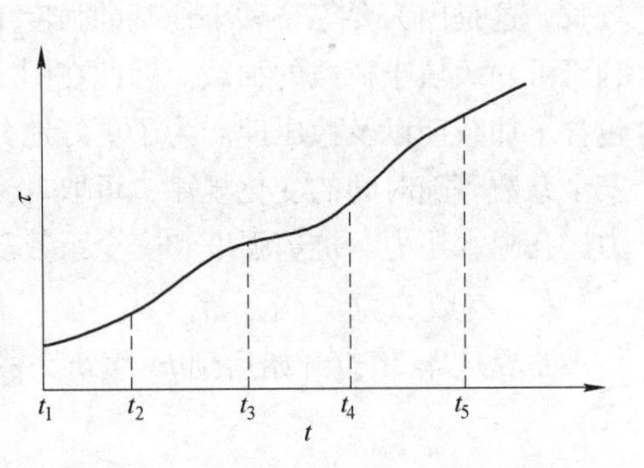

图 3－33　抗剪强度随时间变化示意图

D　安全系数变化分析

由上述的分析可以知道，在 $t_2\sim t_3$ 填筑周期内，即外荷载瞬时加载后，由超孔隙水压力首先来承担，因此超孔隙水压力瞬间升高得很快，然后才会慢慢地发生消散，但是相对于路堤填土的堆载速率，超孔隙水压力的消散速率要小得多，即根据有效应力原理可知，相对于路堤填土的堆载速度，有效应力的增长速度也小得多。而我们知道抗剪强度的增长程度与有效应力的增长程度是保持一致的，这样根据安全系数的定义，并结合路堤填土的加载速度要远大于地基强度增长速度这一事实可知，在每一级路堤填土堆载后，软土路堤的安全系数会迅速地降低到最小，然后在恒载期间，伴随着地基的固结，超孔隙水压力将逐步发生消散，相应的，有效应力逐渐增长，与其相应的抗剪强度也将逐步的增长，故路堤的安全系数也将不断地增加，并在 t_3 时刻达到最大。路堤安全系数变化示意图如图 3－34所示。

由图 3－34 可知，安全系数值是随着时间的变化而变化的，并在每个加载周期内，呈现一定的相似的变化规律，而填土量、填土填筑速率以及恒载的时间是影响安全系数值的最主要的三个因素。

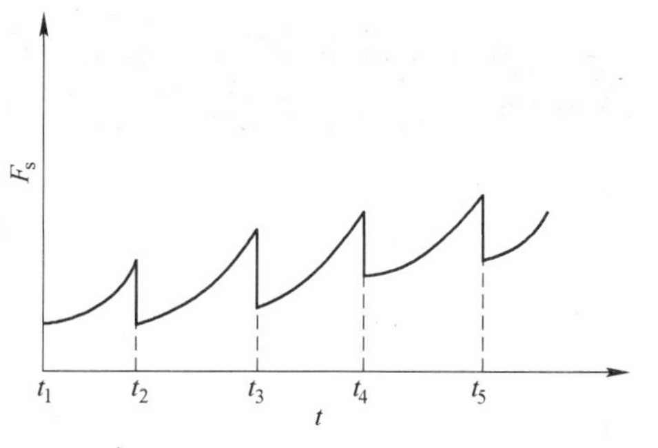

图 3－34　安全系数随时间变化示意图

在实际的路堤填土施工过程中，由于资金和工期的影响，下一级的填土堆载不可能等到上一级填土堆载后安全系数达到最大时再进行，即不会等到上一级填筑后，超孔隙水压力达到零后再堆载下一级填土。通常的做法是，等到上一级路堤填土的超孔隙水压力消散到一定程度，即路堤安全系数达到能承受住下一级填土加载时即可。

为了保证路堤填筑施工过程中路堤的安全稳定性，每一级荷载加载后，安全系数的最低值根据《公路软土地基路堤设计与施工技术规范》（JTJ 017—1996）的规定取值为 1.2，即安全系数最低为 1.2 时才可堆载下一级填土。

3.6.4.2　MFC 稳定性界面程序简介

为了方便快捷地确定结构性软土路堤分级加载方案，基于上一节结构性软土稳定性 C＋＋分析程序 3CCON&STAB 以及固结分析程序 3CCON，使用 MFC 开发出了一套可进行分级加载方案确定和固结计算的有界面软件——路基稳定性分析软件 Stable V1.0。

稳定性分析软件 Stable V1.0 主要有两大核心功能模块：（1）一维非线性固结分析计算模块；（2）考虑固结条件下软土强度增长的路基稳定性的分析计算模块。在 Stable V1.0 软件界面中，当鼠标在窗口移动的过程中，状态栏左端可以实时显示鼠标移动的位置坐标，从而使输入更准确。Stable V 1.0 安装方便、使用简单，通过输入初始参数值即可快速而准确地得出一维非线性固结的结果，即不同时间点和深度点的有效应力和超孔隙水压力值，以及路堤填土分级加载后不同时间点的软土路基稳定安全系数的结果。软件计算充分发挥了计算机高速处理数据的能力，从而使人们从纷繁复杂的计算中解脱出来，去研究更具有创造性的理论和方法。

A　一维固结计算界面使用简介

双击路堤稳定性分析软件 Stable V1.0 的图标后，即可打开 Stable V1.0 软件，打开后的界面如图 3－35 所示，在界面中可以看到，菜单上有固结计算和稳定性分析两个菜单选项，分别进行一维非线性及线性固结计算和路堤填土稳定性计算。下面将分别介绍这两个计算菜单选项的使用方法。

路堤稳定性分析软件Stable V1.0
固结计算
稳定性分析
查看(V)
帮助(H)
x=3, y=598
21:20:27
数字

图 3-35 路基稳定性分析软件 Stable V1.0 界面

使用鼠标单击“固结计算”菜单选项或者工具栏上的第二个按钮，就可以弹出一维线性及非线性固结计算分析的界面，如图 3-36 所示。

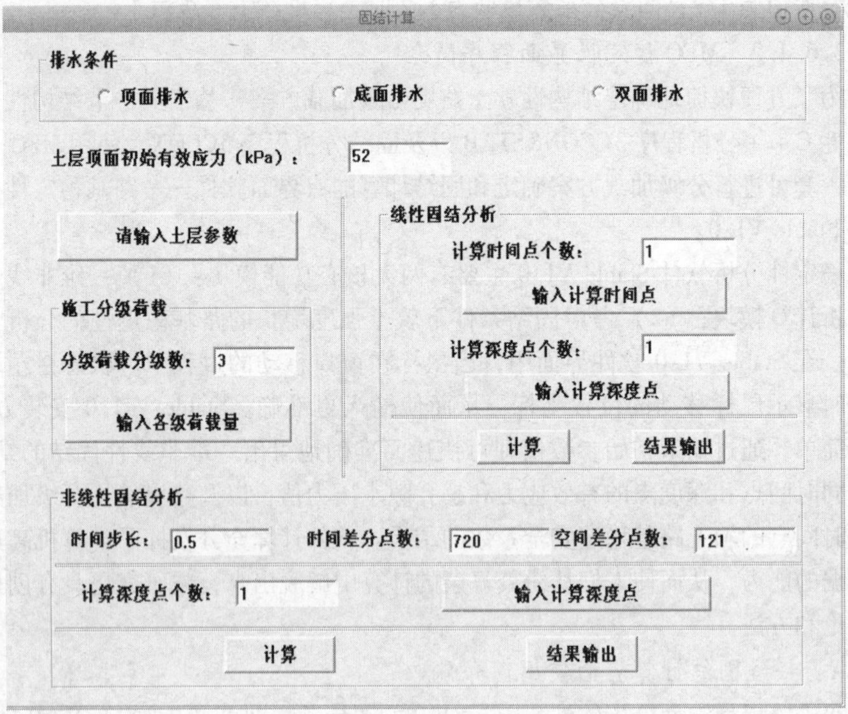

固结计算
排水条件
顶面排水
底面排水
双面排水
土层顶面初始有效应力（kPa）：
52
请输入土层参数
施工分级荷载
分级荷载分级数：
3
输入各级荷载量
线性固结分析
计算时间点个数：
1
输入计算时间点
计算深度点个数：
1
输入计算深度点
计算
结果输出
非线性固结分析
时间步长：
0.5
时间差分点数：
720
空间差分点数：
121
计算深度点个数：
1
输入计算深度点
计算
结果输出

图 3-36 一维线性及非线性固结计算界面

固结界面上基本固结参数输入以及按钮点击说明如下：

（1）排水条件选择：　　　　　　　　必须先确定一个排水状况；

（2）土层顶面初始有效应力 p_0（kPa）：$p_0>0$；

（3）施工分级荷载分级数：　　　　　荷载分级加载时荷载分级总数。

点击“输入各级荷载量”按钮，即弹出一个界面来完成分级荷载基本参数的输入，如图 3－37 所示。图 3－37 中，“分级时间点”即为每一级荷载的初始加载时刻点，“分级荷载量”为每一级荷载的大小。

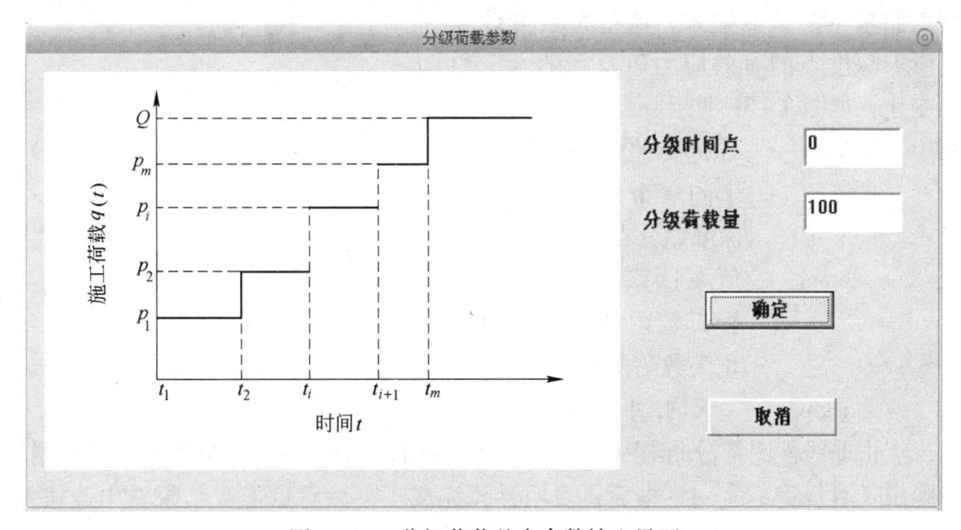

图 3－37　分级荷载基本参数输入界面

点击“请输入土层参数”按钮，即弹出一个界面来完成土层基本物理参数的输入，如图 3－38 所示。输入完参数后，点击“确定”完成输入，或点击“取消”放弃输入。

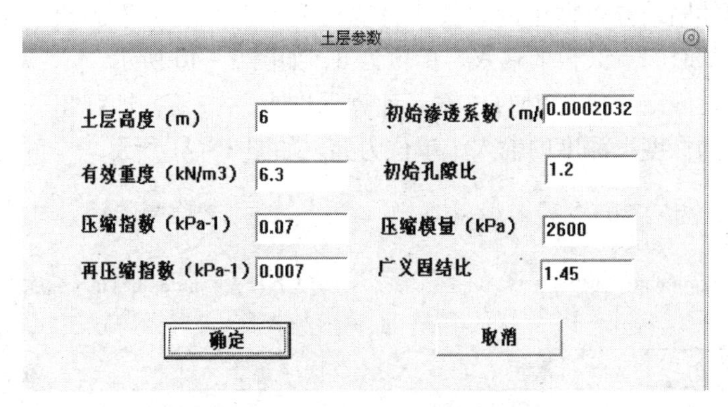

图 3－38　土层物理参数输入界面

a　一维非线性固结计算分析

固结界面上进行非线性固结分析时参数输入以及按钮点击说明如下：

(1) 时间步长和与时间结点数：有限差分时的时间差分点总数目以及每两个时间差分点的步长间距，时间步长的单位为 d；

(2) 空间差分点数：土层厚度上有限差分点总数；

(3) 计算深度点个数：对于土层中所要计算的深度点的总数。

点击“输入计算深度点”按钮，即弹出一个界面来完成土层中所要计算深度点的基本参数的输入，这些参数可计算出所求深度点的有效应力以及孔隙水压力的变化，如图 3－39 所示。

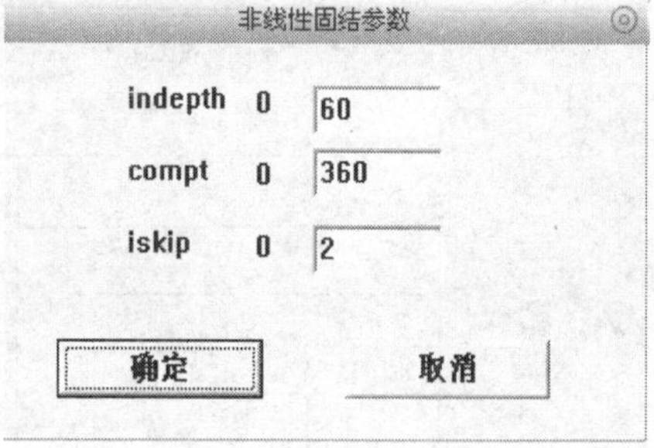

图 3－39 所要计算的深度点的基本参数输入界面

图中 indepth——与所要计算的深度点处于同一个位置的土层的深度差分点值；

compt——所要计算的深度点在多少天数内的变化，即变化天数的值；

iskip——一天内时间步长的总数。

点击非线性固结分析框中的“计算”按钮，即可进行非线性固结的计算，当弹出“计算完成”对话框后，表明计算完成了，然后点击“结果输出”按钮即可将结果输出。

b 一维线性固结计算分析

固结界面上进行线性固结分析时参数输入以及按钮点击说明如下：

计算时间点个数为所要计算的时间点个数。

点击线性固结分析框中的“输入计算时间点”按钮，即弹出一个界面来完成所要计算的时间点天数的输入，单位为 d，如图 3－40 所示。

点击线性固结分析框中的“输入计算深度点”按钮，即弹出一个界面来完成所要计算的深度点深度的输入，单位为 m，如图 3－41 所示。

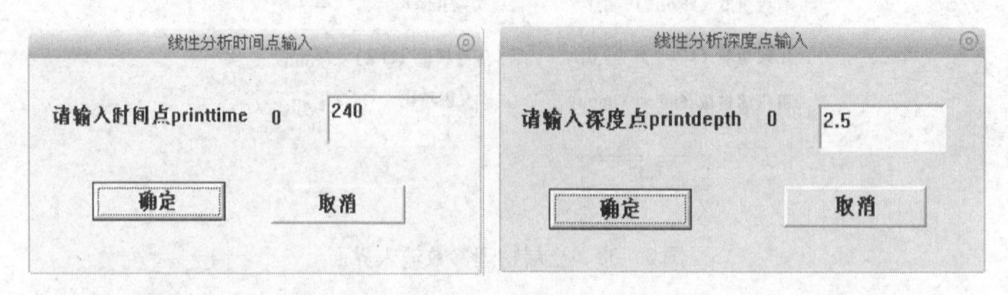

图 3－40 所要计算的时间点天数输入界面　图 3－41 所要计算的深度点深度输入界面

点击线性固结分析框中的“计算”按钮，即进行线性固结的计算，当弹出“计算完成”对话框后，表明计算完成了，然后点击“结果输出”按钮即可将结果输出。

B 路堤填土稳定性分析界面使用简介

首先使用鼠标点击“稳定性分析/路堤几何参数输入”菜单选项或者工具栏上的第三个按钮，就可以弹出“边坡/路堤几何参数输入”界面，如图 3－42 所示。

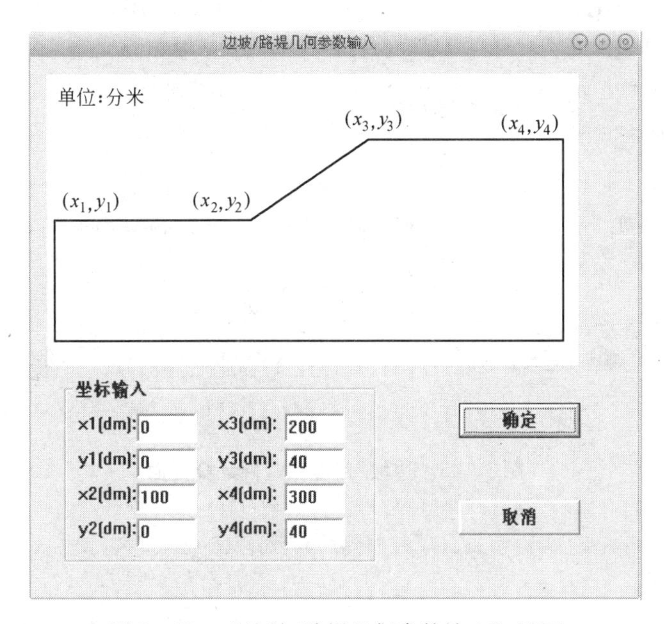

图 3－42 “边坡/路堤几何参数输入”界面

输入完成后，点击“确定”，当弹出一个“边坡/路堤几何参数输入完毕”对话框后，即可完成输入，或点击“取消”放弃输入。

使用鼠标单击“稳定性分析/安全系数计算”菜单选项或者工具栏上的第四个按钮，就可以弹出路堤填土稳定性计算分析的界面，如图 3－43 所示。

稳定性计算界面上地基土和填土的基本参数输入以及按钮点击说明如下：

首先在稳定性界面上输入地基的固结基本参数以及强度参数和重度，然后输入填土的强度参数和重度。

（1）计算天数输入：计算某一时间点时路堤填筑的安全系数，此时的时间点即为计算天数，单位为 d；

（2）填土分级数：填土填筑最终完成所需的填土次数。

点击“填土高度输入”按钮，即弹出一个界面来完成所需要的分级填土量的基本参数的输入，如图 3－44 所示。

安全系数计算

地基土固结参数输入

土层厚度(m)：10　压缩模量(kPa)：2530　空间节点数ndeltaz：101

再压缩指数：0.032　固结比：1.45

初始孔隙比：1.21　初始渗透系数(m/d)：0.00012　时间步长deltat(d)：0.25

压缩指数：0.249　有效重度(kN/m3)：7.5

地基土强度参数输入

内摩擦角faicu1：30　粘聚力ccu1：0.3

侧压力系数K0：0.65　地基土重度(kN/m3)：17.5

内摩擦角faicu2：45

填土强度参数输入

粘聚力ccu：0.2

内摩擦角faicu：30

填土重度(kN/m3)：20

填筑高度输入

填土分级数：1　填土高度输入　计算天数输入(d)：0.1

计算安全系数

计算结果

最小安全系数：0　结果输出　退出

图 3－43　边坡/路堤稳定性计算界面

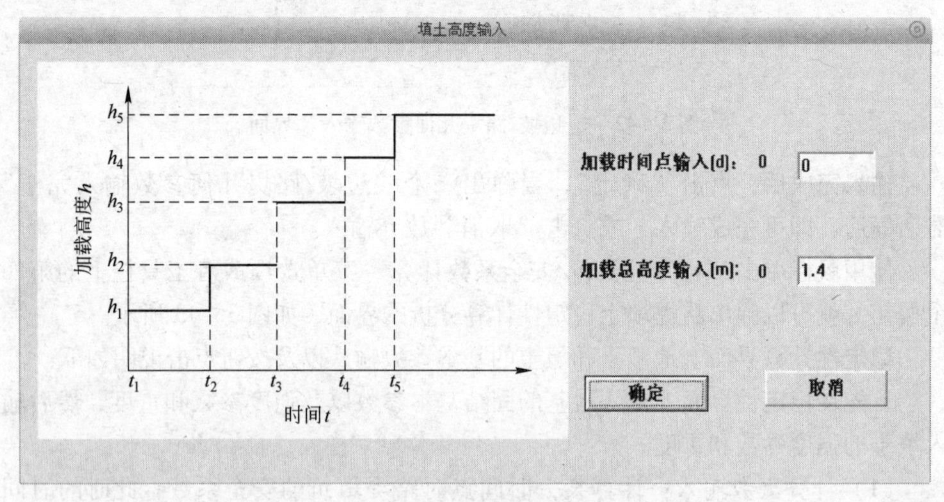

图 3－44　分级填土量输入界面

图 3－44 中，加载时间点为每一级填土加载的初始时刻点，单位为 d；加载总高度为每一级填土累加的总的高度，单位为 m。

输入完成后，点击“确定”后才能完成输入，或点击“取消”放弃输入。

当所有参数输入完成后，点击界面上的“计算安全系数”按钮，即进行最小安全系数的计算，当弹出“计算完成”对话框后，表明计算完成了，结果会显示在界面上的最小安全系数的编辑框中，点击“结果输出”按钮即可将结果输出。

3.6.4.3 分级加载方案的确定

为了确定最佳的加载速率和加载方案，可以通过笔者开发出的界面软件 Stable V1.0 方便快捷地实现最佳加载方案的确定，在路堤的分级加载过程中，软件 Stable V1.0 主要通过试算法来确定最佳填土量以及填土持续时间，从而确定最佳的路堤填筑方案，具体操作为：先令填土分级数为一，然后分别输入许多不同的第一级填土的填土高度，试算出各个填土高度对应的安全系数，然后找出安全系数最接近并大于 1.20 的安全系数，此安全系数对应的填土高度为第一级填土的最佳填土高度，然后用软件试算出在此最佳高度加载后，各个时间点路堤的安全系数，并试算出安全系数达到 1.20 时对应的时间，此即为这一级荷载的最佳加载持续时间；然后进行第二级填土，此时要令填土分级数为二，然后类似于第一级加载时的操作步骤分别试算出这级填土的最佳高度和最佳持续时间，然后按相同的处理方法处理第三级、第四级、……。

3.7 结论和展望

3.7.1 主要结论

本章通过对天然结构性软黏土地基的非线性固结以及强度稳定性的理论研究，通过非线性固结模型的建立、理论推导和算例分析，对路堤分级堆载预压施工过程进行数值模拟，研究初步得出以下几点结论：

（1）基于 Mohr – Coulomb 强度理论，结合杨嵘昌任意固结度强度指标公式以及摩尔应力圆，详细推导了任意固结度下软土不排水抗剪强度的增长公式。结果表明抗剪强度指标的变化与固结不排水强度指标 c_{cu} 和 ϕ_{cu} 以及固结度 U_i 有着密切的关系。所推导出的软土任意固结度不排水强度的数学表达式，与工程实践上常用的有效固结应力法相比，二者实质上是一致的。

（2）结构性对于天然软黏土的强度包络线有着明显的影响，对于天然软土的强度包络线，当围压大于某一临界压力值时，软土的结构将会发生破坏，此时软土黏聚力为零，但其强度包络线有一定的斜率；当围压小于临界压力值时，软土的结构不会发生破坏，因而此时强度包络线的斜率较结构破坏时小一些，且黏聚力不为零。在进行软土强度分析时，应该考虑到结构性对于软土强度的影响。本章将推导出的软土任意固结度下不排水强度增长公式进行了改进，提出了考虑结构性影响的天然软黏土强度增长公式，模拟结果表明考虑土体结构性强度增长公式更加符合天然软土的实际情况。

(3) 基于结构应力比的概念，通过对常用的非线性压缩和渗透模型的分析，提出了软黏土的非线性压缩模型 $\lg e - \lg p$ 和渗透模型 $\lg e - \lg k_v$，更加符合天然结构性软黏土的实际情况。同时考虑到天然软土的结构性对土体压缩性的影响，提出了非线性分段压缩模型 $\lg e - \lg p$。在此基础上，结合分级加载的施工情况，建立了分级加载下结构性软黏土一维非线性固结理论，并获得了数值解；同时为了便于和一维线性固结理论进行比较分析，推导了分级加载下一维线性太沙基固结理论，并且编制了可进行一维非线性和线性固结计算的分析程序 3CCON。该程序结构明确，思路清晰，可用来分析单面和双面排水条件下的一维线性和非线性固结问题。

(4) 3CCON 程序计算结果表明：在固结的初始阶段，当外荷载达到土体结构应力比之前，考虑结构应力比的非线性固结理论计算出的超孔隙水压力要小于未考虑结构应力比的非线性计算结果，且随深度的增加差值越来越大，而太沙基线性固结的计算结果则介于两者之间。修正压缩指数和修正渗透系数比值大小 η/c 也影响到固结过程，非线性参数 η/c 的取值对固结速率有较大影响，即 η/c 值越小孔压消散得越快，固结速率越大。不考虑结构应力比的非线性固结与太沙基线性固结在固结初始阶段计算结果较接近，但随着固结的发展，不考虑结构应力比的非线性固结由于未考虑黏土天然结构应力的存在而高估了土体非线性的影响。就工程实践来说，η/c 比值一般在 0.5～1.2 之间，考虑结构应力比的非线性固结更接近天然黏土的固结性状。

(5) 根据边坡稳定分析条分法的基本原理，并结合考虑天然软土结构特性的抗剪强度增长规律，提出了使用任意固结度下强度指标考虑软土强度增长的地基稳定性分析方法，同时结合 3CCON 程序，编制了相应的计算软土地基稳定性的程序 3CCON&STAB。程序计算结果表明：在荷载瞬间加载后，无论考虑软土的结构性与否，软土地基的安全系数都随着时间的推移而不断增加，但考虑软土结构性的地基安全系数要比不考虑结构性的高，这比较符合实际情况。

(6) 利用数值模拟结果详细讨论了填土分级加载时土体中有效应力、孔隙水压力、抗剪强度以及安全系数的变化规律和作用机理。结果表明：当单级荷载施加后，有效应力和抗剪强度均不断增加；孔隙水压力在加载瞬间升高，之后不断发生消散；安全系数则是在加载瞬间迅速降低至最小，之后不断地增大。

(7) 为了方便快捷地进行软土固结和地基稳定性分析，基于程序 3CCON&STAB 和 3CCON，使用 MFC 开发出一套可进行稳定性分析和固结计算的软件——路基稳定性分析软件 Stable V1.0。该软件安装方便、使用简单，可以用来确定路堤填土的最佳堆载方案。

3.7.2 进一步工作展望

本章对一种常用的软土地基处理方法——堆载预压法进行数值模拟，模拟中考虑了软土的结构性这一固有特性，模拟结果对工程实践有一定的指导作用和价值，但是由于受到资料准备不足、研究时间仓促的影响，有一些工作还没有涉及，某些方面的理论研究还不够透彻，有关天然结构性软黏土的研究还有待深入进行。

（1）由于天然软土是一种具有很多复杂物理化学特性的物质，因此必须加强软土的基础试验研究，深入了解软土结构性对于土体物理力学特性的准确影响。

（2）真实天然软土的固结为三维固结，由于时间和资料的限制，本章的软土固结分析为一维固结问题，下一步的工作应该从二维、三维角度分析天然软土的固结特性。

（3）进一步深入开展天然软土的本构模型研究，将剑桥模型、流变理论等融合到软土的结构性研究中，更好地描述天然软土的应力－应变－强度关系，并将其应用于天然软土堆载预压地基处理的数值模拟中。

参 考 文 献

[1] Hvorslev M J. Uber die festigkeitseigenschaften gestorter bindiger boden [M]. Danmarks Naturvidenskabelige Samfund: Ingeniorvidenskabelige Skrifter, 1937.

[2] Rendulic L. Ein grundgesetz der tonmechanik und sein experimentaller beweis [M]. Der Bauingeneur 18, 1937.

[3] Burland J 不偿失 B. On the compressibility and shear strength of natural soils [J]. Geotechnique, 1990, 40 (3): 329 ~ 378.

[4] 魏汝龙. “沿海软黏土工程性质和数据库的开发研究”课题总结 [R]. 南京：南京水利科学研究院土工所，1990.

[5] Mesri G, Roskhsar A, Bohor B F. Composition and compressibility of typical samples of Mexico City clay [J]. Geotechnique, 1975, 25 (3): 527 ~ 554.

[6] Yong R N, Nagaraj T S. Investigation of fabric and compressibility of a sensitive clay [J]. Asian Institute of Technology, 1977: 327 ~ 333.

[7] 张诚厚. 两种结构性黏土的土工特性 [J]. 水利水运科学研究，1983 (4): 65 ~ 71.

[8] 熊传祥，周建安，龚晓南，等. 软土结构性试验研究 [J]. 工业建筑，2002, 32 (3): 35 ~ 39.

[9] 王立忠，丁利，陈云敏，等. 结构性软土压缩特性研究 [J]. 岩土工程学报，2004, 4: 46 ~ 53.

[10] 沈珠江. 结构性黏土压缩和剪切特性试验研究 [J]. 岩土工程学报，2004, 26: 31 ~ 35.

[11] Tavenas, Leroueil. Effects of stresses and time of yielding of clays [J]. ICSMFE. Tokyo, 1977, 1: 319 ~ 326.
[12] 李作勤. 黏土的压密状态及其力学性质 [J]. 岩土力学, 1982, 3 (1): 45 ~ 54.
[13] 周成. 结构性土的本构描述与数值模拟 [D]. 南京: 水利科学研究院, 2002.
[14] 沈珠江. 软土工程和软土地基设计 [J]. 岩土工程学报, 1998, 20 (1): 100 ~ 111.
[15] 齐添. 软土一维非线性固结理论与试验对比研究 [D]. 杭州: 浙江大学, 2008.
[16] Gray H. Simultaneous consolidation of contiguous layers unlike compressible soils [J]. Transactions, 1945, 110: 1327 ~ 1356.
[17] Schiffman R L. Consolidation of soil under time - dependent loading and varying permeability [J]. Highway Research Board, 1958, 37: 584 ~ 617.
[18] Wilson N E, Elgohary M M. Consolidation of soils under cyclic loading [J]. Canadian Geotechnical Journal, 1974, 2 (3): 420 ~ 423.
[19] Olson R E. Consolidation under time dependent loading [J]. Journal of Geotechnical Engineering, 1977, 103 (1): 55 ~ 60.
[20] Baligh M M, Levadoux J N. Consolidation theory for cyclic loading [J]. Journal of Geotechnical Engineering Division, 1978, 125 (4): 415 ~ 431.
[21] 吴世明, 陈龙珠, 杨丹. 周期荷载作用下饱和黏土的一维固结 [J]. 浙江大学学报, 1988, 33 (5): 60 ~ 70.
[22] 栾茂田, 钱令希. 层状饱和土体一维固结分析 [J]. 岩土力学, 1992, 13 (4): 45 ~ 56.
[23] Lee P K K, Xie K H, Cheung Y K. A study on one - dimensional consolidation of layered systems [J]. International Journal for Numerical and Analytical Methods in Geomechanics, 1992, 16: 815 ~ 831.
[24] 谢康和. 双层地基一维固结理论及应用 [J]. 岩土工程学报, 1994, 16 (5): 24 ~ 35.
[25] 谢康和, 潘秋元. 变荷载下任意层地基一维固结理论 [J]. 岩土工程学报, 1995, 17 (5): 80 ~ 85.
[26] 谢康和. 层状土半透水边界一维固结分析 [J]. 浙江大学学报 (自然科学版), 1996, 30 (5): 567 ~ 575.
[27] Zhu G, Yin J H. Consolidation of double soil layers under depth - dependent ramp load [J]. Geotechnique, 1999, 49 (3): 415 ~ 421.
[28] 蔡袁强, 徐长节, 丁狄刚. 循环荷载下成层饱和地基的一维固结 [J]. 振动工程学报, 1998, 11 (2): 184 ~ 193.
[29] 徐长节, 蔡袁强, 吴世明. 任意荷载下成层弹性地基的一维固结 [J]. 土木工程学报, 1999, 32 (4): 57 ~ 63.
[30] 关山海. 循环荷载下地基一维固结性状研究 [D]. 杭州: 浙江大学, 2002.
[31] 梁旭, 蔡袁强, 吴世明, 等. 半透水边界饱和土层在循环荷载作用下的一维固结分析 [J]. 水利学报, 2002, (7): 31 ~ 36.
[32] Davis E H, Raymond. A non - linear theory of consolidation [J]. Geotechnique, 1965, 15 (2): 161 ~ 173.

[33] Mesri G, Choi Y K. Settlement analysis of embankments on soft clays [J]. Journal of the Geotechnical Engineering Pivision, 1985, 111 (4): 441 ~ 464.

[34] Chai J C, Miura N, Zhu H H, et al. Compression and consolidation Characteristics of structured natural clay [J]. Canadian Geotechnical Journal, 2004, 41 (6): 1250 ~ 1258.

[35] 魏汝龙. 整理压缩试验资料的一种新方法 [J]. 水利水运科学研究, 1980, 3: 90 ~ 93.

[36] 魏汝龙. 从实测沉降过程推算固结系数 [J]. 岩土工程学报, 1993, 15 (2): 12 ~ 19.

[37] 徐少曼. 饱和软黏土地基沉降量计算的归一化曲线法 [J]. 岩土工程学报, 1987, 9 (4): 70 ~ 77.

[38] 刘保健, 张军丽. 土木压缩试验成果分析方法与应用 [J]. 中国公路学报, 1999, 12 (1): 37 ~ 41, 100.

[39] 刘保健, 谢永利, 李又云. 公路软基在变荷载条件下的沉降计算 [J]. 中国公路学报, 2000, 13 (4): 21 ~ 25.

[40] Raymond G P. Laboratory consolidation of some normally consolidated soils [J]. Canadian Geotechnical Journal, 1966, 4 (4): 217 ~ 234.

[41] Balasubramaniam A S, Chowdary A R. Deformation and strength characteristics of soft Bangkok clay [J]. Journal of Geotechnical Engineering Division, 1978, 104 (9): 1153 ~ 1167.

[42] Mesri G, Rokhsar A. Consolidation of normally consolidated clay [J]. J of SMFD, 1974, 100 (GT8): 889 ~ 903.

[43] Tavenas F, Leblond P, Jean P, et al. The permeability of natural soft clays. Part 1: Methods of laboratory measurement [J]. Canadian Geotechnical Journal, 1983, 20 (4): 629 ~ 644.

[44] Tavenas F, Leblond P, Jean P, et al. The permeability of natural soft clays. Part 2: Permeability characteristics [J]. Canadian Geotechnical Journal, 1983, 20 (4): 645 ~ 659.

[45] Mesri G, Olson R E. Mechanisms controlling the permeability of clays [J]. Clay and Clay Mineral, 1971, 19 (3): 151 ~ 158.

[46] Al – Tabbaa A, Wood D M. Some measurements of the permeability of Kao – Lin [J]. Getotechnique, 1987, 37 (4): 499 ~ 503.

[47] Aiban S A, Znidarcic D. Evaluation of the flow pump and constant head techniques for permeability measurements [J]. Geotechnique, 1989, 39 (4): 655 ~ 666.

[48] Pane V, Schiffman R L. A note on sedimentation and consolidation [J]. Geotechnique, 1985, 35 (1): 69 ~ 72.

[49] Samarasinghe A M, Huang Y H, Dmevich V P. Permeability and consolidation of normally consolidated soils [J]. Journal of Geotechnical Engineering, 1982, 108 (6): 835 ~ 849.

[50] Richart F E. A review of the theories for sand drains [J]. Transactions of the American society of Civil Engineers, 1959, 124 (1): 709 ~ 736.

[51] Lo K Y. Discussion by K Y Lo on measurement of the coefficient of consolidation of lacustrine clay [J]. Geotechnique, 1960, 10 (1): 36 ~ 39.

[52] Hansbo S. Consolidation of clays with special reference to influence of vertical sand drains [J]. Proc. Royal Swedish Geotech. Inst., 1960 (18): 160.

[53] Barden L, Berry P L. Consolidation of normally consolidated clay, J. Soil Mech Found. Div.,

ASCE. 1965, 91 (SM5): 15 ~ 35.

[54] Gibson R E, England G L, Hussey M J L. The theory of one - dimensional soil consolidation of saturated clays, I. Finite non - linear consolidation of thin homogeneous layers [J]. Geotechnique, 1967, 17 (2): 261 ~ 273.

[55] Poskitt T J. The consolidation of saturated clay with variable permeability and compressibility [J]. Geotechnique, 1969, 19 (2): 234 ~ 252.

[56] Znidarcic D, Schiffman R L, Pane V, et al. Constant rate of deformation testing and analysis [J]. Geotechnique, 1986, 36 (2): 227 ~ 237.

[57] Duncan J M. Limitation of conventional analysis of consolidation settlement (27th Terzaghi Lecture) [J]. Journal of Geotechnique Engineering Division, 1993, 119 (9): 1333 ~ 1359.

[58] Xie K H, Li B H, Li Q L. A nonlinear theory of consolidation under time - dependent loading [A]. Proc 2nd Int Confer soft soil Eng, Vol. 1 [C]. Nanjing: Hehai University Press, 1996: 193 ~ 198.

[59] Xie K H, Xie X Y, Jiang W. A study on one dimensional nonlinear consolidation of double - layered soil [J]. Computers and Geotechnics, 2002, 29 (2): 151 ~ 168.

[60] 李冰河，谢康和，应宏伟，等. 变荷载作用下软黏土非线性一维固结半解析解 [J]. 岩土工程学报, 1999, 21 (3): 288 ~ 293.

[61] 李冰河，谢永利，谢康和，等. 软黏土非线性一维固结半解析解 [J]. 西安公路交通大学学报, 1999, 19 (1): 24 ~ 29.

[62] 李冰河，王奎华，谢康和，等. 软黏土非线性一维固结有限差分法分析 [J]. 浙江大学学报, 2000, 34 (4): 376 ~ 381.

[63] 江雯，谢康和，夏建中. 非匀质地基一维固结理论 [A]. 中国土木工程学会第九届土力学及岩土工程学术会议论文集 [C]. 北京: 清华大学出版社, 2003.

[64] 谢康和，李冰河. 半解析法在软黏土一维大应变固结问题中的应用 [J]. 中国学术期刊文摘, 1999, 5 (2): 254 ~ 255.

[65] 谢康和，李冰河，郑辉，等. 变荷载下成层地基一维非线性固结分析 [J]. 浙江大学学报 (工学版), 2003, 37 (4): 426 ~ 431.

[66] 施建勇，杨立昂，赵维炳，等. 考虑土体非线性特性的一维固结理论研究 [J]. 河海大学学报, 2001, 29 (1): 1 ~ 5.

[67] 谢康和，温介邦，胡宏宇，等. 考虑应力历史影响的饱和土一维非线性固结分析 [J]. 科技通报, 2006, 22 (1): 68 ~ 83.

[68] 刘祚秋，富明慧，周翠英. 变荷载下任意层地基一维非线性固结的数值分析 [J]. 中山大学学报 (自然科学版), 2007, 46 (3): 1 ~ 4.

[69] 张磊，孙树林. 两种本构模型修正土体一维固结理论比较 [J]. 山西建筑, 2007, 33 (10): 142 ~ 143.

[70] 曹宇春，陈云敏，黄茂松. 任意施工荷载作用下天然结构性软黏土的一维非线性固结分析 [J]. 岩土工程学报, 2006, 28 (5): 569 ~ 574.

[71] 耿雪玉，徐长节，蔡袁强，等. 循环荷载作用下饱和软黏土非线性一维固结 [J]. 岩石力学与工程学报, 2004, 23 (19): 3353 ~ 3358.

[72] Garlanger J E. The consolidation of soils exhibiting creep under constant effective stress [J]. Géotechnique, 1972, 22 (1): 71 ~78.

[73] Taylor D W. Fundamentals of soil mechanics [M] . New York: John Wiley & Sons, Inc. , 1948.

[74] Bjerrum L. Engineering geology of Norwegian normally consolidated marine clays as related to settlements of buildings [J] . Geotechnique, 1967, 17 (2): 83 ~118.

[75] Gobara W. Effect of the overconsolidation on the consolidation of clays [A] . Proceedings of 12th Asian Regional Conference on Soil Mechanics and Geotechnical Engineering [C] . 2003, 95 ~98.

[76] Chen Y M, Tang X W, Wang J. An analytical solution of one – dimensional consolidation for soft sensitive soil ground [J] . International Journal for Numerical and Analytical Methods in Geomechanics, 2004, 28 (9): 919 ~930.

[77] 温介邦 . 考虑应力历史影响的成层地基一维固结理论研究 [D] . 杭州: 浙江大学, 2007.

[78] Parry R H G. Shear strength of geomaterials——a brief historical perspective/DK [CD]. Geo-Eng 2000, 2000, In CD Disk.

[79] Bjerrum L. Embankemnt on soft ground. Proc Speciality Conf Performance Earth and Earth – Supported Structures, ASCE, Lafayette, Indiana, 1972, 2: 1 ~54.

[80] Bjerrum L. Problems of soil mechanics and construction on soft clays and structurally unstable soils (collapsible, expansive, and others): State – of – Art Report. Proc 8th Int ConfSoil Mech Fdn Engng, Moscow, 1973, 3: 111 ~159.

[81] Mesri G. Discussion on "New design procedure for stability of soft clays" [J] . Geotech Engng Div, 1975, 101 (4): 409 ~412.

[82] Mesri G. A reevaluation of $s_u = 0.22\sigma'_p$ using laboratory shear tests [J] . Can Geotech J, 1989, 26 (1): 162 ~164.

[83] Ladd C C, Foott R. New design procedure for stability of soft clays [J] . Geotech Engng Div, 1974, 100 (7): 763 ~786.

[84] 曾国熙 . 地基处理手册 [M] . 北京: 中国建筑工业出版社, 1988.

[85] 赵令炜, 沈珠江, 等 . 排水砂井预压法的理论与实践 [R] . 南京: 南京水利科学研究院, 1962.

[86] Terzaghi K, Peck R B. Soil mechannics in engineering pratice. 2nd Ed, New York: John Wiley and Sons, Inc, 1967.

[87] Ladd C C. Stability Evaluation during Staged Construction [J] . Proc ASCE, 1991, 117 (GT4) .

[88] 包伟力, 周小文 . 地基强度随固结度增长规律的试验研究 [J] . 长江科学院院报, 2001, 18 (4): 29 ~31.

[89] 何群, 冷伍明, 魏丽敏 . 软土抗剪与固结度关系的试验研究 [J] . 铁道科学与工程学报, 2005, 2 (2): 51 ~55.

[90] 唐炫, 魏丽敏, 胡海军 . 不同固结度下软土的力学特性 [J] . 铁道勘察, 2009 (4):

16~18.

[91] 向先超，朱长歧．考虑强度增长的淤泥路基稳定性研究［J］．三峡大学学报（自然科学版），2008，30（6）：60~63.

[92] 秦植海．饱和黏性土任意固结度的不排水强度指标的推求方法［J］．工程勘察，1996（5）：19~21.

[93] 杨嵘昌．饱和黏性土任意固结度的不排水强度［J］．南京建筑工程学院学报，2001（4）：20~24.

[94] 魏丽敏，胡海军，王宏贵，等．饱和黏土任意固结度强度指标计算公式及工程应用［J］．武汉理工大学学报（交通科学与工程版），2009，33（1）：68~71.

[95] 陈祖煜．土质边坡稳定分析：原理·方法·程序［M］．北京：中国水利水电出版社，2003.

[96] Fellenius W. 1927，Erdstatisch Berechnungen，Berlin W. Ernst und Sohn revised edition，1939.

[97] Bishop A W. The use of the slip circle in the stability analysis of slopes［J］. Geotechnique，1955，5（1）：7~17.

[98] Janbu N. Application of composite slip surfaces for stability analysis［J］. Proceedings of European Conference on Stability of Earth Slopes，1954，3：43~49.

[99] Lowe J，Karafiath L. Stability of earth dams upon drawdown. Proc. 1st Panamer. Conf. Soil Mech，Mexico City，1960，2：537~552.

[100] U. S. Army. Corps of engineers stability of slops and foundations. Engineering Manual，Visckburg，Miss，1967.

[101] Morgenstern N R，Price V. The analysis of the stability of general slip surface［J］. Geotechnique，1965，15（1）：79~93.

[102] Spencer E. A method of analysis of embankments assuming parallel inter - slice forces［J］. Geotechnique，1967，17：11~26.

[103] Janbu N. Slope stability computations［J］. Embankment Dem Engineering，1973，47~86.

[104] Sarma S K. Stability analysis of embankments and slopes［J］. Geotechnique，1973，23（3）：423~433.

[105] Chen Zuyu，Morgenstern N R. Extensions to the generalized method of slices for stability analysis［J］. Canadian Geotechnical Journal，1983，20（1）：104~119.

[106] Celestino Y B，Duncan J M. Simplified search for noncircular slip surface［J］. 10th Int. Conf. On Soil Mech. And Found. Engr，1981：391~394.

[107] Li K S，White W. Rapid evaluation of the critical slip surface in slope stability problems［J］. International Journal for Numerical and Analytical Methods in Geomechanics，1987，11：449~473.

[108] Nguyen V U. Determination of critical slip surface［J］. Journal of Geotechnical Engineering，1985，111：238~251.

[109] 张天宝，等．四边形块元法和沉抗土坝的稳定分析——兼论复合土坡的最危险滑弧位置［J］．水利学报，1983，（4）：70~74.

[110] 孙君实．条分法的数值分析［J］．岩土工程学报，1984，6（2）：1~12.

[111] Boutrop A W, Lovell C W. Search technique in slope stability analysis [J]. Engineering Geology, 1980, 16: 51~61.

[112] 周文通. 最优化方法在土坝稳定分析中的应用 [J]. 土石坝工程, 1984.

[113] 陈祖煜, 邵长明. 最优化方法在确定边坡最小安全系数方面的应用 [J]. 岩土工程学报, 1988, 10 (4): 3~15.

[114] Chen Z. Experience with the search of minimum factors of safety of slopes. Proceedings [J]. 6th Australian New Zealand Conference on Geomechanics, 1992: 426~431.

[115] Terzaghi K. Die berechnung der durchlassigkeitsziffer des tones aus dem verlauf der hydrodynamischen spannungserscheinungen [J]. Akademie der Wissenschaften in Wien, Sit-Zungsberichte, athematisch-Naturwissens-chaftliche Klasse, Part Ⅱa, 1925, 132 (3/4): 125~138.

[116] K H Xie, C J Leo. A study on one dimensional nonlinear consolidation of softsoils [R]. School of Civic Engineering and Environment, 1999.

[117] 沈珠江. 软土工程特性和软土地基设计 [J]. 岩土工程学报, 1998, 20 (1): 100~111.

[118] 周成, 沈珠江, 陈铁林, 等. 结构性黏土的边界面砌块体模型 [J]. 岩土力学, 2003, 24 (3): 317~321.

[119] 刘恩龙, 沈珠江. 结构性黏土的二元介质模型 [J]. 水利学报, 2005, 36 (4): 391~395.

[120] 邓刚, 沈珠江. 结构性黏土的二元介质渗流模型 [J]. 水利学报, 2005, 36 (12): 1414~1419.

[121] 刘恩龙, 沈珠江. 结构性土压缩曲线的数学模拟 [J]. 岩土力学, 2006, 27 (4): 615~620.

[122] Berry P L, Wilkinson W B. The radial consolidation of clay soils [J]. Geotechnique, 1969, 19 (2).

4 复合振冲碎石桩施工过程的数值模拟

4.1 概述

振冲碎石桩法是一种应用广泛的地基加固方法，在碎石桩的基础上附加了排水井后称为复合振冲碎石桩，排水井的作用是在碎石桩施工过程中使孔隙水流动的路径变短，抑制超孔隙水压力的增长，从而碎石桩也逐渐被用来加固粉土类以及黏土类地基及路堤等[1,2]。以往人们通常注重于碎石桩本身的研究，如增加碎石桩本身的刚度来提升复合地基的整体刚度[3,4]，改变碎石桩的设计参数如桩径、桩间距等[5,6]，而对碎石桩施工过程中排水以及附加排水井的研究较少。Jorge Castro 等研究了碎石桩施工过程中对周围土体的影响问题[7]。

振冲碎石桩的加固过程可简单地分成3个阶段：（1）振冲器在振冲过程中，能量以振冲器为球心以球面波的形式向外传播；（2）波在土体中传播时，通过材料物质衰减和几何衰减的方式逐渐衰减，在能量衰减过程中会引起土中孔隙水压力的升高；（3）超孔隙水压力的消散和地基土体的固结。

一些学者对于振冲碎石桩周围土体的固结和超孔隙水压力消散的问题进行了分析[8~12]。而对于复合振冲碎石桩固结问题相关理论的进一步研究不仅可以了解其加固机理、指导实际施工，对其他类似复合地基处理技术的研究也有一定的借鉴意义[13]。

本章采用振动荷载作用下超孔隙水压力产生的能量模型，考虑了耗散能量和孔径扩张的影响及相互作用，并进行了合理的简化，对振冲碎石桩施工过程及加固效果进行了数值模拟。采用有限差分法离散求解复合振冲碎石桩边值问题，编制了相应的程序，基于模拟结果详细讨论了排水井的存在对复合振冲碎石桩孔隙水压力发展变化的影响，最后对普通碎石桩与复合碎石桩的地基加固效果进行了对比分析。

4.2 土中振动孔隙水压力计算模式

在振冲碎石桩的加固机理中，孔隙水压力的发展对土体的密实起关键作用，孔隙水压力的发展变化是导致土体变形和强度变化的根本因素，也是用有效应力动力分析法分析问题的关键，因此在数值模拟中需要选择合适的振动孔压发展模式，正确预测不同条件下土中孔压的发展变化规律。

目前国内外学者已提出了多种孔压发展模型，如孔压的应力模型、应变模型、内时模型、能量模型、有效应力路径模型及瞬态模型等[14]。

4.2.1 孔压的应力模型

孔压的应力模型的一个共同特点是将孔压和施加的应力联系起来，通常把孔压表达为应力和振动次数的函数，如图4-1所示。如Seed等[15]根据饱和砂土的动三轴实验资料，提出了一种计算孔压的应力模式，在土体等向固结时表示为：

$$\frac{p_g}{\sigma_0'} = \frac{1}{2} + \frac{1}{\pi}\arcsin[2(N/N_L)^{1/\alpha} - 1] \tag{4-1}$$

式中 p_g——振动孔隙水压力，kPa；

σ_0'——初始有效固结应力，kPa；

N_L——无初始水平剪应力初始液化时的振动次数；

α——经验系数，与土的类型和密度相关，通常可以取 $\alpha=0.7$。

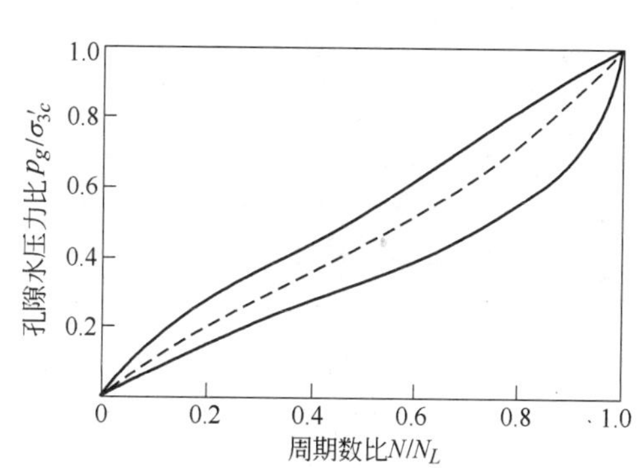

图4-1 孔压比随加荷周期数比增长的关系曲线

在不等向固结时，有时无法确定土体初始液化时的振动次数 N_L，因此常用孔隙水压力达到侧向固结压力一半时的振动次数 N_{50} 来代替 N_L，考虑到此种情况下固结比及初始静剪应力对孔压的影响，Finn[16]对式（4-1）进行了修正，即：

$$\frac{p_g}{\sigma_v'} = \frac{1}{2} + \frac{1}{\pi}\arcsin[(N/N_{50})^{1/\alpha} - 1] \tag{4-2}$$

$$\alpha = \alpha_1 + K_c\alpha_2 \tag{4-3}$$

$$K_c = \sigma_{1c}'/\sigma_{3c}' \tag{4-4}$$

式中 σ_v'——竖直方向有效应力，kPa；

K_c——固结应力比；

α_1，α_2——经验系数，与土的种类和密度有关，可由实验确定。

徐志英[17]将式（4-1）、式（4-2）进行了简化，等向固结时为：

$$\frac{p_g}{\sigma_v'} = \frac{2}{\pi}\arcsin\left(\frac{N}{N_L}\right)^{1/2\alpha} \tag{4-5}$$

不等向固结时为：

$$\frac{p_g}{\sigma_v'} = \frac{2}{\pi}\left(1 - m\frac{\tau_0}{\sigma_v'}\right)\arcsin\left(\frac{N}{N_L}\right)^{1/2\alpha} \tag{4-6}$$

对式（4-6）求积分，可得孔隙水压力的增量公式，即：

$$\Delta p_g = \frac{\sigma'_v(1 - m\tau_0/\sigma'_v)}{\pi\alpha N_L\sqrt{1-\left(\frac{N}{N_L}\right)^{1/\alpha}}}\left(\frac{N}{N_L}\right)^{1/2\alpha-1}\Delta N \tag{4-7}$$

液化周期数 N_L 可用液化实验曲线（图4－2）或式（4－8）的半对数公式求取，即：

$$N_L = \frac{10(b - \tau_{av}/\sigma'_v)}{a} \tag{4-8}$$

式中 τ_0——初始剪应力，kPa；

m——反映孔压随初始应力比 τ_0/σ'_v 递减的一个经验系数，$m=1 \sim 1.3$；

ΔN——该时段内的等效振动次数，可按经验取值；

a，b——经验常数，与土体的抗液化性质有关；

τ_{av}——平均剪应力，一般取为该时段最大剪应力 τ_{max} 的65%，kPa。

不规则荷载作用下的振动次数在计算时一般化为等效振动次数 N_{eq}（只在液化破坏方面等效对应于 τ_{av}），当选定 τ_{av} 后，等效振动次数 N_{eq} 与震级或振动持续时间有关。计算等效振动次数 N_{eq} 时，可以由地震剪应力时程曲线根据振动强弱的合理分配方法求取，也可以直接从图4－2中的曲线获得，或者根据实验结果，反算等效振动次数。

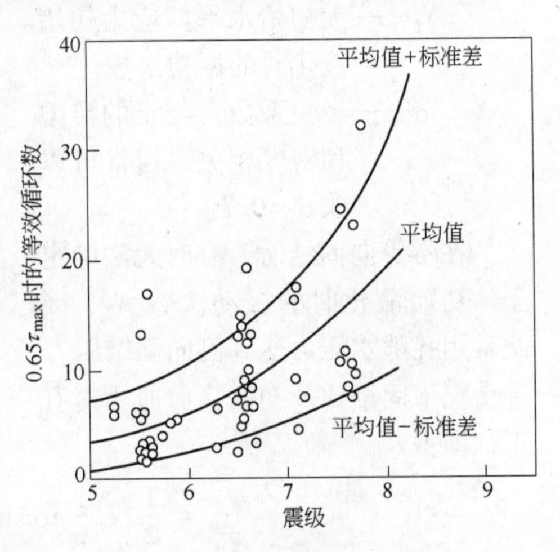

图4－2 等效周期和震级的关系

孔压应力模型的基本出发点是基于室内等幅应力动三轴试验资料的式（4－1），而现场动应力幅值很复杂，不可能维持等幅应力条件，因此带有较多的经验成分。此外，在排水条件下，按此法只能算出孔压消散后的体积残余变形而无法算出形状残余变形，而且无法解释偏差应力发生卸荷时引起的孔压增长现象，即不能反映土的反向减缩特性。

4.2.2 孔压的应变模型

应变模型将孔压与某种应变结合起来，过去常采用排水时的体应变作为变化量，目前不少学者主张用剪应变，这类模型中最著名的是 Martin－Finn－Seed[18] 根据排水和不排水循环剪切试验结果（图4－3）建立起来的一种模型，认为不排水条件下的振动孔隙水压力等于排水时永久体积变形与回弹模量的乘积，即：

$$\Delta p_g = \overline{E_r}\Delta\varepsilon_{vd} \qquad \overline{E_r} = \frac{(\sigma'_v)^{1-m}}{mk_0(\sigma'_{v0})^{n-m}} \tag{4-9}$$

$$\Delta\varepsilon_{vd} = C_1(\gamma - C_2\varepsilon_{vd}) + \frac{C_3\varepsilon_{vd}^2}{\gamma + C_4\varepsilon_{vd}} \tag{4-10}$$

式中 $\Delta\varepsilon_{vd}$——一个应力循环所引起的塑性体积应变，仅同累积体积应变 ε_{vd}有关；

ε_{vd}——累积永久压缩体积应变；

$\overline{E}_r$——有效应力为 σ'_v时的回弹模量，Pa；

σ'_{v0}——初始有效应力，kPa；

γ——土的容重，kN/m^3；

k_0，m，n——可由一组卸载曲线根据不同的初始垂直应力 σ'_{v0}求得的系数；

C_1，C_2，C_3，C_4——可由实验确定的系数。

孔压的应变模型可以在一定程度上解决应力模型中出现的矛盾，并且直接和动力分析中的应变幅值联系起来，因此目前它已成为孔压研究的一个重要方向。不过应该指出，上述 Martin－Finn－Seed 计算饱和砂土孔隙水压力升高的方法，并不反映真正的变化机理，原则上只适用于在静力上处于压缩状态，在动力上处于剪切或纯剪状态的土体，对于其他情况需对其做相应的修正。

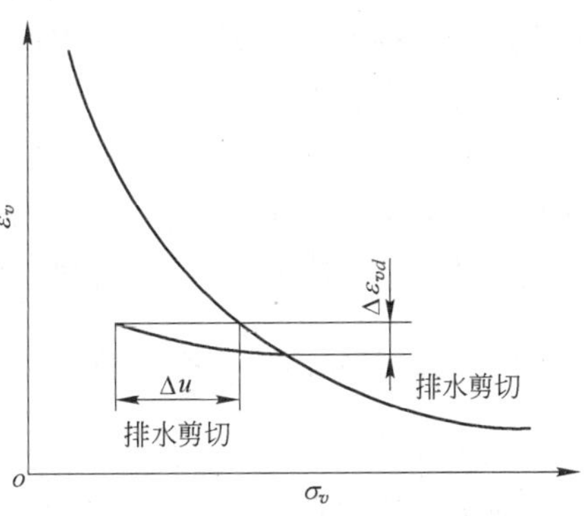

图 4－3 Martin－Finn－Seed 模型示意图

4.2.3 孔压的有效应力路径模型

孔压的有效应力路径模型是由 Ishihara 等[19]在大量饱和砂土静三轴实验基础上提出的。他们认为孔压增长规律是由试样经受的有效应力路径决定，并假设残余孔压只由屈服应变引起，且在卸荷时不产生孔压。在 $q-p'$应力坐标系内，只有新的应力路径超过当前最高的等应变线，上升到更高的应变值时，才能产生附加的塑性剪应变和附加的孔隙水压力，否则只能产生附加的弹性剪应变。根据不排水试验条件下孔压的增量等于沿等体积应力轨迹线变化时 p'的变化量，从而可以根据动应力作用的过程求出孔压的发展变化情况，如图 4－4 所示。

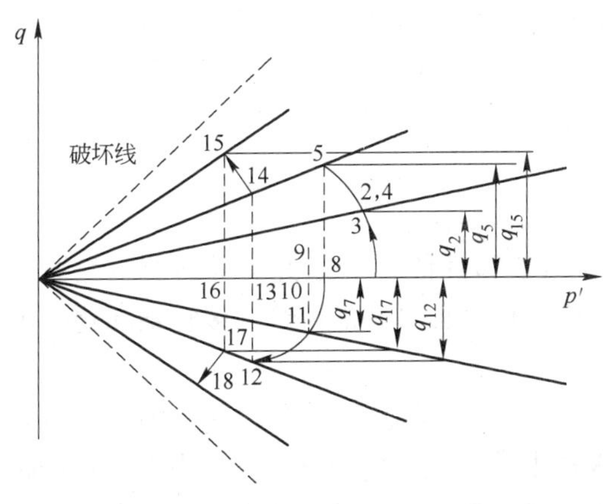

图 4－4 Ishihara 有效应力路径模型中孔压求解示意图

孔压的有效应力模型能够清晰地反映饱和砂土由开始振动到初始液化所经历的路径，有助于理解振动孔隙水压力的起伏波动性，但它不能很好体现动荷载下饱和砂土实际状态交替变化和孔压起伏波动的规律性，并且其对初始液化、屈服方向独立性及孔压特性的假定也不尽合理。

4.2.4 孔压的内时模型

Finn 等[20]提出用内时理论表征饱和砂土在周期增加条件下的孔压，将孔压和某一个单调增长的内时参数 k 联系起来。内时理论把土看作非线性弹塑性材料，假设非弹性变形和孔压都是由土粒的重新排列引起的，而土粒的重新排列又是由应变路径长度（即内时 ξ）决定的，然后将内时 ξ 与反映剪应变幅值和加荷周期的破损参数 k 建立联系，再将一组由周期加载试验得到的孔压比 p_g/σ'_v 与加载周期数 N 的关系曲线转换为一条由内时参数 k 确定的单一曲线 $G(k)$，即可根据此曲线来确定孔压。由于这种方法只要根据试验确定出函数 $G(k)$，即可预估初孔压的大小，因此是可以大大简化动力分析的有效应力法。

4.2.5 孔压的瞬态极限平衡模型

孔压的瞬态模式是谢定义等[21]提出的，他们认为土体在动荷载作用下，表征其应力状态的有效应力点，将从它的静应力状态点开始，以一定的应力路径在由破坏边界面所限定的范围内连续移动，在每一瞬间它的移动趋向取决于当时的应力-应变发展水平和动荷载的变化特征。对于具体土体，作用应力的变化可以反映出增荷剪缩、增荷剪胀、荷载回弹或反向剪缩等不同特性，他们分别在应力空间内占据相应的空间特性域。因应力经过不同特性域时孔压具有显著不同的发展特性，所以当有效应力点以特定的顺序和持续时间通过相应的特性域时，就规定了孔压发展的具体规律。为便于计算孔压的具体数值，谢定义等又将孔压按其产生原因分为应力孔压、结构孔压和传递孔压，则任意瞬间的孔压等于这三者之和。

4.2.6 孔压的能量模型

能量分析的方法在结构力学、材料力学和其他力学分支中得到了广泛的应用，由于能量是一种标量，具有可叠加性，而这种可叠加性给许多复杂问题的求解带来了方便。

能量分析法在土动力学中的应用，开始于 20 世纪 70 年代，并在国内外掀起了发展的热潮。Youd[22]在 1970 年首次提出砂土能量栅的概念，认为砂土颗粒因相互嵌锁与摩擦而形成能量栅，任何土粒之间的滑移和重新排列都必须有足够的能量来破坏、克服这种能量栅才能进行。当时提出的能量栅虽然只是一种定性的概念，却能够表明土体结构抵抗外力的能力和土结构的变化必然伴随着一定的能量耗损。

1979 年 Nemat－Nasser 与 Shakooh[23]发表了从能量角度研究振动荷载下均匀松砂的振密和孔压增长机理，并利用能量概念建立了相应的数学模型。他们在模型中主要探讨了剪应力、循环次数、初始孔压比和孔隙水压力的关系，Nemat－Nasser 与 Shakooh 在研究均匀压密和孔隙水压力增长理论时，主要依据为：

（1）当能量增量为 δW 时，孔隙比将由 e 增加到 $e+\delta e$；

（2）当孔隙比为最小孔隙比 e_{min}时，能量增加很大；

（3）如果是不排水砂土试验，则孔隙比减小的趋势将导致孔隙水压力的增加，而孔压的增长将使土粒间的压力减小，这样能量减小 δW 必然伴随着孔隙压力增加 δu。

1981 年 Davis 与 Berrill[24]基于 Nasser 等人提出的理论，从热力学的观点建立了场地砂土孔隙水压力的增长与土体耗损能量之间的关系。1982 年他们在原有的研究基础上假定孔压增量直接与土体的振动耗损能量之间存在指数关系式，并由实验获得了土体液化的孔压与耗损能量的指数表达式，改变了 Youd 等建立的能量衰减模式，得到新的场地地震液化势的统计判别式。

1990 年加拿大 Law 和曹亚林、何广讷[25]通过实验室振动三轴和振动扭剪试验成果获得了砂土的孔压比与土体振动耗损能量之间的表达式，结合国内外砂土及粉土场地地震液化的统计分析结果获得了粉砂和砂土的场地液化势的计算判别式。1991 年他们通过室内振动三轴试验进行了纯净粉土、砂质粉土和黏质粉土的抗液化试验，并研究了砂粒含量和黏粒含量对土体液化强度以及对孔压和能量关系的影响。研究表明对于砂质粉土，砂质含量的多少不影响液化强度，也不影响达到破坏所需要的能量，即不影响孔压能量模式，而对于黏质粉土，黏粒含量对液化强度及孔压模式的影响显著，黏粒越多，破坏所需要的能量也越多。

1994 年，Oda 和 Nemat[26]对中粒径的无黏性土进行了应变控制的不排水循环荷载下的剪切试验，在试验过程中顺序进行了两次加载，使试样经历从中等固结到模拟液化的过程，并对实验过程中的孔隙水压力和相应的外力作用下的功之间的关系进行了研究。结果表明：在第一次加载下，孔隙水压力和外力作用的功呈非线性的关系，这种关系不依赖于剪应力变值；而在第二次加载下，他们的关系依赖于剪应变幅值，通过对实验结果的分析建立了考虑由粒径之间的相互滑移而产生的内部能量耗损的微观粒子模型。此微观粒子模型表明：中粒径无黏性土单位体积的能量耗损可以用施加的有效应力历史和依赖于密度和应变幅值的标量表达。后来科研人员又用随机给定应变幅值的扭剪实验对这一模型进行了验证，取得了良好的一致性。

国内，1981 年何广讷对土体液化势能量分析的简便法做了评价[27]，能量分析的简便法在1964年的日本新潟地震中确定了产生液化的重灾区和无液化的轻灾区的分界线。国内水利工程往常以土体的失稳来判断土体的液化势，但是土体失稳和土体液化是完全不同的两个概念，失稳界限与液化界限往往相距较远，用土体失稳来判断土体液化过于保守。因此最好除动态稳定分析外，再以液化界限检验土体的液化势，判断能否产生严重破坏的液化现象。而用应力分析的方法存在很多的缺陷，且用应力方法时应力是矢量，除了确定大小外，还要确定应力的方向和作用面等，所以用能量法更好。首先通过实验测定拟定的振动模式和现场应力条件下的单元土体达到失稳或液化界限时的孔隙水压力，以及相应的振动能量，并估算由于振动（如地震、碎石桩安装时的振冲）在土体中该单元承受的单位土体振动能量，再经过对比后判断是否失稳或液化。简便法的主要简便之处在于计算土体的振动能量时，不必考虑土的动力特性，将土体视为刚体，而将外力做功全部反映为刚体的动能。

1987年，曹亚林、何广讷、林皋研究和探讨了如何将能量分析的概念和方法应用于判断土中振动孔隙水压力的升高程度[28]。振动荷载下，非饱和黏性土中孔隙水压力的升高主要产生于土体中颗粒间的相互运动和重新排列，振动孔隙水压力的升高和振动过程中土粒重新排列所耗损的能量有关。由于能量分析方法是基于土体内部颗粒重新排列时所消耗的能量来估计土中振动孔隙水压力的升高程度，因此能较为直接地反映孔隙水压力升高的原因；同时，能量又是一个标量，故采用能量分析方法时，可利用迭加原理解决一些采用应力分析方法很难解决的复杂荷载情况下的问题。

1994年，何广讷基于微观分析求得土振动孔隙水压力与振动能量之间的基本模式，结合宏观场地液化历史资料的统计分析，建立了场地地震液化势的能量半经验判别式[29]，指出振动孔隙水压力的增长程度与振动过程中累计耗损的能量密切相关，并分别得出了砂土振动孔隙水压力增长的能量模式和粉土振动孔隙水压力增长的能量模式，最后得出了场地土体液化势的判别式。

本书即采用振动孔压增长的能量模型来计算复合振冲碎石桩施工过程中超孔隙水压力的增长。

4.3 复合振冲碎石桩施工模拟的理论构架

4.3.1 振动孔隙水压力的产生

碎石桩的施工是一个相对简单、直接的过程，但碎石桩施工过程中周围土体的超静孔隙水压力变化是一个非常复杂的过程，要找到合理的模拟方法，有必要对这一过程进行假设和简化。要限制超孔隙水压力的变化，首先要掌握在循环荷载作用下超静孔隙水压力的增长和消散特征，还要了解复合碎石桩的设计是否能够有效地防止土体液化，通过数值模拟的方法可以得出数值结果，并分析超静孔隙水压力的变化过程。

一般来说，振冲碎石桩施工过程中超孔隙水压力是由两方面的原因产生的：(1) 振冲器提供的振冲能量；(2) 振冲器贯入引起的孔径扩张。这两者之间相互作用，例如：由于第一种原因产生的超孔隙水压力改变了土体中的应力状态，所以直接影响到第二种原因产生的超孔隙水压力，反之亦然。本章在数值模拟的过程中为了简化这一过程，将这两种原因分别考虑。

4.3.1.1 振冲能量引起的超孔隙水压力

在碎石桩的施工过程中，振冲器持续振动向土体中输入能量，能量在土体中的传播如图4－5所示。

在振冲过程中能量的衰减方面已经有了很多研究，能量衰减可以分为材料衰减部分和几何衰减部分。能量衰减理论是由理查德(1970) 提出的。在本书所做的研究中，能量源被认为是在一定深度的点能量源而且能量以球面波向外传播，在半径为 r_0 的范围内认为没有能量损失（r_0 是振冲器的半径），假设材料阻尼可以应用于地表下的振冲，即可得出一个能量消散的表达式。

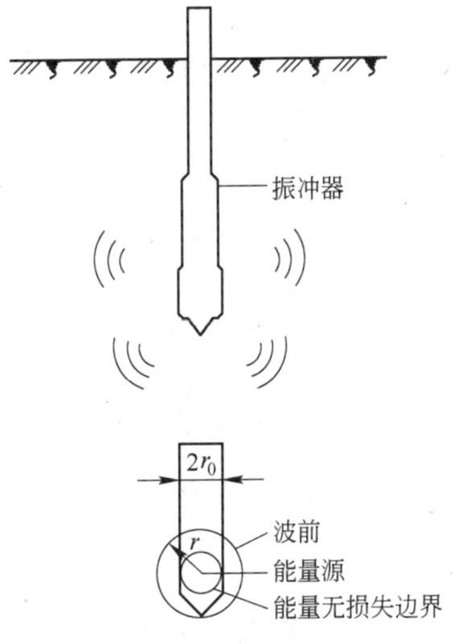

图4－5 能量传播示意图

单位时间内由振冲器输入土体中的能量为 W_0，能量传输过程中的衰减是由几何阻尼和材料阻尼产生，一般由材料阻尼引起的衰减可以表示为：

$$A = A_1 \exp[-\alpha(r - r_1)] \tag{4-11}$$

式中 A——距离能量源为 r 处的振幅，m；

A_1——距离能量源为 r_1 处的振幅，m；

α——衰减系数。

α 的值依赖于许多因素，如：能量源的特点、振冲的频率、波的传播速率、土体特征、周围土体的应力－应变、土体的类型、土体的饱和度、振冲过程中的超孔隙水压力和土体密实性的变化等。已有的土体振冲研究表明，α 的变化范围约为0.02～0.06m^{-1}[30]。Woods[31] 通过 α 对土体进行了分类，见表4－1。表4－1中的衰减系数是在50Hz下得到的，不同频率下的 α 值可通过式（4－12）得到，即：

$$\alpha_2 = \alpha_1\left(\frac{f_2}{f_1}\right) \tag{4-12}$$

式中 α_1——已知频率 f_1 下的值；

α_2——未知频率 f_2 下的值。

表 4-1 通过衰减系数对土体进行的分类

类别	50Hz 时的衰减系数 α	材料描述
Ⅰ	0.10 ~ 0.33	软土：松散土体，干燥或饱和淤泥土，松散的砂土
Ⅱ	0.033 ~ 0.10	致密土体：大多数砂土，砂质黏土，粉质黏土，碎石，粉土，风化岩石
Ⅲ	0.0033 ~ 0.033	坚硬土体：压密的砂土，干燥的固结黏土，固结的冰堆物，以及一些裸露岩石
Ⅳ	<0.0033	坚硬的固结岩石

进一步可认为能量密度是与振幅的平方成正比的，在考虑材料阻尼以及几何阻尼的情况下，在半径为 r 处的能量密度为：

$$W = \frac{W_0}{4\pi r^2}\exp[-2\alpha(r - r_0)] \tag{4-13}$$

$$W_0 = \eta_0 P_0$$

式中 P_0——振冲器的能量转换效率；

η_0——振冲器的效率；

r_0——振冲器的半径，m。

半径为 r 处的单位时间单位体积的能量损失为：

$$w = W_0 \frac{\alpha}{2\pi r^2}\exp[-2\alpha(r - r_0)] \tag{4-14}$$

振冲器周围的土体由于振冲作用土体强度会变弱，而且由于振冲器的振冲幅度有限，输入土体中的能量将减小，使得振冲效果下降。当孔隙水压力消散时，土体密实，能量的传输效率增大，随着超孔隙水压力的增长，能量的传递效率也减小，即：

$$w = W_0 \frac{\alpha}{2\pi r^2}\exp[-2\alpha(r - r_0)]\exp[-\beta(r_u)_{av}] \tag{4-15}$$

式中 $(r_u)_{av}$——在振冲器有效范围 r_e 内的平均超孔隙水压力比；

β——常量。

根据实际实验数据和理论分析，循环荷载作用下产生的超孔隙水压力比与能量损失之间的关系如下：

$$\begin{cases} r_u = 0.5\log_{10}\left(100\dfrac{E_c}{E_L}\right) & \dfrac{E_c}{E_L} \geqslant 0.05 \\ r_u = 7\dfrac{E_c}{E_L} & \dfrac{E_c}{E_L} < 0.05 \end{cases} \tag{4-16}$$

式中 r_u——超孔压比（u/σ'_0）；

σ'_0——初始平均有效围压，kPa；

E_c——单位体积土体的损失能量；

E_L——引起单位体积土体液化的能量。

4.3.1.2 由孔径扩张引起的超孔隙水压力

振冲器进入土体是一个由直径为零的孔扩大至一个直径与振冲器直径大小相等的孔的过程，之后在孔中填入碎石继续插入振冲器，进一步通过将碎石挤压向径向来扩大孔径。当振冲器提起时，孔径会稍有减小，但很快填入的碎石阻止了孔径的减小。重复提起振冲器，填充碎石，再插入振冲器的过程使得孔径扩大。图4-6是振冲过程中的孔径分析和振冲器周围的应力状态图[32]。

考虑到土体是一种理想弹塑性材料，假设土体的不排水抗剪强度在水平应力为σ_{h0}时是S_u。如图4-6中的三点A、C、E，当振冲器插入时，生成一个半径为R_e的孔，土体被挤压向径向，A点和E点之间的土体发生了塑性变形，而E点以外的土体只发生了很小的弹性变形。当振冲器经过A点时，土体发生弹性卸载，直到A点达到塑性扭转的条件，继续卸载使得塑性区达到C点，图4-6d和图4-6e显示了土体在加载和卸载时的剪应力变化情况。

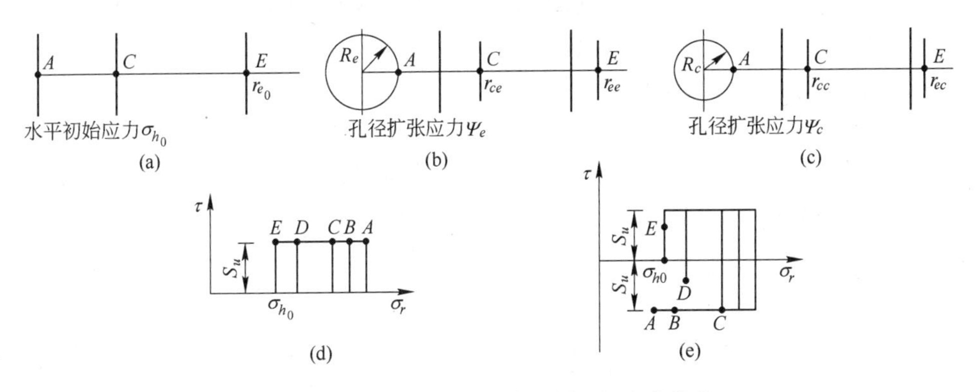

图4-6 孔径分析和振冲器周围的应力状态

在小应变弹性条件下，对于圆柱形的孔，其应变表达式为：

$$\varepsilon_r = -\frac{\mathrm{d}\zeta}{\mathrm{d}r}$$

$$\varepsilon_\theta = -\frac{\zeta}{r} \tag{4-17}$$

式中 ε_r——径向应变；

ε_θ——切向应变；

ζ——径向位移。

假设圆孔扩张在平面应变的条件下进行，因此轴向应变ε_z为0，应力之间的关系为：

$$\Delta\sigma_z = -\nu(\Delta\sigma_r + \Delta\sigma_\theta) \tag{4-18}$$

式中 σ_r——径向应力，kPa；

σ_θ——切向应力，kPa；

σ_z——轴向应力，kPa；

ν——泊松比。

弹性应力应变关系为：

$$\begin{bmatrix}\Delta\sigma_r\\ \Delta\sigma_\theta\end{bmatrix} = -\frac{E}{(1+\nu)(1-2\nu)}\begin{bmatrix}1-\nu & \nu\\ \nu & 1-\nu\end{bmatrix}\begin{bmatrix}\varepsilon_r\\ \varepsilon_\theta\end{bmatrix} \tag{4-19}$$

在初始孔隙扩张过程中产生的超孔隙水压力对应图4-6b，即：

$$u_e = \begin{cases}2S_u\ln\left[\dfrac{r_{ee}}{r}\right] & (r \leqslant r_{ee})\\ 0 & (r > r_{ee})\end{cases} \tag{4-20}$$

式中 u_e——超孔隙水压力，kPa；

r——半径，m；

r_{ee}——扩孔时弹塑性边界处的半径，m。

图4-6中E点缩孔时的超孔隙压力，在半径为r时为：

$$u_e = 0.5(\sigma_r(r) + \sigma_\theta(r) - 2\sigma_{h0}) \tag{4-21}$$

式中 σ_r——轴应力，kPa；

σ_θ——角应力，kPa。

由于在E点之外没有超孔隙压力的产生，因此在收缩时都保持弹性变形，当$r > r_{ec}$时超孔隙水压力的值等于0。

在考虑了剪应力引起的超孔隙压力u_{sh}后即可得到扩孔过程中总的超孔隙压力为：

$$u_e = \begin{cases}2S_u\ln\left[\dfrac{r_{ee}}{r}\right] + u_{sh} & (r \leqslant r_{ee})\\ 0 & (r > r_{ee})\end{cases} \tag{4-22}$$

式中 u_{sh}——剪应力引起的超孔隙水压力，其余符号同式（4-20）。

孔径收缩时，总的超孔隙压力为：

$$u_e = \begin{cases}0.5(\sigma_r(r) + \sigma_\theta(r) - 2\sigma_{h0}) + u_{sh} & (r < r_{cc})\\ 0.5(\sigma_r(r) + \sigma_\theta(r) - 2\sigma_{h0}) & (r \geqslant r_{cc})\end{cases} \tag{4-23}$$

式中 r_{cc}——弹塑性边界点C处的半径，m。

4.3.2 土体密实机理

假设扩孔时超孔隙压力是连续变化的，由于超孔隙压力的消散，体积应变表达式为：

$$\varepsilon_v = \int m_v \mathrm{d}\sigma' \tag{4-24}$$

式中 ε_v——体积应变；

m_v——体积压缩系数；

σ'——平均有效围压，kPa。

根据 Seed 的建议[33,34]，砂土的 m_v 从初值 m_{v0} 增长至最大值，之后保持不变，即：

$$\frac{m_v}{m_{v0}} = \frac{\exp(y)}{1 + y + y^2/2} \geqslant 1 \tag{4-25}$$

式中 m_{v0}——初始体积压缩系数；

y——与 D_r 有关的常数，$y = ar_u^b$，$a = 5(1.5 - D_r)$，$b = 3 \times 4^{-D_r}$；

D_r——土体的相对密度。

对于粉土类地基，式（4－25）中 D_r 在粒间接触分析的基础上可用平均等效相对密度 $D_{r(\mathrm{eq})}$ 代替，用来解释粉土含量的作用效果[35]。

4.3.3 等效孔隙比和等效相对密度

复合碎石桩可以用于加固多种土类地基，因此要找到一个合适的参数使其能够反应复合碎石桩对各类土体的加固效果，以便于评价。对于粗粒土，土体的密实度可以用相对密度来表示，但是在粉土地基中则很难运用这一参数，所以本书采用等效相对密度的概念统一描述各个土体的密实度，根据孔隙比与相对密度之间的关系，将土体的孔隙比用等效孔隙比代替。

等效孔隙比是在考虑了粉粒含量后得出的一个参数，如果土体中的粉粒含量较小，则这些粉土颗粒在砂土大颗粒之间对体系力的传递起到的作用非常小，可以将粉土颗粒当做砂土之间的孔隙，忽略粉土对力的传递；而超过这一含量之后，随着粉土颗粒含量的增加，粉粒含量对整个体系力的传递起到重要的影响作用，所以引入等效孔隙比[35]，等效孔隙比如式（4－26）及式（4－27）所示。

$$e_{\mathrm{eq}} = \frac{e + (1 - b)f_c}{1 - (1 - b)f_c} \qquad (f_c \leqslant 25\%) \tag{4-26}$$

$$e_{\mathrm{eq}} = \frac{e}{f_c + (1 - f_c)R_d^m} \qquad (f_c \geqslant 25\%) \tag{4-27}$$

$$R_d = D_{50}/d_{50}$$

式中 e——实测孔隙比；

f_c——粉土质量分数，%；

b，m——与土体有关的参数；

D_{50}——50% 的砂土通过的直径；

d_{50}——50% 的粉土通过的直径。

通过孔隙比与相对密度的关系，带入等效孔隙比得到等效相对密度，即可评价复合振冲碎石桩的加固效果。

4.3.4 孔隙水压力的消散

在荷载作用下，地基土会发生多方向的排水和变形。在复合碎石桩中，排水井的存在加速了地基土体的固结过程。固结由两种排水作用引起：（1）垂直方向的渗流；（2）垂直于 z 轴方向的平面内的渗流，固结方程的极坐标形式为：

$$\frac{\partial u}{\partial t}=\frac{k_h}{\gamma_w m_v}\left(\frac{\partial^2 u}{\partial r^2}+\frac{1}{r}\frac{\partial u}{\partial r}+\frac{1}{r^2}\frac{\partial^2 u}{\partial \theta^2}\right)+\frac{\partial u_g}{\partial t} \tag{4-28}$$

式中 k_h——水平方向的渗透系数，m/s；

m_v——体积压缩量；

u——极坐标（r，θ）处的超孔隙水压力，kPa；

t——时间，s；

u_g——由振冲能量引起的与时间相关的孔压，kPa。

4.4 复合振冲碎石桩施工过程数值模拟程序

有限差分法是把求解问题的微分方程及边界条件用离散的、只包含有限个未知数的差分方程（代数方程组）来表示，并用代数方程的解作为微分方程的近似解。采用有限差分法求解问题的一般步骤是：（1）对求解域作有限差分网格划分；（2）选择逼近方程定解的差分格式；（3）在此基础上，对内部结点和边界结点建立起不同的差分方程，最后联立方程组求解。在应用有限差分法分析土工问题时需要注意 3 个问题：（1）如何选择差分格式将控制微分方程离散为差分方程；（2）如何保证差分方程的相容性、收敛性和稳定性条件；（3）如何求解差分方程组。

基于上述理论分析，本节采用有限差分法对复合振冲碎石桩施工过程进行了数值模拟。

4.4.1 土体有限差分网格划分

碎石桩和复合振冲碎石桩加固地基的施工布置方法一般有两种：一种是梅花形排列布置；另一种是正方形排列方式。而在碎石桩施工之前，确定好碎石桩的施工位置之后，要预先打入排水井或排水板，这两种排列方式如图 4－7、图 4－8 所示。

本节对梅花形排列施工进行了数值模拟，由于模型是中心对称的，所以取其中四分之一区域进行求解计算，模拟区域如图 4－9 所示。

对选取的求解区域进行网格划分，振冲施工前后的网格划分情况如图 4－10 以及图 4－11 所示。

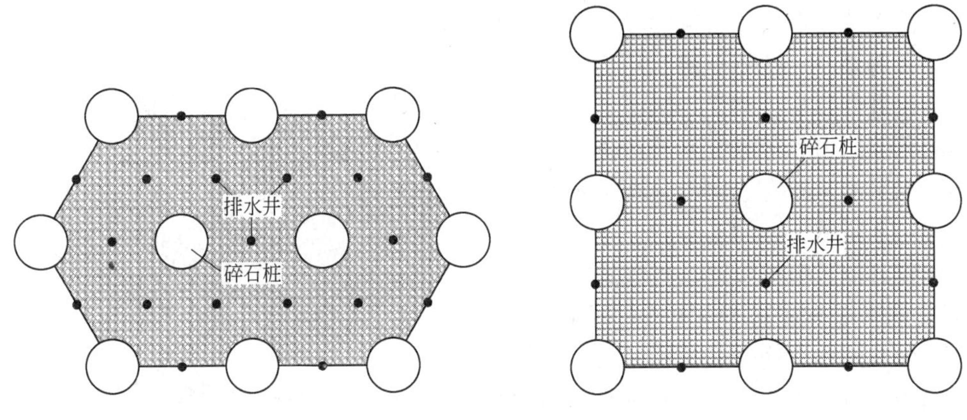

图4-7 碎石桩梅花形布置方式

图4-8 碎石桩正方形布置方式

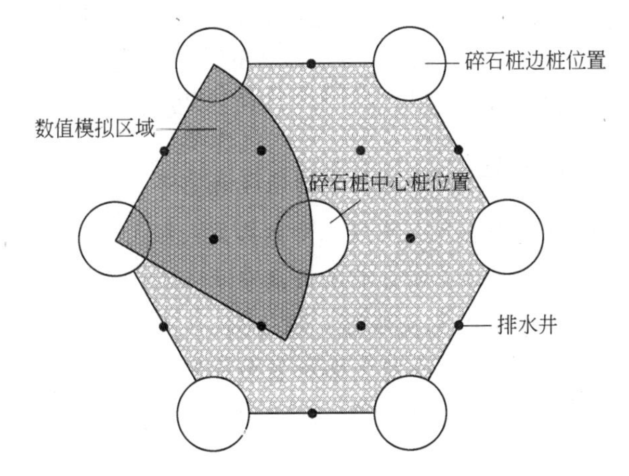

图4-9 求解域设置区域

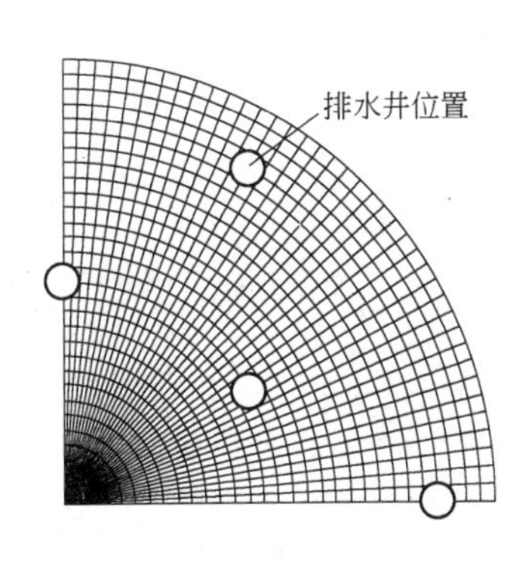

图4-10 未振冲时的有限差分网格

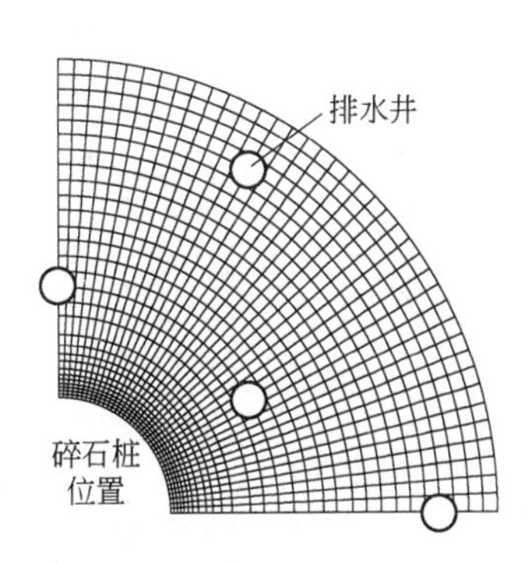

图4-11 振冲后的有限差分网格

在图4-10及图4-11中，由于求解域在碎石桩周围是轴对称的，因此横向和竖向的边界是不透水边界，并且假定孔隙水压力梯度在径向边界处开始保持不变，排水井和振冲碎石桩的渗透系数与周围土体相比很高。

在对某一深度处孔隙水压力和等效相对密度的变化进行分析计算后，为了详细了解土体中某点的孔隙压力和等效相对密度的变化情况，本章还选取了两个特定监测点进行分析，两点位置如图4－12所示。

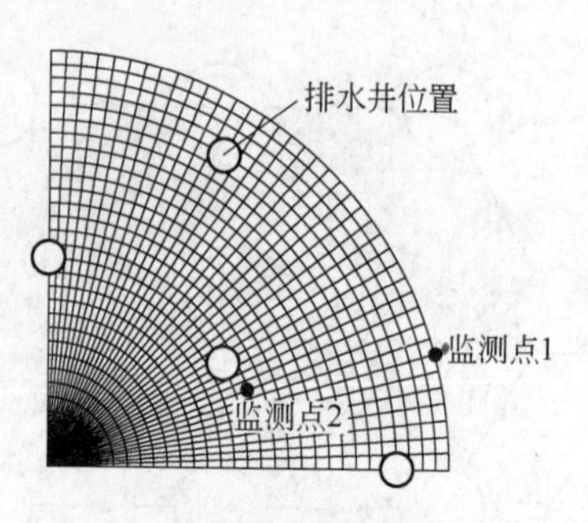

图4－12 检测点位置示意图

在具体数值模拟中，首先选择某一深度（如7m）的平面，在此平面上进行网格划分，对计算区域内时间和空间步长进行定义，对网格结点进行编号。然后将不会液化的网格点处排除，由于排水井以及在碎石桩施工时，灌入碎石后的渗透系数比周围土体高很多，所以假设在排水井以及灌入碎石后周围网格点处的超孔隙水压力以及等效相对密度基本不变，而其他网格点会随着振冲碎石桩的施工过程而变化。

要分析不同深度土体的变化情况，选择不同深度的平面进行上述分析即可。

4.4.2 差分格式及边界条件

4.4.2.1 超孔隙水压力

通过对式（4－28）进行差分，得到振冲碎石桩施工过程的超孔隙水压力消散的差分格式。假设时间步长为Δt，在空间中，径向步长为Δr，切向步长为$\Delta\theta$，而随时间变化的超孔隙压力可以写成差分格式为：

$$\frac{\partial u}{\partial t}=\frac{1}{\Delta t}(u_{t+\Delta t}-u_t) \tag{4-29}$$

$$\frac{\partial u}{\partial r}=\frac{1}{\Delta r}(u_{r+\Delta r}-u_r) \tag{4-30}$$

$$\frac{\partial u}{\partial \theta}=\frac{1}{\Delta \theta}(u_{\theta+\Delta\theta}-u_\theta) \tag{4-31}$$

将式（4－29）、式（4－30）和式（4－31）代入式（4－28）中，得出孔压的变化值为：

$$\begin{aligned}\Delta u = c_h\Big\{&\frac{1}{r_{i+1}-r_i}\Big[\frac{u(t,r_{i+1},\theta_j,z_k)-u(t,r_i,\theta_j,z_k)}{r_{i+1}-r_i}-\frac{u(t,r_i,\theta_j,z_k)-u(t,r_{i-1},\theta_j,z_k)}{r_i-r_{i+1}}\Big]+\\&\frac{1}{r_i(r_{i+1}-r_i)}[u(t,r_{i+1},\theta_j,z_k)-u(t,r_i,\theta_j,z_k)]+\\&\frac{1}{r_i^2(\theta_{j+1}-\theta_j)}\Big[\frac{u(t,r_i,\theta_{j+1},z_k)-u(t,r_i,\theta_j,z_k)}{\theta_{j+1}-\theta_j}-\frac{u(t,r_i,\theta_j,z_k)-u(t,r_i,\theta_{j-1},z_k)}{\theta_j-\theta_{j-1}}\Big]\Big\}\Delta t+\\&c_v\Big\{\frac{1}{(\Delta z)^2}[u(t,r_i,\theta_j,z_{k-1})+u(t,r_i,\theta_j,z_{k+1})-2u(t,r_i,\theta_j,z_k)]\Big\}\Delta t+\Delta u_g\end{aligned} \tag{4-32}$$

式中 i——对应柱坐标中 r 方向的结点号码；

j——对应柱坐标中 θ 方向的结点号码；

k——对应柱坐标中 z 方向的结点号码。

式中，i、j 和 k 是对应于柱坐标中 r、θ 和 z 的结点号码，在位置（r，θ，z）处的超孔隙水压力 $u(t+\Delta t)$ 是将 t 时刻的 $u(t)$ 与 Δt 时段内的孔压增量 Δu 相加得到的。

扩孔时，$\Delta u_g=0$；在由振冲能量引起的超孔隙水压力中，Δu_g 可以通过式（4－33）计算得到，即：

$$\Delta u_g=\begin{cases}0.5\log\left(100\times\dfrac{E_c(t+\Delta t)}{E_L(t)}\right)\times\sigma'_p-u_{sh}(t) & \left(\dfrac{E_c(t+\Delta t)}{E_L(t)}\geqslant 0.05\right)\\ 7\dfrac{E_c(t+\Delta t)}{E_L(t)}\times\sigma'_p-u_{sh}(t) & \left(\dfrac{E_c(t+\Delta t)}{E_L(t)}<0.05\right)\end{cases}\tag{4-33}$$

式中 σ'_p——最大有效围压，kPa。

剪力引起的孔隙压力 $u_{sh}=\sigma'_p-\sigma'$，$E_c(t+\Delta t)$ 采用式（4－34）计算得出，即：

$$E_c(t+\Delta t)=E_c(t)+w\Delta t\tag{4-34}$$

其中 w 可由式（4－15）计算得出。

4.4.2.2 体积应变及相对密度

扩孔时超孔隙压力假设是连续变化的，由于超孔隙压力的消散，单元体积应变为：$\varepsilon_v=\int m_v\mathrm{d}\sigma'$。其中，$\varepsilon_v$ 为积应变，σ'为平均有效围压，计算过程中的体应变增量为：

$$\Delta\varepsilon_v=\frac{\Delta e}{1+e(t)}=m_v(t)(\Delta u-\Delta u_g)$$

$$e(t+\Delta t)=e(t)+\Delta e\tag{4-35}$$

式中，m_v 通过式（4－25）求得。

4.4.2.3 边界条件和初始条件

图 4－11 中两个垂直的边界为流速为零的边界，碎石桩边界和外围弧形边界为自由流动边界，排水井周围孔压为零的边界条件。初始条件为初始静水压力条件，各结点处超孔隙水压力为零，具体差分格式很容易写出，这里不再赘述。

4.4.3 数值分析过程及程序

以图 4－13 为例，振冲碎石桩的施工过程如下：振冲器首先要振冲至碎石桩设计深度 10m 处，此时的孔径等于振冲器的直径 0.4m，然后每提升 1m 即向孔中灌入碎石进行振冲，而碎石桩的直径为 1m，所以需要重复振冲一定次数后才可以达到相应的碎石桩直径。根据经验公式 $(1/0.4)^2\approx 6$ 次，因此每提升 1m，灌入碎石，需要重复6次才能使桩径达到1m，振冲器向下振冲的速度为0.03m/s，则向下振冲1m所需要的时间为1/0.03s=33.33s，而每提升1m只需要5s，所以完成一次振冲所需要的时间周期为38.33s，详细的施工过程如图4-13所示。

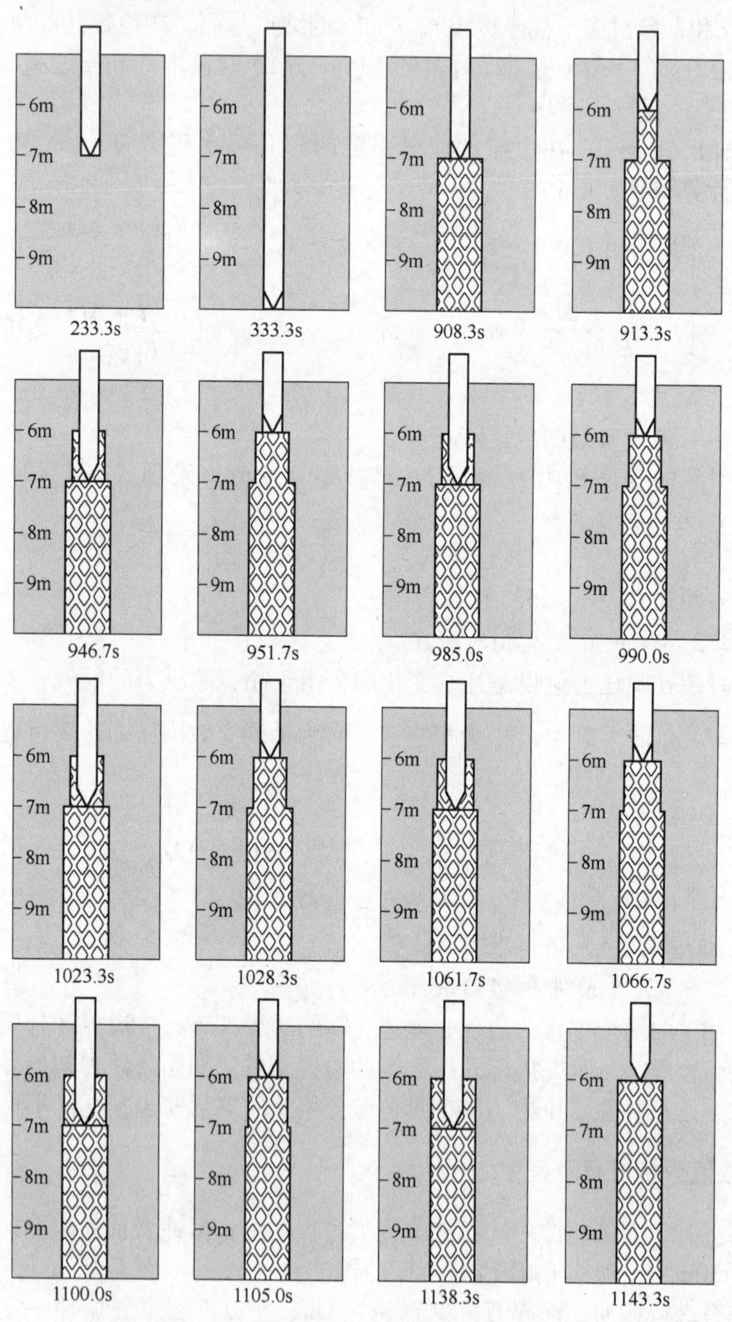

图4-13 碎石桩施工过程及振冲器位置变化

通过振冲速率可以确定振冲器的能量源与求解域网格点的距离，计算出网格点处的能量损失，并计算出由能量引起的超孔隙水压力，而通过碎石桩直径变化的经验公式可以求得在整个扩孔过程中求解域上网格点处的应力变化情况，并求解出由于扩孔引起的超孔隙水压力，然后将分别得到的两部分超孔隙水压力叠加得到总的超孔隙水压力。

根据上述施工过程，数值模拟的技术路线为：随激振器的贯入，碎石桩所在位置的网格随之变化（图4－10、图4－11）；根据图4－13给出的施工过程，按式（4－32）计算超孔隙水压力，即：扩孔时 Δu_g 为0，在某一深度留振时，由振冲能量引起的超孔隙水压力 Δu_g 通过式（4－32）计算；超孔压的消散发生在整个施工过程；随着超孔隙水压力的发展变化，土体发生变形，由式（4－35）和式（4－25）计算土体体积应变增量及相对密度。

基于上述算法和振冲碎石桩的施工过程，采用 C ++ 编程了程序 PVC&D（Program for Vibro－stone Column and Design）。

4.5 复合振冲碎石桩施工过程数值模拟结果分析

4.5.1 模拟参数选择

在碎石桩数值模拟开始时，需对相应的特征参数进行初始化，数值模拟采用的土体参数见表4－2、振冲器参数见表4－3、复合碎石桩的平面布置参数见表4－4。

表4－2 土体特征参数

土体类别	砂土	水平方向渗透系数/$m \cdot s^{-1}$	1×10^{-6}
土壤单位重量/$kN \cdot m^{-3}$	16.37	土体抗剪强度/kPa	210
内摩擦角/(°)	24	刚度系数（$I_r = G/S_u$）	3.35
孔隙比	0.838	最大/最小孔隙比	0.88/0.76

表4－3 振冲器特征参数

直径/m	频率/Hz	振冲速率/$m \cdot s^{-1}$	额定功率/kW	η_0/%	β
0.4	50	0.03	120	50	4

表4－4 碎石桩模拟参数

碎石桩直径/m	碎石桩间距/m	碎石桩深度/m	模拟面深度/m
1	2.5	10	7

4.5.2 普通振冲碎石桩数值模拟结果分析

图 4－14 是普通振冲碎石桩施工过程的超孔隙水压力变化图。从图 4－14 中可以看出，在没有排水井的情况下，振冲碎石桩施工过程中孔隙水通过碎石桩排出，碎石桩周围土体孔隙水消散较快，而在离碎石桩较远的区域，超孔隙水压力并没有发生明显变化。这说明在地基加固过程中，普通振冲碎石桩加固范围有限，特别是在渗透系数较低的土体中。

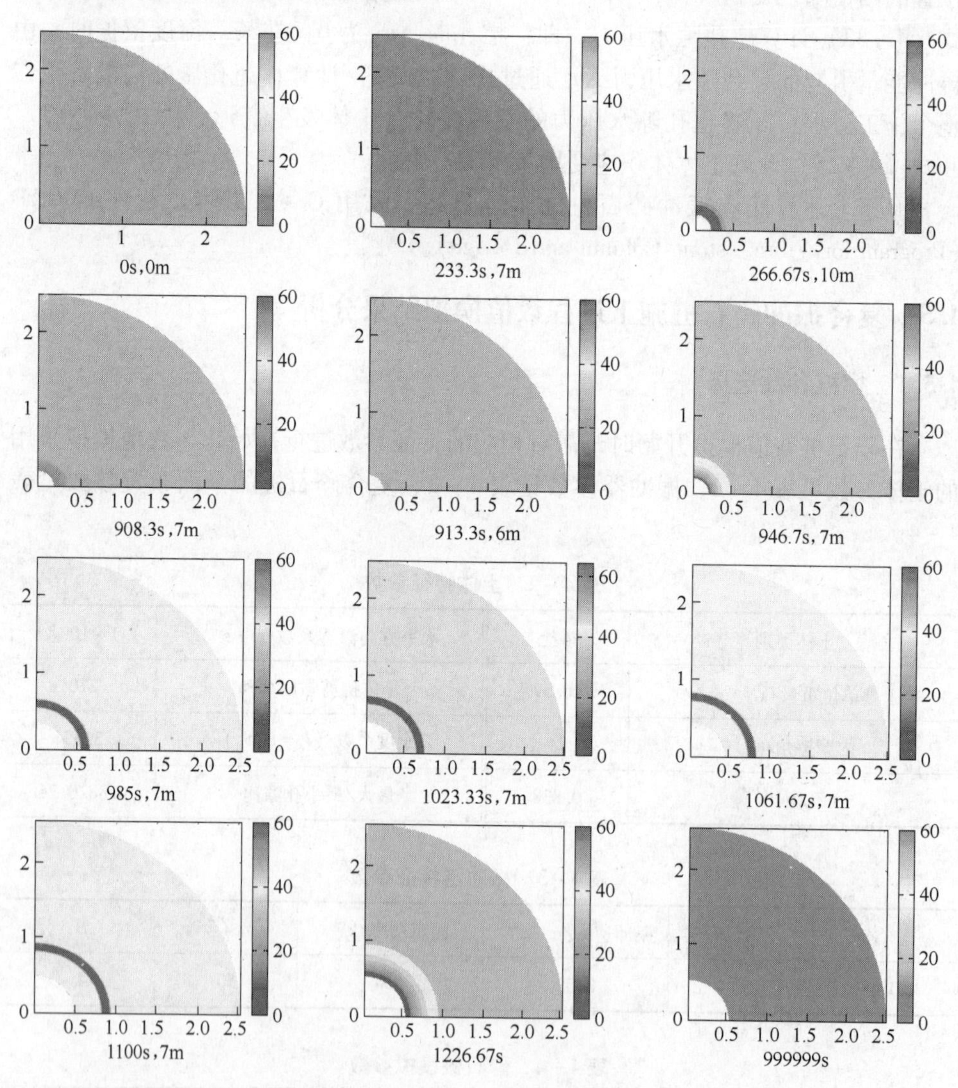

图 4－14 普通振冲碎石桩施工过程的超孔隙水压力（kPa）变化

图 4－15 为碎石桩周围土体的相对密度随时间的变化过程。从整个变化过程

看，在碎石桩的施工过程中，桩周围土体的相对密度仅有一小部分有所提高，而大部分无明显改善。

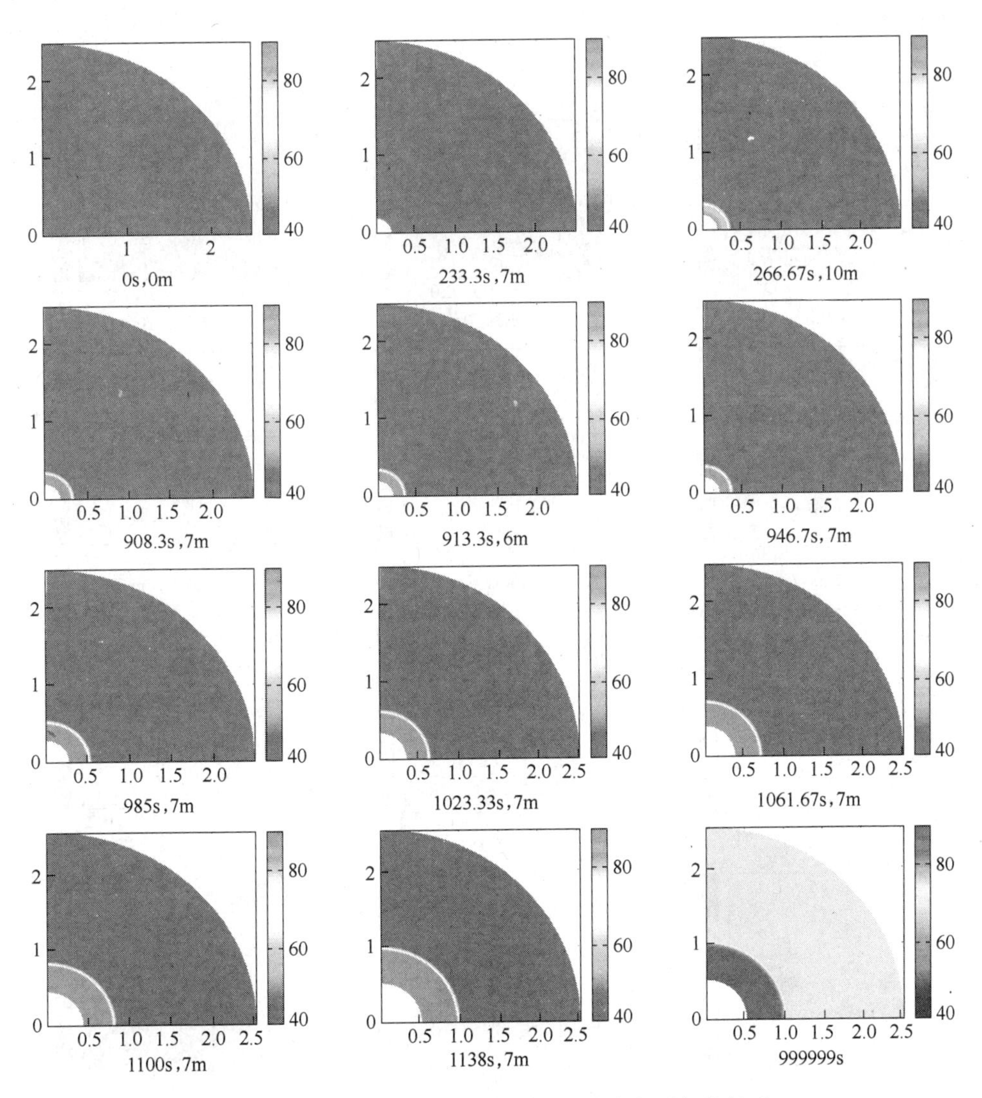

图 4－15　碎石桩周围土体等效相对密度与时间的关系

4.5.3　复合振冲碎石桩数值模拟结果分析

复合振冲碎石桩施工过程模拟结果如图 4－16 和图 4－17 所示，图 4－16 是振冲过程不同时刻的超孔隙水压力变化图，图 4－17 是相对密度变化图。

从图 4－16 中可以看出，与普通碎石桩相比，复合振冲碎石桩的排水井和碎石桩体始终将超孔隙水压力控制的较低，如在碎石桩施工的 $t=908.33$s 时刻，普通碎石桩周围土体的超孔隙水压力明显高于复合碎石桩，在排水井附近的土体孔隙水消散较快，地基土体的加固效果也较显著，当土体固结完成时，超孔隙水压力完全消散。

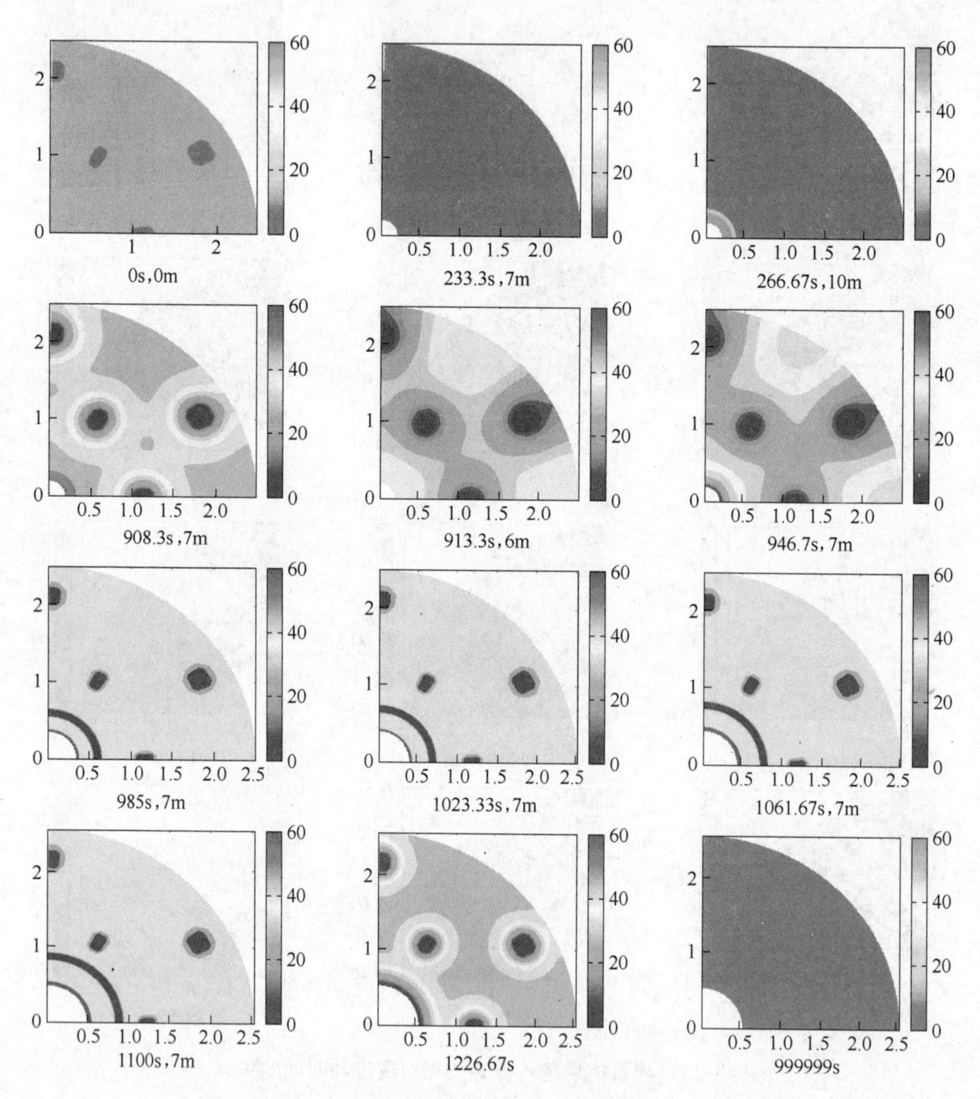

图 4－16　复合振冲碎石桩超孔隙水压力变化图

从图 4－16 和图 4－17 中可以看出，在整个加固区域中碎石桩周围和排水井周围的土体，其等效相对密度都有所提高，并且在距离碎石桩和排水井更远的加固区域，等效相对密度也得到了提高。这说明碎石桩与排水井的结合并不是简单的叠加，而是相互作用，这种相互作用使地基加固效果远远超过了普通碎石桩对地基土体的加固效果。最终当碎石桩施工完成后，排水井和碎石桩继续发挥作

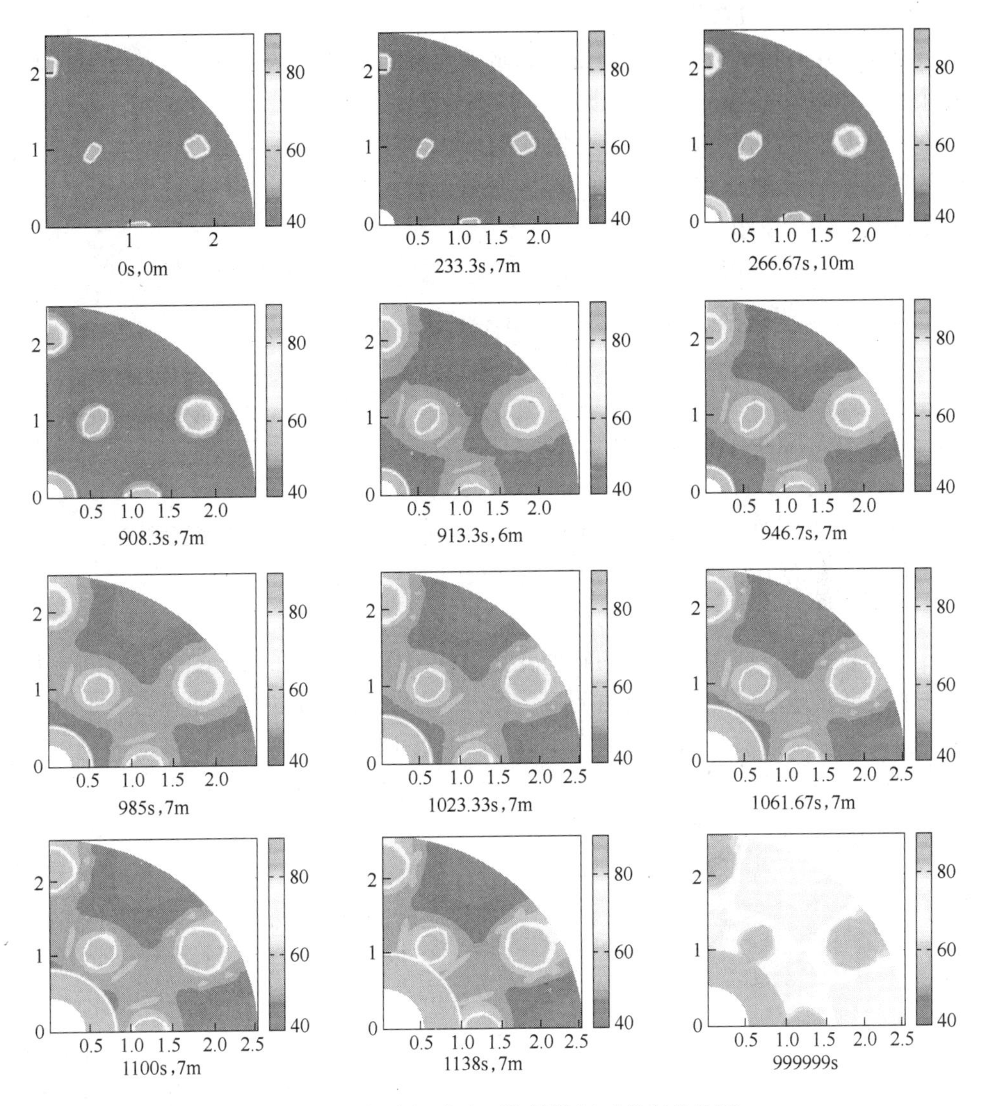

图 4－17　复合振冲碎石桩等效相对密度变化图

用，影响土体的固结，使地基的效果得到极大改善，通过对比图 4－16 和图 4－14中 $t=999999$s 时刻的等效相对密度，即最终固结时的等效相对密度可以看出复合碎石桩的加固效果较普通碎石桩更好。

4.5.4　进一步比较分析与讨论

我们选取整个数值区域等效相对密度及等效孔隙比的平均值和特定点的等效相对密度及等效孔隙比的模拟结果，进一步分析普通碎石桩与复合振冲碎石桩模拟结果的差异。

4.5.4.1 平均加固效果分析

对普通碎石桩和复合碎石桩加固区域所有结点的计算结果进行平均得到平均相对密度和平均孔隙比，分析比较两种加固方法的加固效果，平均相对密度和平均孔隙比随时间变化的曲线如图 4－18 及图 4－19 所示。

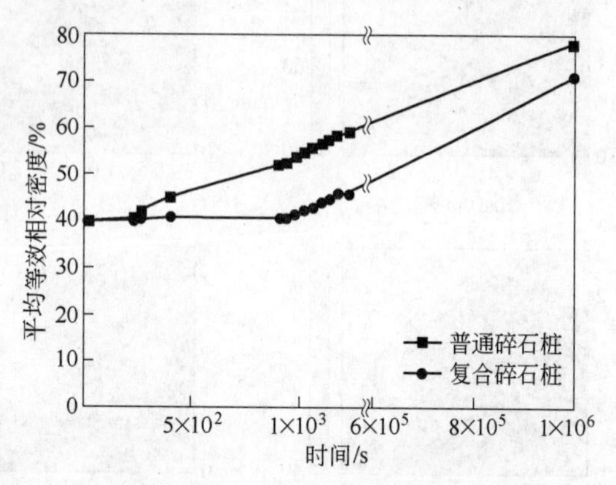

图 4－18 平均等效相对密度对比图

由图 4－18 中可以看出，在普通碎石桩施工的 1500s 之前，由于振冲作用会加速孔隙水通过碎石桩排出，碎石桩周围土体的相对密度增加明显；无振冲作用之后孔隙水的排出速度减慢，土体相对密度的增长开始变缓。而复合振冲碎石桩由于排水井的存在，缩短了孔隙水的渗流长度，加大了土中渗流的推动力，将大量的孔隙水排出，使土体中孔隙水排出的速率更快，即相对密度的斜率变化更快，使地基土在同样的施工时间内相对密度更高，地基的加固效果更明显。此外，施工结束后复合振冲碎石桩地基土继续固结，仍然能够排出较多的孔隙水，保持了相对密度的增加，最终的相对密度也高于普通碎石桩。

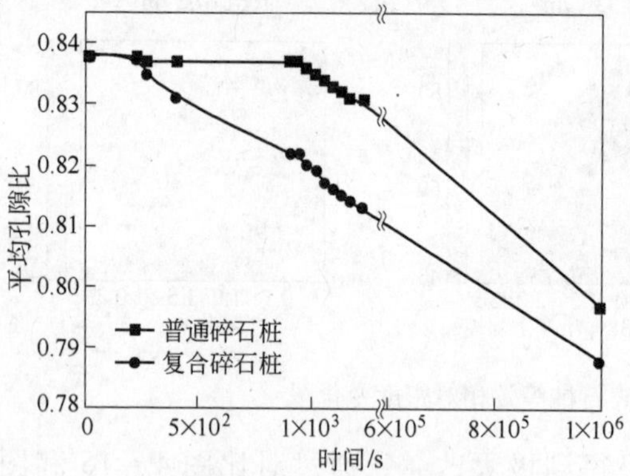

图 4－19 平均孔隙比对比图

孔隙比是土体中孔隙体积与土体颗粒的体积比，也是反映土体密实度的重要指标之一，孔隙比越小，密实度越好，从图 4－19 中可以看出，等效孔隙比的变化规律与等效相对密度相同，在普通碎石桩的施工过程中等效孔隙比下降，但复合碎石桩的下降速率较普通碎石桩更快，且最后达到的最终等效孔隙比也小于普通碎石桩。

4.5.4.2 特定点加固效果分析

为了细致观察土体中某点相对密度以及孔隙比随时间变化的过程，选定了两个特定点，其位置如图 4－12 所示：一个从加固区域中选取，另一个则是选取了边界处的一点。特定点的相对密度以及孔隙比随时间变化的规律如图 4－20 ~ 图 4－23 所示。

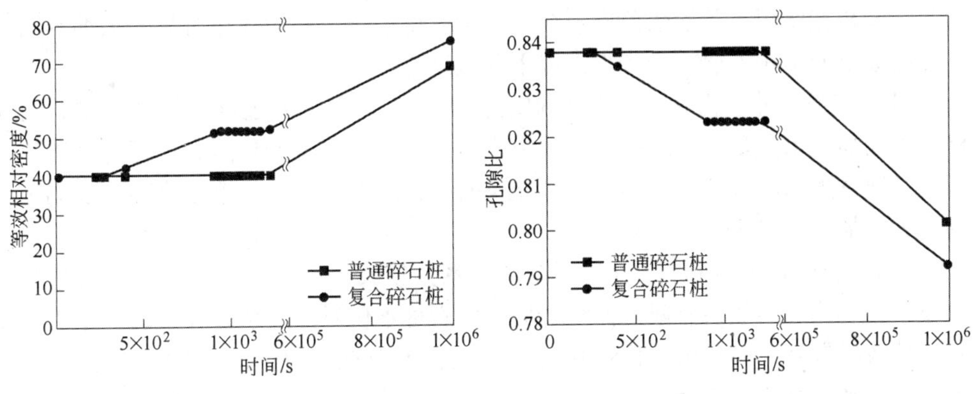

图 4 - 20　特定点 1 等效相对密度对比图

图 4 - 21　特定点 1 孔隙比对比图

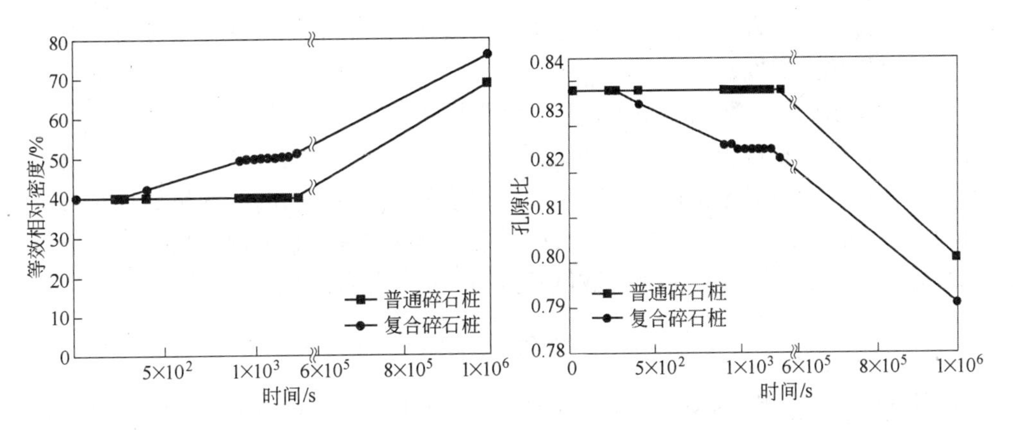

图 4 - 22　特定点 2 等效相对密度对比图

图 4 - 23　特定点 2 孔隙比对比图

图 4 - 20 和图 4 - 21 为特定监测点 1 处数值模拟所得的等效相对密度和等效孔隙比随时间的变化曲线，图 4 - 22 和图 4 - 23 为特定监测点 2 处数值计算所得的等效相对密度和等效孔隙比随时间的变化曲线。从图 4 - 20 和图 4 - 22 可以看出，选择的两个特定点处的等效相对密度变化规律相近，且与图 4 - 18 所示的平均等效相对密度变化规律相似；从图 4 - 21 和图 4 - 23 中可以看出，两个特定点处的等效孔隙比变化规律相近，与图 4 - 19 所示的平均等效孔隙比的变化规律也相近。两方面的数值结果均反映出了复合振冲碎石桩和普通振冲碎石桩加固效果的差别，进一步说明了复合振冲碎石桩由于排水井的存在，其加固效果明显好于普通碎石桩。

4.6　结论和展望

本章对普通振冲碎石桩和复合振冲碎石桩的施工过程以及加固效果进行了数值模拟，采用振动超孔隙水压力产生的能量模型，并考虑了耗散能量和孔径扩张的影响及相互作用，基于数值模拟结果详细讨论了排水井的存在对复合振冲碎石桩加固效果的影响。研究初步得出以下几点结论：

（1）普通振冲碎石桩施工过程中超孔隙水压力主要通过碎石桩体消散，对桩周土加固效果明显，较远处土体孔隙水压力及相对密度变化不大。复合振冲碎石桩则通过附加的排水井和碎石桩体能及时将施工过程中的孔隙水排出，加固范围增大，加固效果更明显。

（2）普通振冲碎石桩一般应用在渗透系数较大的砂土类地基中，对渗透系数较小的土体加固效果有限。而复合振冲碎石桩不仅对渗透系数较大的砂土类地基加固效果较好，而且由于排水井的存在，还可以使其较好地应用在渗透系数较小的粉土和砂质粉土类地基中，使碎石桩加固土体的类型有了扩展。

（3）对于低渗透性地基加固，普通碎石桩的超孔隙水压力和相对密度的变化速率较慢，而复合碎石桩的超孔隙水压力以及相对密度的变化速率较快，能够有效地缩短施工周期。

需要指出的是，数值模拟的过程及结果旨在能够为复合振冲碎石桩施工提供参考，但振冲碎石桩施工过程中超孔压和相对密度的变化都是较为复杂的过程，所以在上述模拟中对施工过程中做了一些理论假设，在进行差分网格划分时，只针对某一平面进行了网格划分，而没有考虑实际问题中竖直方向上超孔隙水压力的变化，进一步的工作还需完善数值模拟的算法，并考虑真实三维情况。

参考文献

[1] Abusharar S W, Han J. Two - dimensional deep - seated slope stability analysis of embankments over stone column - improved soft clay [J]. Engineering Geology, 2011, 120: 103 ~ 110.

[2] 蒋敏敏，肖昭然，蔡正银．高速公路碎石桩复合地基加固数值模拟［J］．岩土工程学报，2011（S2）：475～479.

[3] Gniel J, Bouazza A. Improvement of soft soils using geogrid encased stone columns [J]. Geotextiles and Geomembranes, 2009, 27 (3): 167 ~ 175.

[4] Gniel J, Bouazza A. Construction of geogrid encased stone columns: A new proposal based on laboratory testing [J]. Geotextiles and Geomembranes, 2010, 28 (1): 108 ~ 118.

[5] 申昊，唐晓武，刘洋．碎石桩加固可液化地基分析及其设计参数优化［A］//第十一届全国土力学及岩土工程学术会议论文集［C］．中国甘肃兰州：2011.

[6] 张艳美，张鸿儒．碎石桩设计参数对复合地基抗液化性能的影响［J］．岩土力学，2008，29（5）：177～181，190.

[7] Castro J, Karstunen M. Numerical simulations of stone column installation. Can Geotech, 2010, 47: 1127 ~ 1138.

[8] 卢萌盟，谢康和，王玉林，等．碎石桩复合地基非线性固结解析解［J］．岩土力学，2010，31（6）：1833～1840.

[9] 高子坤，施建勇．饱和黏土中单桩桩周土空间轴对称固结解［J］．岩土力学，2008，29

(4)：979 ~ 982，988.

[10] 傅少君，王曼．振冲碎石桩地基有限元分析的复合模型研究［J］．岩土力学，2008，29 (2)：375 ~ 380.

[11] Bouckovalas G D，Papadimitriou A G，Niarchos D G，et al. Sand fabric evolution effects on drain design for liquefaction mitigation［J］. Soil Dynamics and Earthquake Engineering，2011，31 (10)：1426 ~ 1439.

[12] Castro J，Sagaseta C. Consolidation and deformation around stone columns：Numerical evaluation of analytical solutions［J］. Computers and Geotechnics，2011，38 (3)：354 ~ 362.

[13] Halabian A M，Naeemifar I，Hamid Hashemolhosseini S. Numerical analysis of vertically loaded rammed aggregate piers and pier groups under dynamic loading［J］. Soil Dynamics and Earthquake Engineering，2012，38 (10)：58 ~ 71.

[14] 吴世明．土动力学［M］．北京：中国建筑工业出版社，2000.

[15] Seed H B，Martin P P，Lystner J. The generation and dissipation of pore water pressures during soil liquefaction［R］. Berkclcy，USA：Earthquake Engineering Research Center，University of California，1975.

[16] Finn W D L，Lee K W，Martin G R. An effective stress model for liquefaction［J］. J Geotech Engng Div，1977，103 (GT6)：517 ~ 533.

[17] 徐志英，沈珠江．地震液化的有效应力二维动力分析方法［J］．华东水利学院学报，1981，(3)：1 ~ 14.

[18] Martin G R，Finn W D L，Seed H B. Fundamentals of liquefaction under cyclic loading［J］. J Geotech Engng Div，1975，101 (GT5)：423 ~ 438.

[19] Ishihara K，Tatsuoka，Yasuda S. Undrained deformation and liquefaction of sand under cyclic stress［J］. Soils and Foundations，1975，15 (1)：29 ~ 44.

[20] Finn W D L，Bhatia S K. Endochronic theory of sand liquefaction. In：Proc 7th World Conf on Earthquake Engng，Istanbul，Turkey，1980.

[21] 谢定义，张建民．往返荷载下饱和砂土强度形变瞬态变化的机理［J］．土木工程学报，1987，20 (3)：387 ~ 391.

[22] Youd T L. Densification and shear of sand during vibration［J］. Journal of the Soil Mechanics and Foundations Division，1970，96 (3)：863 ~ 880.

[23] Nasser S N，Shokooh A. A unified approach to densification and liquefaction of conhesionless sand in cyclic shearing［J］. Can Geotech J，1979，16：659 ~ 678.

[24] Davis R O，Berrill J B. Energy dissipation and seismic liquefaction in sands：revised model［J］. Soils and Foundations，1985，25 (2)：106 ~ 118.

[25] Law K J，Cao Y L，He G N. An energy approach for assessing seismic liquefaction potential［J］. Canadian Geotechnical Journal，1990，27 (3)：320 ~ 329.

[26] Oda N，Nemat S. Energy dissipation in inelastic flow of saturated cohesionless granular media［J］. Geotechnique，1994，44 (1)：1 ~ 19.

[27] 何广讷．评价土体液化势的能量法［J］．岩土工程学报，1981，(4)：11 ~ 21.

[28] 曹亚林，何广讷，林皋．土中振动孔隙水压力升长程度的能量分析法［J］．大连理工

大学学报，1987，26（3）：83～89.

［29］何广讷．估判场地液化势的实用能量法［J］．西部探矿工程，1994，(2)：45～47.

［30］Dowding C H，Dowding C H. Construction vibrations［M］. Upper Saddle River，NJ：Prentice Hall，1996.

［31］Woods R D，Jedele L P. Energy－attenuation relationships from construction vibrations［C］：Vibration problems in geotechnical engineering. ASCE，1985：229～246.

［32］Houlsby G T，Withers N J. Analysis of the cone pressuremeter test in clay［J］. Geotechnique，1988，38（4）：575～587.

［33］Seed H B，Martin P P，Lysmer J. The generation and dissipation of pore water pressures during soil liquefaction［M］. College of Engineering，University of California，1975.

［34］Shenthan T. Factors affecting liquefaction mitigation in silty soils using stone columns［D］. Buffalo：State University of New York，2001.

［35］Thevanayagam，S. Mohan. Intergranular state variables and stress－strain behaviour of silty sand［J］. Geotechnique，2000，50（1）：1～23.

5 强夯加排水地基处理的数值模拟

强夯加排水地基处理方法是近年来发展的一种地基处理技术，尤其在吹填土地基处理方面得到了广泛应用。本章根据强夯能量耗散分析与土体密实机理，基于冲击荷载作用下孔隙水压力的发展模式，建立了强夯加排水地基处理的数值分析模型，并采用有限差分法进行了求解。采用编写的数值程序分析了强夯过程中超孔隙水压力的发展变化过程与土体密实效果，以及土体渗透系数、单击时间间隔以及砂井间距等对加固效果的影响，讨论了“重锤少夯”和“轻锤多夯”的差异。数值模拟结果显示，建立的数值模型可以模拟强夯加排水地基处理的施工过程，较好地反映强夯过程中超孔隙水压力的发展变化规律和加固效果。研究表明排水措施的设置有利于超孔隙水压力消散和加固深部土体，进而提高土体加固效果和缩短工期。

5.1 强夯法及加固原理

5.1.1 强夯法概述

强夯法处理地基由法国 L. Menard 技术公司在 1969 年首创，这种方法是使用吊升设备将很重的锤（一般为 8 ~ 40t）起吊至较大高度（一般为 8 ~ 40m）后使其自由落下，产生巨大的冲击能量（一般为 1100 ~ 4000kJ，最大可达 8000kJ）作用于地基，给地基以冲击和振动，从而在一定范围内使地基的强度提高，压缩性降低，改善地基的受力性能。近几年来，有人采用在夯坑内回填块石、碎石或其他粗颗粒材料，强行夯入并排开软土，最终形成砂石墩与软土的复合地基，称之为强夯置换。

国外关于强夯法的适用范围，有比较一致的看法。Smoltczyk[1] 在第八届欧洲土力学及基础工程学术会议上的深层加固总报告中指出，强夯法只适用于塑性指数 $I_p \leqslant 10$ 的土体。

在强夯法加固机理研究方面，针对 Terzaghi 静力固结模型与强夯的工程实际不一致的地方，Menard 提出了动力固结模型。模型将土体假设为新的弹簧活塞模型。Menard 动力固结模型与 Terzaghi 静力固结模型主要区别在下文强夯法加固原理中详细介绍，此处不再赘述[2]。

强夯地基处理中的施工设计、适宜性评价及最优现场运行参数的确定，主要依靠现场试验测试、过去的经验公式以及有关各种土类的影响给出。Lukas[3] 提出了根据重锤能量确定有效加固深度的估算式 $d_{max}=n\sqrt{WH}$，其中 W 为夯锤重量，H 为夯击高度。此外，由于 n 是基于经验的参数，针对 n 不同取值，Menard 和 Broise 等也做了一定研究[4]。

在第十届国际土力学和基础工程会议上，美国 Mitchell 教授在地基处理的科技发展水平报告中提到："强夯法目前已发展到地基土的大面积加固，深度可达 30m。当应用于非饱和土时，压密过程基本上同实验室中击实试验相同。在饱和无黏性土的情况下，可能会产生液化，其压密过程同爆破和振动密实的过程相同。这种加固方法对饱和细颗粒土的效果，成功和失败的工程实例均有报道。对于这类土需要破坏土的结构，产生超静孔隙水压力，以及通过裂隙形成排水通道进行加固。而强夯法对加固杂填土特别有效。"

虽然强夯（动力固结）已广泛地用于工程实践，但其理论研究一直落后于工程实践[5]，通常认为动力固结的过程为：

（1）夯锤冲击地面，能量以地震波的形式向外传播。文献［6~11］对这一问题进行了研究，建立了能量传播的分配关系与衰减方程。

（2）能量衰减引起孔隙水压力上升。文献［12~15］研究了这一过程，建立了能量衰减与孔隙水压力的关系式。

（3）孔隙水压力消散、土体固结。这一过程可由数值方法求得土体中各点各时刻的超孔隙水压力，用于评价动力固结对土体的加固效果[16,17]。

近年来，针对低渗透系数的吹填土，为了加速超孔隙水压力的排出、缩短工期，强夯加排水的地基处理方法被越来越多地应用于工程实践。传统强夯方式和设置排水板方式如图 5－1、图 5－2 所示。排水可以采用排水板、砂井或者真空降水等多种措施。本章即针对这种地基处理方法，建立强夯加排水的有限差分数值模型，模拟上述施工过程，讨论了排水措施的设置对地基处理效果的影响，并与工程实例进行了对比分析。

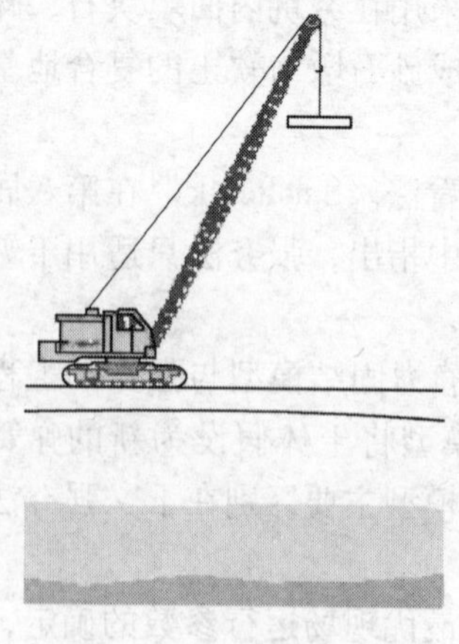

图 5－1 传统强夯方式

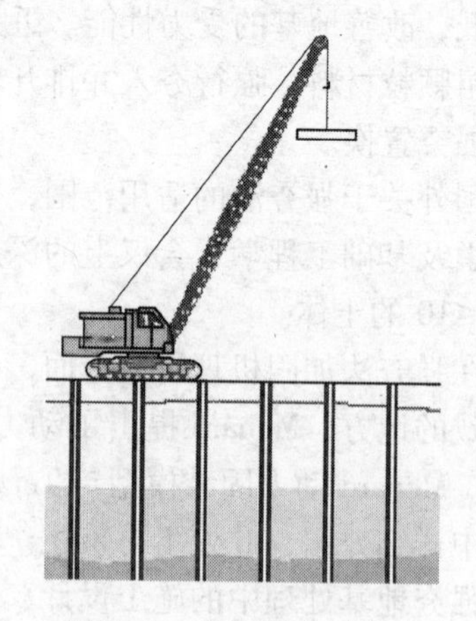

图 5－2 设置排水板方式

5.1.2 弹性半空间中的波体系

由冲击引起的振动，在土中是以振动波的形式沿地表和向地下传播。这种振动波可分为体波和面波两大类。体波包括压缩波和剪切波，可在土体内部传播；而面波如瑞利波、乐甫波，只能在地表土层中传播。

如果将地基视为弹性半空间体，则夯锤自由下落过程，也就是势能转换成动能的过程。随着夯锤下落势能越来越小，动能越来越大，在落到地面以前的瞬间，势能的绝大部分都转换成动能。夯锤夯击地面时，这部分动能除一部分以声波形式向四周传播，一部分由于夯锤和土体摩擦而变成热能外，其余的大部分冲击动能使土体产生自由振动，并以压缩波（亦称纵波，P 波）、剪切波（横波、S 波）和瑞利波（表面波、R 波）的波体系联合在地基内传播，在地基中产生一个波场。

根据波的传播特性，约三分之一的能量由剪切波和压缩波携带向地下传播，当这部分能量释放在需加固的土层时，土体就得到压密加固。也就是说压缩波大部分通过液相运动，逐渐使孔隙水压力增加，使土体骨架解体，而随后到达的剪切波使解体的土颗粒处于更密实的状态。

用强夯法加固的地基土通常是由数层性质不同的土层组成的，土层中的空隙又被空气、水或其他液体所充填。地下水的存在更使地基土具有成层性。当波在成层地基的一个弹性介质中传播而又遇到另一个弹性介质的分界面时，入射波能量的一部分将反射回到另一个弹性介质，另一部分能量则传递到第二个介质。当反射波回到地表面又被重锤挡住再次被反射进土体，遇到分层面时又一次反射回地面，因此在一个很短的时间内，波被多次上下反射，这就意味着夯击能的损失，因此在相同夯击能的情况下，单一均质土层的加固效果要比多层非均质土的加固效果好。另外多次反射波会使地面某一深度内已被夯实的土层变松。

5.1.3 强夯法加固土体的原理

5.1.3.1 强夯法加固非饱和土的原理

采用强夯法加固多孔隙、粗颗粒、非饱和土是基于动力压密的概念，即用冲击性动力荷载使土体中的孔隙体积减小，土体变得密实，从而提高强度。在土体形成的漫长历史年代中，由于各种非常复杂的风化过程，各种土颗粒的表面通常包裹着一层矿物和有机物的多种新化合物或胶体物质的凝胶，使土颗粒形成一定大小的团粒，这种团粒具有相对的水稳定性和一定的强度。土颗粒周围的孔隙被空气和液体（例如水）所充满。

土体是由固相、液相和气相三部分组成，在压缩波能的作用下，土颗粒互相靠拢，因为气相的压缩性比固相和液相的压缩性大得多，所以气体部分首先被排出，颗粒进行重新排列，由天然的紊乱状态进入稳定状态，孔隙大大减小。就是这种体积变化和塑性变化使土体在外荷作用下达到新的稳定状态。当然，在波动能量作用下，土颗粒和其间的液体也可能受力变形，但这些变形相对土颗粒间的移动、孔隙减少来说是较小的。因此可以认为，对非饱和土的夯实变形主要是由于土颗粒的相对位移而引起。因此也可以说，非饱和土的夯实过程，就是土中的气相被挤出的过程。

以均匀河砂为例，假定它们是一堆纯圆球体，并且可将它们的模型进一步简化为一堆具有同样大小尺寸的圆球体，每个球体互相接触，而且不存在因缺少球体而造成的大孔隙，也就是说，这堆球体在统计上可以看作是均质的，相同圆球体所形成的立方体式堆积。每个圆球均与六个相邻的圆球相接触，这是相同圆球体中最松散的排列方式。此时的孔隙比可以通过分析一个立方体单元而得到：立方体的体积是 $8r^3$，内切球的体积是$\frac{4}{3}\pi r^3$，因此孔隙比为：

$$e_1 = \frac{8r^3 - \frac{4}{3}\pi r^3}{\frac{4}{3}\pi r^3} = 0.91 \tag{5-1}$$

这样一种排列的球体单元受到强夯冲击后，由于压缩波的传播速度最大，所以到达该处的时间最早，便摇动土粒骨架在垂直方向相互靠拢；随后到达的剪切波则以很大的能量使各球体左右摇动而达到紧密状态。例如，使第二层的每一个球体移动到底层四个球之间所形成的下凹处，同样也使第三层的每个球体移动到第二层每四个球体之间，其余亦然，结果就变成金字塔形堆积。这种堆积的孔隙比可以这样计算：切取一个正方体单元，其边长为$\frac{4}{\sqrt{2}}r$，则其体积为$\frac{32}{\sqrt{2}}r^3$，在这个立方体单元中有 6 个半球和 8 个 1/8 球体，每个球体的体积为$\frac{4}{3}\pi r^3$，所以孔隙比为：

$$e_2 = \frac{\frac{32}{\sqrt{2}}r^3 - 4\left(\frac{4}{3}\pi r^3\right)}{4\left(\frac{4}{3}\pi r^3\right)} = 0.35 \tag{5-2}$$

土颗粒两种不同排列方式所产生的单位厚度沉降量为：

$$\Delta = \frac{e_1 - e_2}{1 + e_1} = \frac{0.91 - 0.35}{1 + 0.91} = 0.293 \tag{5-3}$$

即厚度可能减少 29.3%。

这个例子可以说明，由于夯击振动使土颗粒重新排列，就可能使孔隙比发生很大的变化，产生显著的沉降。当然实际地基要比理想的球体复杂得多，强夯之后也不能有如此大的沉降，但从理论上可以看到强夯法加固非饱和土的效果是明显的。在实际强夯工程可以观测到：

（1）在冲击动能的作用下，地面会立即产生沉陷。非饱和土一般夯击一遍后，其夯坑深度可达0.6~1.0m，夯坑底部形成一层超压密硬壳层，厚度可达夯坑直径的1.0~1.5倍，承载力可比夯前提高2~3倍。

（2）非饱和土在中等夯能量1000~2000kN·m的作用下，主要是产生冲切变形，在加固深度范围内气相体积大大减少，最大可减少60%，加固土体的范围呈长梨状。

根据国内外试验资料，由于巨大的冲击力远超过土的强度使土体产生冲击破坏，土体产生较大的瞬时沉降，锤底土形成土塞向下运动，因锤底下的土中压力超过土的强度，土结构破坏，使土软化，侧压力系数增大，侧压力增大，土不仅被竖向压密而且被侧向挤密，这一主压实区就是土的破坏压实区。这一区的土应力 σ（动应力加自重应力）超过土的极限强度 σ_f，土被破坏后压实。由于土被破坏，侧挤作用加大，因此水平向加固区宽度也大，故加固区不同与静载土中应力椭圆形分布变为水平宽度大的苹果型。在该区外为次压实区，该区土压力小于土的极限强度 σ_f，而大于土的弹性极限 σ_1，该区土可能被破坏，但未被充分压实，或仅被破坏而未被压实，测试中可表现为夯前比干密度有小量增长或不增长。应力远大于原来土的自重应力，坑底土在向侧向挤出时，坑侧土在侧向分力作用下将隆起，形成被动破坏区。夯坑越深，土固化内聚力越大，则被动土压力越大，土不易破坏隆起，反之易隆起。

5.1.3.2 强夯法加固饱和土的机理

理论上的饱和土可以被认为其土颗粒的周围为液体（例如水）所充填，但不能看成是土颗粒与水的机械结合体。饱和土的性质取决于固相和液相的特性、它们的含量以及相互作用的结果。

A 土颗粒

土中的矿物成分对土的物理力学性质影响很大，如盐类可使土粒的胶结增强，压缩性减小；有机质又会使土的力学性质变坏，压缩性增加。

B 土中水

土中水可以有不同的存在状态，如固态的冰，气态的水蒸气，液态的水，还有矿物颗粒晶格中的结晶水。饱和土中的液态水有机地参加到土的结构中去，对土的性能影响很大，它是决定土的物理和力学性质的基本因素。而且土的性质不仅取决于水的绝对含量，还和水的形态和结构有密切的关系。水的性质又随着其与土颗粒表面的距离而急剧发生变化。土中的水按其结构形态可以分成以下三类：结合水、毛细管水、自由水。其中结合水又可分为强结合水（吸附水）和弱结合水（扩散层水）。

C 饱和土中的气体

一般饱和土应是仅有水和土颗粒的两相物质，但深入研究表明，由于毛细水的影响，在土颗粒的某些部位能形成密闭气体，由于密闭气体的存在大大降低了饱和土体的渗透性，使自由水的移动受到很大的阻力。另外在土的液相（水）中常存在一些溶解气体，如二氧化碳、氧气、甲烷、沼气等，其溶解度取决于温度、压力以及气体的物理化学特性等。当温度、压力增高时，它们可以从水中释放出来，形成小气泡，具有相当大的比表面积和活性，能集结成大气泡而从地表逸出。

D 饱和土加固机理

饱和土是二相土，土由固体颗粒及液体（通常为水）组成。传统的饱和土固结理论为 Terzaghi 固结理论，这一理论假定水和土粒本身是不可压缩的。如当应力为 100～600kPa 时，土颗粒体积变化不足土体体积变化的 1/400，故忽略土粒与水的压缩，认为固结是孔隙体积缩小及孔隙水的排除引起的。饱和土在冲击荷载作用下，水不能及时排除，故土体积不变而只发生侧向变形，因此夯击时饱和土造成侧面隆起，重夯时形成橡皮土。不同于 Terzaghi 的静力固结模型，Menard 根据强夯的实践认为，饱和二相土实际并非二相土，二相土的液体中存在一些封闭气泡，约占土体总体积 1%～3%，在夯击时，这部分气体可压缩，因而土体积也可压缩。气体体积缩小的压力就符合波义耳—马略特定律。这一压力增量与孔隙水压力增量一致，因此冲击使土结构破坏，土体积缩小，液体中气泡被压缩，孔隙水压力增加。孔隙水渗流排出，水压减小，气泡膨胀，土体又可以二次夯击压缩。夯击使土结构破坏，孔压增加，这时土产生液化及触变，孔压消散，土触变恢复，强度增长。

Menard 动力固结模型的特点包括：

（1）有摩擦的活塞：夯击土被压缩后含有空气的孔隙水具有滞后现象，气相体积不能立即膨胀，也就是夯坑较深的压密土被外围土约束而不能膨胀，这一特征用有摩擦的活塞表示。而重夯时压密土很浅，侧向不能约束加固土，土发生侧向隆胀，气相立即恢复，不能形成孔压，土不能压密。

（2）液体可压缩：由于土体中有机物的分解及土毛细管弯曲影响，土中总有微小气泡，其体积约为土体总体积的 1%～3%，这是强夯时土体产生瞬间压密变形的条件。

（3）不定比弹簧：夯击时的土体结构被破坏，土粒周围的弱结合水由于振动和温度影响，定向排列被打乱及束缚作用降低，弱结合水变为自由水，随孔隙水压力降低，结构恢复，强度增加，因此弹簧刚度是可变的。

（4）变孔径排水活塞：夯击能以波的形式传播，同时夯锤下土体压缩，产生对外围土的挤压作用，使土中应力场重新分布，土中某点拉应力大于土的抗拉强度时出现裂缝，形成树枝状的排水网络。Terzaghi 静力固结模型与 Menard 动力固结模型的对比见表 5 - 1。

表 5 - 1 Terzaghi 静力固结模型与 Menard 动力固结模型的对比

Terzaghi 静力固结理论	Menard 动力固结理论
不可压缩的液体	含有少量气泡的可压缩液体
固结时液体排出所通过的小孔，其孔径是不变的	固结时液体排出所通过的小孔，其孔径是变化的
弹簧刚度是常数	弹簧刚度为变数
活塞无摩擦力	活塞有摩擦力

（5）Godecke 实验结果。Menard 饱和土的动力固结机理与 Terzaghi 传统固结机理虽不同，但它仍需使超静孔隙水压力消散，孔隙水排除，饱和土夯击过程中土应力的变化及土体渗透系数的变化可用上述观点及 Godecke 的实验结果证实。Godecke 在室内模拟饱和沙土的强夯试验，所用锤为直径 15cm，高 20cm 的钢筋，冲击试样的中心，并测定冲击过程中每一击的垂直、水平向土的总应力 σ 和孔隙水应力 u。

由于锤击力不变，竖向应力 σ_z 的实测值是不变的，而水平应力 σ_h 不断增大，使土体中增大一水平拉应力，此拉应力在试验中夯 20 次时最大，表明土结构破坏，水平侧压力加大，即侧压力系数增大，最终增为 1。孔隙水压力 u 是不断增大的圆，有效应力为 σ'，其值为 $\sigma' = \sigma - (u + \Delta u)$。

强夯时的有效应力变化十分显著。竖直总应力 σ_z 不变，但由于孔隙水压力增大，有效应力 σ'_z减小；水平总应力 σ_h 不断增大，孔隙水应力也增大，故水平有效应力 σ'_h先增大后减小，夯 20 次后，水平有效应力 σ'_h大于竖直有效应力 σ'_z，大小主应力 σ'转了 90°。为了研究破坏条件，应用摩尔应力圆，不同固结土样的三轴试验测得摩尔包络线的 φ 为 37°。同一种土做冲击试验的前后的有效应力变化为：

夯击前：

$$\sigma'_{z前} = \gamma' h = 20\text{N/dm}^2, \quad \sigma'_{h前} = 24\% \sigma'_z = 4.8\text{N/dm}^2 \tag{5-4}$$

夯击后：

$$\sigma'_{z后} = \sigma'_{z前} - u = 20 - 19.2 = 0.8\text{N/dm}^2, \quad \sigma'_{h后} = 2.9\text{N/dm}^2 \tag{5-5}$$

它表明随着冲击荷载增加，有效竖向应力从初始值 20N/dm^2 下降到 0.8N/dm^2，是初始值的 4%，而对应的有效水平应力仅下降到 2.9N/dm^2，是起始值的 60.4%，夯击后的有效应力摩尔破裂圆的大小主应力转了 90°。上述实验表明竖直向总应力不变，水平向总应力增加，超静孔隙水压力增加，竖直有效压力减小，水平有效应力增加。

此处所说的孔隙水压力与地震时的沙土液化产生的水压力不尽相同。实践中测定强夯时饱和土的超静孔隙水压多达不到上覆土的自重应力，而且此孔隙水压力产生的机理与地震时土液化产生孔隙水压力的机理不同。地震中松砂受剪切应力波，颗粒落入新的平衡位置，在瞬间脱离接触，粒间应力减小，粒间应力转化为孔隙水压力谓之液化。此时土体体积并未减小，需孔隙水排除，体积方减小。而强夯时，锤底下一定范围的土受到挤压，土体积减小，土被挤密重新排列，粗粒土嵌入细粒土并产生定向排列。此过程土粒并不脱离接触，甚至更靠近，仍可具有粒间应力。孔隙水压力的产生是土体积被压缩，压缩的极限为主压实区土体液体中被压缩的空气体积，它应与夯击挤入主压实区的土体体积减去此土体气体体积后的体积相等。若夯击期间压实区土渗透性大，则压缩体积应加上夯击时排走水的体积。

(6) 动应力加速饱和土的排水。重锤反复作用于土面，在地基中产生很大的应力。测压传感器系分别垂直和水平埋在地基中，记录了每夯击一次后地基中产生的应力 σ，也就是由土粒骨架和孔隙水传递给测压传感器的总应力 σ 变化情况。纵坐标表示垂直应力实测值，横坐标表示水平应力的实测值，由于每击的能量相同，所以垂直应力是不变的，水平应力则是逐渐增大。也是说，在夯击动能作用下，土中产生了一个逐渐增大的水平拉应力，一般夯击 20 次后，这种水平拉应力达到最大。

充满水的孔隙中的应力状态是各向同性的，在同一时刻的垂直孔隙水压力和水平孔隙水压力是一样大的。在强力夯实过程中有效应力的变化十分显著，而且主要是垂直应力的变化。因为垂直向的总应力保持不变，而超孔隙水压力逐渐增大使垂直应力减小，因此这种应力变化的结果在地基中产生很大的水平拉应力。这种应力梯度就使土体在垂直方向上产生大量微裂隙，大大增加了孔隙水排出的通道，使饱和细粒土体的渗透数增大，于是使具有很高压力的孔隙水能沿这些通道顺利逸出，加速饱和土体的固结。当土中的超孔隙水压力很快消散，水平拉应力小于土颗粒周围压力时，这些微裂隙又复闭合，土体的渗透性又恢复如前。

(7) 土中气体的释放。如前所述，由于饱和土中仍含有 1% ~3% 的封闭气体和溶解在液相中的气体，当落锤反复夯击土层表面时，在地基中产生极大的冲击能，形成很大的动应力，同时在重锤下落过程中会和夯坑土壁发生摩擦，土颗粒在移动过程中也会摩擦生热，即部分冲击能转化成热能，这些热量传入饱和土中后，就会使封闭气泡移动，而且加速可溶性气体从水中释放出来。由于饱和土体中的气相体积增加，并吸收夯击动能后具有较大的活性，这些气体就能从土面逸出，使土体积进一步减少，并且又可减少孔隙水移动时的阻力，增大了土体的渗透性能，加速土体固结。

(8) 饱和土的可压缩性。对于理论上的二相饱和土，由于水和土颗粒本身的压缩性都很小，因此当土中水未排出时，可以认为饱和土是不可压缩的。但对于含有微量气体的水则不然。经计算，含气量为1%的水的压缩系数比无气水的压缩系数要大200倍左右，即水的压缩性要增大200倍。因此，含有少量气体的饱和土是具有一定的可压缩性的。

（9）饱和土的局部液化。在夯锤反复作用下，饱和土中将引起很大的超孔隙水压力，随着夯击次数的增加，超孔隙水压力也不断提高，致使土中有效应力减少。当土中某点的超孔隙水压力等于上覆的土压力（对于饱和粉细砂土）或等于上覆土压力加上土的内聚力（对于轻亚黏土和亚黏土）时，土中的有效应力完全消失，土的抗剪强度降为零，土颗粒将处于悬浮状态——达到局部液化。此时由于土体骨架联结完全被破坏，土体强度降到最低，使饱和土体中水流阻力也大大降低，即土体的渗透系数大大增加。而处于很大的水力梯度作用下的孔隙水，就能沿着土中已经由夯击而产生的裂缝面或者击穿土体中的薄弱面迅速排出，超孔隙水压力比较快地消散，加速了饱和土体的固结，遂使土体的抗剪强度和变形模量均有明显的增加[18~22]。

5.2 强夯法能量耗散分析与密实机理

动力固结主要过程为：夯锤夯击土体引起土体孔隙水压力上升，局部发生液化。在两次夯击的间隔，孔隙水压力消散，土体固结。最后土体达到需求的强度和孔隙比，即土体加固完成。

5.2.1 强夯法能量耗散分析

夯击土壤表面引发饱和土体沉降，产生的能量传递是一个复杂的问题。现场所做的动力固结试验表明，强夯过程中夯锤自由下落所带的高能量引起低频地面振动，频率通常在2~20Hz之间。引发的地面振动以体波（压缩波和剪切波）和表面波（瑞利波）的形式从冲击区向外传播。以上三种波携带的能量和在由冲击区向外传播时衰减的能量同波速、土体衰减特性、土体表面轮廓及夯锤特性有关。单位体积土体中消散的能量、与其相关的孔隙水压力和土体中各点的密实度的求解需要三种波之间合理、准确的量化的能量分布，以及它们的空间衰减关系。由不均匀应力场、依赖于土体性质的应力和密度、应力场变化、孔隙水压力和冲击产生瞬时沉降引发的问题比较复杂。这里用到的衰减模型建立在弹性半空间里的能源分配模型以及现场观测的基础上。此能量关系常用于估算超孔隙水压力，以及固结完成、土体密度变化后的评估。

大量关于人工地震波和运动消散的研究正在进行中，材料减振是由迟滞阻尼和内部土颗粒滑动造成能量损失引起的。损失的能量取决于荷载的频率、土壤种类、应力条件和应变水平。现场试验指出，表面波的衰减取决于如下材料阻尼：

$$a = a_1 \cdot e^{-\alpha(r - r_1)} \qquad (5-6)$$

式中 a——距振源距离 r 的点的振幅，m；

a_1——距振源距离 r_1 的点的振幅，m；

α——取决于材料阻尼的衰减系数。

考虑到能量是相关于振幅的平方，对应的公式修改为：

$$E = E_1 \cdot e^{-2\alpha(r-r_1)} \tag{5-7}$$

式中 E——距振源距离 r 的点所含能量，J；

E_1——距振源距离 r_1 的点所含能量，J。

弹性半空间模型如图 5-3 所示。

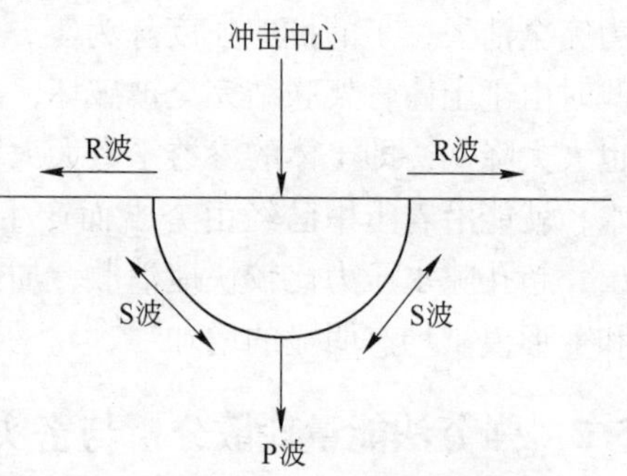

图 5-3 弹性半空间模型

基于强夯、振冲等地基处理手段的现场测量结果，Miller 分析[8]了作用在泊松比 $\nu=0.25$ 的弹性半空间表面上的垂直方向谐荷载的影响，这一点荷载被理想化为半径为 r_0 的弹性小圆盘的表面上的垂直方向上的大应力。通过以相对较少的剪切波、压缩波的形式和以瑞利波的形式向外辐射的能量可算出，分别占 26%、7% 和 67%。Meek[9] 也分析了上述问题，他认为作用在半径为 r_0 的弹性圆盘上的垂直均布应力引起的三种能量分布可通过不同的频率参数 a_0 求出（$a_0=\omega r_0/c_s$，其中 ω 为角频率，单位为 Hz；c_s 为剪切波波速，单位为 m/s）。在 5~25Hz 的低频振动下，对应于动力固结时采用的冲击重量以及土壤中剪切波的速度，a_0 的取值通常小于 1。瑞利波携带的能量占冲击能的 2/3，体波占冲击能的 1/3。

考虑到半径为 r_0 的圆盘上由于动力固结引起的冲击，上述能量分配和衰减关系可用于确定对应于任意点（r，z）的能量。其中 r 和 z 分别为对应点距冲击中心的轴向坐标和纵向坐标（图 5-4）。假设从地面散播的能量在沿瑞利波表面半径为 r_1 的圆柱体，以及沿体波表面半径 R_1 的球体范围内没有损失，设半径为

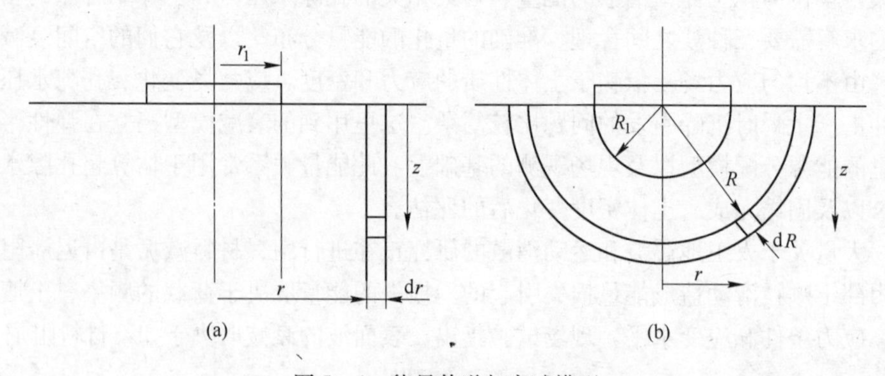

图 5-4 能量传递与衰减模型

r 的圆柱面上瑞利波所含有的总能量为 $TE_R(r)$，半径为 $R(R=\sqrt{r^2+z^2})$ 的半球面上体波含有的总能量为 $TE_R(R)$，则有：

$$TE_R(r) = 0.67WH\mathrm{e}^{-2\alpha(r-r_1)} \tag{5-8}$$

$$TE_B(R) = 0.33WH\mathrm{e}^{-2\alpha(R-R_1)} \tag{5-9}$$

式中 WH——夯击能量，J；

W——夯锤重量，N；

H——夯击高度，m；

α——材料阻尼的衰减系数。

就辐射阻尼而言，假设体波所含的能量均匀分布在波的前半球面，而瑞利波所含的能量沿圆柱面径向传播，同时假设能量随深度增加而衰减的关系是 Richart 提出的解析解。在深度 z 方向上的振幅与表面振幅以 z/L_R 的函数形式归一（以下记作 $f(z/L_R)$），且此函数与泊松比有关。其中 L_R 为瑞利波的波长，瑞利波的振幅比在 $1.6L_R$ 的深度将以 10% 的比例迅速衰减。

在半径 r 处瑞利波含有的总能量 $TE_R(r)$ 是半径为 r 的圆柱面上的各点（r，z_i）所含能量的总和。因能量相关于振幅的平方，圆柱面上半径为 r 处每单位厚度含有的能量 $E_R(r,z)$ 与 $E_R(r,0)$ 相关，其比例为 $f^2(z/L_R)$：

$$TE_R(r) = \int_0^{\infty} E_R(r,z)\,\mathrm{d}z = \int_0^{\infty} f^2\left(\frac{z}{L_R}\right)E_R(r,0)\,\mathrm{d}z \tag{5-10}$$

$$E_R(r,z) = \frac{f^2\left(\frac{z}{L_R}\right)TE_R(r)}{\int_0^{\infty} f^2\left(\frac{z}{L_R}\right)\mathrm{d}z} = F\cdot TE_R(r) \tag{5-11}$$

式中 F——z 和 L_R 的函数。

瑞利波引起的单位体积土体内损失的能量 w_R 由以下公式计算：

$$w_R = \frac{E_R(r,z) - E_R(r+\mathrm{d}r,z)}{\pi[(r+\mathrm{d}r)^2 - r^2]} = \frac{0.67WH\cdot F\cdot \mathrm{e}^{-2\alpha(r-r_1)}\cdot(1-\mathrm{e}^{-2\alpha\cdot\mathrm{d}r})}{\pi[(r+\mathrm{d}r)^2 - r^2]} \tag{5-12}$$

相似的，体波引起的单位体积土体内损失的能量 w_B 由以下公式计算：

$$w_B = \frac{TE_B(R) - TE_B(R+\mathrm{d}R)}{\frac{2}{3}\pi[(R+\mathrm{d}R)^3 - R^3]} = \frac{0.33WH\cdot \mathrm{e}^{-2\alpha(R-R_1)}\cdot(1-\mathrm{e}^{-2\alpha\cdot\mathrm{d}R})}{\frac{2}{3}\pi[(R+\mathrm{d}R)^3 - R^3]} \tag{5-13}$$

其中，$R=\sqrt{r^2+z^2}$；$\mathrm{d}R=\sqrt{(\mathrm{d}r)^2+(\mathrm{d}z)^2}$。当荷载为点荷载（即 $r_1\to 0$，$R_1\to 0$，$\mathrm{d}r\to 0$，$\mathrm{d}z\to 0$）时，式（5－12）、式（5－13）可化为：

$$w_R = 0.67WHF\frac{\alpha\mathrm{e}^{-2\alpha r}}{\pi r} \tag{5-14}$$

$$w_B = 0.33WH\frac{\alpha e^{-2\alpha R}}{\pi R^2} \tag{5-15}$$

需要指出的是，上述公式是建立在弹性半空间的假设条件下，与实际为弹塑性体的地基条件不符，会导致一定误差。

5.2.2 强夯超孔隙水压力增长的能量模型

Davis[12]、Law[13]和 Thevanayagam[14]等进行的研究表明，粒状土在循环荷载下出现的超孔隙水压力 Δu 和单位体积土中累积消散的能量存在一定关系。超孔隙水压比 r_u（$=\Delta u/\sigma'_0$）与 $\Sigma w/w_L$ 有关：

$$r_u = 0.5\lg\left(100\frac{\Sigma w}{w_L}\right) \tag{5-16}$$

式中 Σw——单位体积土体内累积消散的能，J；

w_L——单位体积土体液化时需要的能量，J。取决于土体相对密度和初始围压，即 σ'_0。

Law 给出了下列关系式：

$$r_u = bw_N^c \tag{5-17}$$

式中 w_N——归一化的消散能量 $\Sigma w/\sigma'_0$。

b，c——常数，可以通过实验记录的回归分析求得（Law[13]和 Thevanayagam[14]）。

何广讷等在做了大量的三轴试验后，于 1987 年提出了振动超孔隙水压力与消耗能量之间关系[15]：

$$\frac{u}{\sigma_0} = K\left[(1-3\lg K_0)\frac{\Sigma W}{\sigma_0}\right]^{\beta} \tag{5-18}$$

式中 u——超孔隙水压力，Pa；

σ_0——有效应力，Pa；

K_0——固结应力比，$K_0=\sigma_1/\sigma_3$；

ΣW——单位土体内消散的总能量，J；

K，β——回归参数。

式（5-18）可和能量分配及衰减关系一同用于确定地表冲击产生的超孔隙水压力分布。必须指出，在随后的夯击中，土体条件和围压的变化会影响到随后的衰减关系及孔隙水压力分布，这就需要跟踪测量密度和应力条件的变化。

在本次夯击完成至下次夯击前，上升的超孔隙水压力随时间消散，同时伴随着土体固结。径向对称的孔隙水压力消散方程是：

$$\frac{du}{dt} = C_r\left(\frac{\partial^2 u}{\partial r^2} + \frac{1}{r}\frac{\partial u}{\partial r}\right) + C_v\frac{\partial^2 u}{\partial z^2} \tag{5-19}$$

式中 u——超孔隙水压力，Pa；

C_r，C_v——径向与轴向固结系数，m/s。

5.2.3 超孔隙水压力消散分析

采用 Terzaghi－Rendulic 固结方程计算两次夯击时间间隔内强夯结束后的孔压消散。该理论与 Terzaghi 一维固结理论建立在同一个理论基础上，即在饱和黏土的固结过程中，土中任意单元体的体积变化率与流经该单元体表面的水量变化率相等。在一维固结理论中[23]，有：

$$C_v \cdot \frac{\partial^2 u}{\partial z^2} = \frac{\partial u}{\partial t} \tag{5-20}$$

式中　C_v——一维固结系数，m/s：

$$C_v = \frac{kE'}{2\gamma_w (1-2\mu')(1+\mu')} \tag{5-21}$$

k——渗透系数，m/s；

E'——土的有效弹性模量，Pa；

γ_w——水的重度，kN/m³；

μ'——有效泊松比。

将其推广至二维条件中，类似可得：

$$C_{v2} \cdot \left(\frac{\partial^2 u}{\partial x^2} + \frac{\partial^2 u}{\partial z^2}\right) = \frac{\partial u}{\partial t} \tag{5-22}$$

式中　C_{v2}——二维固结系数，m/s。

对此方程求解，常采用有限差分法或有限元法。设二维固结问题网格均匀划分，$\Delta x = \Delta z = l$，固结方程为：

$$C_v\left(\frac{\partial^2 u}{\partial x^2} + \frac{\partial^2 u}{\partial z^2}\right) = \frac{\partial u}{\partial t} \tag{5-23}$$

有限差分法是用差分代替微分，用割线斜率代替切线斜率，故式（5－23）中微分可用差分表示：

$$\frac{\partial u}{\partial t} = \frac{u_{0,t_2} - u_{0,t_1}}{\Delta t} \tag{5-24}$$

$$\frac{\partial^2 u}{\partial x^2} = \frac{1}{l^2}(u_1 - 2u_0 + u_3)_{t_1} \tag{5-25}$$

$$\frac{\partial^2 u}{\partial z^2} = \frac{1}{l^2}(u_2 - 2u_0 + u_4)_{t_1} \tag{5-26}$$

式中　u_{0,t_1}——结点 0，时刻 t_1 时超静孔隙水压力，Pa；

u_{0,t_2}——结点 0，时刻 t_2 时超静孔隙水压力，Pa；

Δt——时间间隔，$\Delta t = t_2 - t_1$，s；

其余类推。

结合以上各式，可得：

$$u_{0,t_2} = \left(1 + \frac{4C_v\Delta t}{l^2}\right)u_{0,t_1} + \frac{C_v\Delta t}{l^2}\ (u_1 + u_2 + u_3 + u_4)_{t_1} \qquad (5-27)$$

式（5－27）表明，结点0处 $t=t_2$ 时刻的孔隙水压力可由0点和它的相邻点 $t=t_1$ 时的孔隙水压力值确定。对每一结点都可得到类似的表达式，如结点数为 n，固结时间间隔数为 m，于是对每一时间间隔可得到 n 个方程组成的方程组，通过逐步求解 m 个方程组，即可得到二维固结问题中各点随时间发展孔隙水压力消散过程。根据孔隙水压力消散过程，可以得到地基固结过程中每一时刻的固结度[24~30]。

5.2.4 强夯土体密实机理分析

在两次夯击间隔时间内，超孔隙水压力随时间消散，同时伴随着土体固结压缩，体积压缩可由式（5－28）求出：

$$\varepsilon_V = \int m_V \mathrm{d}\sigma' \qquad (5-28)$$

式中 ε_V——体积应变；

m_V——体积压缩常数，m/N；

σ'——有效应力，Pa。

Seed 等[16]指出，m_V 取决于超孔隙水压力比 r_u 和相对密实度 D_r，本书采用如下关系式计算强夯后地基的相对密实度：

$$D_r = \frac{m_V}{m_{V0}} = \frac{\exp y}{1 + y + y^2/2};\ y = ar_u^b \qquad (5-29)$$

式中 r_u——超孔隙水压力比；

a，b——系数，$a = 5[1.5 - (D_r)_{eq}]$，$b = 3 \times 4^{-D_r}$，对吹填粉土而言，本书采用（D_r）$_{eq}$代替一般意义的相对密实度 D_r[17]；

m_{V0}——加固前土体的体积压缩系数，m/N。

5.3 强夯数值模拟程序开发

5.3.1 模拟程序设计

强夯加排水地基处理具体施工过程如下：

（1）打设排水板或砂井。

（2）夯锤自由下落冲击地面，引起地震波。

（3）地震波能量衰减，引起土体中超孔隙水压力的上升。

（4）孔隙水压力消散，土体发生固结。

（5）进行下一次夯击。

模拟程序的计算过程如下：

（1）输入强夯参数与地基土体参数。

（2）计算出土体自重应力，调用最大和最小孔隙比、粉粒含量以及相对密实度，计算出初始孔隙比。

（3）利用式（5－14）与式（5－15）求出单位体积体波和瑞利波的消散值，根据式（5－18）计算能量耗散引起的各点超孔隙水压力比。

（4）将上一步求得的超孔压比作为初始条件，利用固结方程求夯击间隔时间内的孔压消散。

（5）由式（5－29）计算固结后的体积压缩系数，进而求出每次夯击后的相对密实度，评价强夯对土体性质的影响。

（6）重复步骤（2）～（5），直至满足设计要求。

基于上述理论和施工过程分析，编制了程序 PDC & D（program for dynamic compaction and design），主程序设计流程如图 5－5 所示。

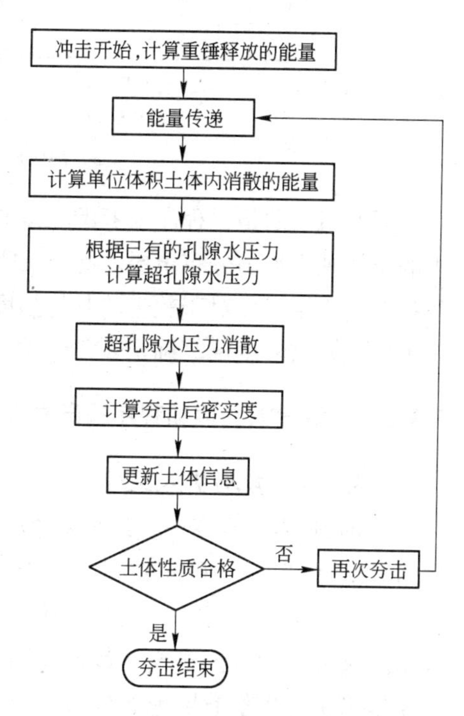

图 5－5 主程序计算流程图

主程序段由以下几部分组成：

Read block：打开数据文件“INPUT. TXT”，读入计算所需的土体性质和工程参数。

Block 1：土体各点围压、孔隙率、相对密度的计算。

Block 2：土体内各点消散的能量计算，进而计算出每击条件下土体孔隙水压比的上升值，以及土体压缩系数的变化。

Block 3：调用“DISSP”子程序，计算孔隙水压力消散过程，并处理子程序计算得出的数据，最终转化为孔隙水压力比和压缩模量。

Write block：将计算结果写入数据文件。

子程序段：

Block 4：定义子程序中需要的孔隙水压力和压缩系数。

Block 5：计算消散前每一点的孔隙水压力和压缩系数。

Block 6：孔隙水压力边界条件定义。

Block 7：利用有限差分法计算消散后每一点孔隙水压力和压缩系数。

Block 8：孔隙水压力边界条件定义，返回计算结果。

程序中超孔压消散方程采用有限差分求解[28]，设二维差分网格为 $\Delta x = \Delta z$，时间步长为 Δt。计算网格划分与边界条件定义如图 5－6 所示，设水平面、砂井（或排水板）及砂井（或排水板）边界为自由透水面，底面与计算外边界为不透水面，假设水向砂井和水平面渗流。

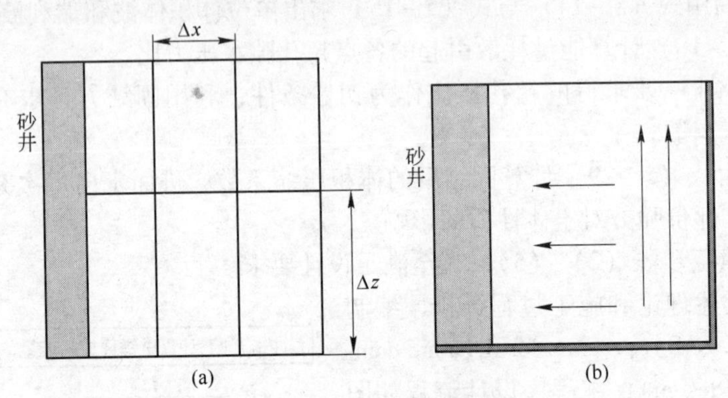

图 5－6 计算网格划分和边界条件

(a) 网格划分；(b) 边界定义

需要指出的是，程序未考虑土体的空间不均匀性，在计算时将强夯影响深度内的土体视为均匀分布土层。此外，采用的评价加固效果的指标是土体夯击前后的相对密实度。而对于软土的其他强度参数，如土体比贯入阻力、土体变形模量等可由相对密实度反算确定[29,30]，具体算法此处不再赘述。

5.3.2 数据输入文件和程序输出文件

5.3.2.1 数据输入文件

如前所述，计算需要的数据文件需按照一定的格式事先存在文件"INPUT. TXT"中，程序在运行时调用这一文件才能正常计算[31~33]。此处简要介绍数据输入文件中的数据格式（数据在输入时用空格隔开）。设夯击场地布置如图 5－7 所示，具体输入文件格式如下：

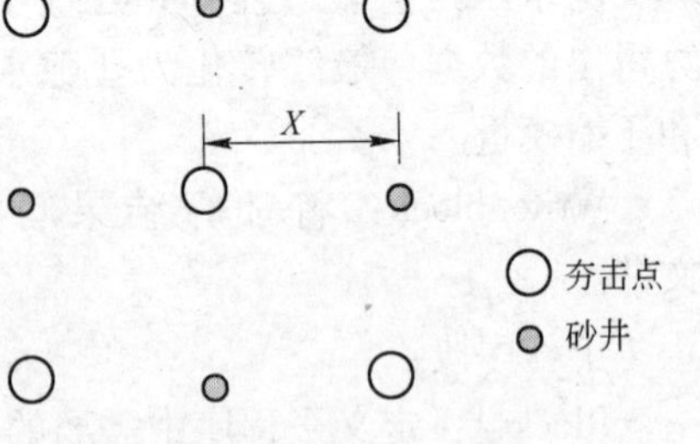

图 5－7 场地布置示意图

第一行：夯锤质量（t）、夯锤下落高度（m）、每遍击数、衰减系数（1/m）、土体中瑞利波波长（m）；

第二行：径向计算结点个数、轴向计算结点个数、计算网格步长（m）、夯击点中心砂井中心水平距离（m）；

第三行：计算时间步长（s）、两次夯击时间间隔（s）；

第四行：土体饱和容重（kN/m^3）、土体干容重（kN/m^3）、地下水深度（m）、最大孔隙比与最小孔隙比、场地渗透系数（m/s）、细粒含量（%）；

第五行：各计算点径向坐标（由冲击中心算起）；

第六行：各计算点轴向坐标（由地面算起）；

第七行及以下：土体内各点相对密度（%）。

输入文件示例：

```
25.0  20.0  24  0.05  15.0
7  26  0.025  8.5
0.2  120.0
18.5  14.5  2.0  0.627  2.1  0.0000001  0.25
8.6  8.7  8.8  8.9  9.0  9.1  9.2
2.5  3.0  3.5  4.0  4.5  5.0  5.5  6.0  6.5  7.0  7.5  8.0  8.5  9.0  9.5
10.0  10.5  11.0  11.5  12.0  12.5  13.0  13.5  14.0  14.5  15.0
69.377  60.207  62.228  65.621  67.674  67.915  67.992
66.246  58.111  63.885  68.394  70.032  71.138  71.515
65.485  55.874  59.448  65.892  68.800  70.055  70.484
64.891  54.520  55.370  60.027  64.357  66.959  67.786
64.279  54.059  52.553  55.423  58.792  61.130  61.930
63.650  53.738  50.688  51.971  54.180  55.938  56.581
62.993  53.419  49.863  49.589  50.704  51.751  52.158
62.300  53.085  49.583  48.169  48.397  48.865  49.065
61.564  52.727  49.293  47.845  47.174  47.134  47.192
60.784  52.338  48.984  47.558  46.895  46.590  46.503
59.971  51.923  48.662  47.261  46.607  46.309  46.222
59.132  51.489  48.331  46.960  46.318  46.026  45.939
58.274  51.039  47.991  46.657  46.028  45.742  45.659
57.407  50.576  47.647  46.351  45.741  45.461  45.380
56.537  50.108  47.301  46.047  45.455  45.182  45.104
55.672  49.636  46.956  45.747  45.174  44.910  44.834
54.819  49.167  46.613  45.451  44.896  44.643  44.569
53.985  48.701  46.275  45.163  44.630  44.385  44.314
53.176  48.246  45.947  44.883  44.372  44.136  44.068
52.399  47.805  45.631  44.615  44.126  43.899  43.833
51.658  47.381  45.327  44.359  43.890  43.674  43.610
```

50.960 46.979 45.041 44.119 43.670 43.462 43.399
50.307 46.600 44.770 43.892 43.462 43.263 43.204
49.703 46.246 44.516 43.681 43.271 43.079 43.023
49.141 45.907 44.271 43.475 43.083 42.898 42.846
48.574 45.516 43.975 43.227 42.857 42.685 42.634

5.3.2.2 程序输出文件

正确运行后，程序会自动根据输入数据进行计算，并输出两个数据文件。其中“OUTPUT1.TXT”文件里存放每击完成时各点超孔隙水压力比和动力固结完成时土体各点的相对密度值，“OUTPUT2.TXT”文件里存放每击之前各点超孔隙水压力比，即前一击引起的孔隙水压力消散完成后的超孔隙水压力比。

5.4 强夯加排水地基处理施工数值模拟结果与分析

本节首先给出一个数值算例，对某施工参数的土体进行夯击模拟，分析孔隙水压力、密实度等数值随时间变化的关系，讨论强夯法加固土体的效果。接着通过变化参数如土体渗透系数、夯击能量、夯击时间间隔、砂井间距等分析其对加固效果的影响，并简单讨论“重锤少夯”和“轻锤多夯”的差别。

5.4.1 数值算例与模拟结果分析

5.4.1.1 施工参数

设强夯施工参数为：重锤为25t，下落高度为20m，每遍夯击24次，冲击中心与砂井距离8.5m，两次夯击间隔时间为2min；土体衰减系数为0.05m^{-1}，瑞利波波长15m，饱和重度为18.5kN/m^3，干重度14.5kN/m^3，地下水位为2m，最大和最小孔隙比分别为2.100和0.627，土体渗透系数取10^{-7}m/s，粉粒含量为0.25%，计算网格划分和夯击点布置如图5-8和图5-9所示。

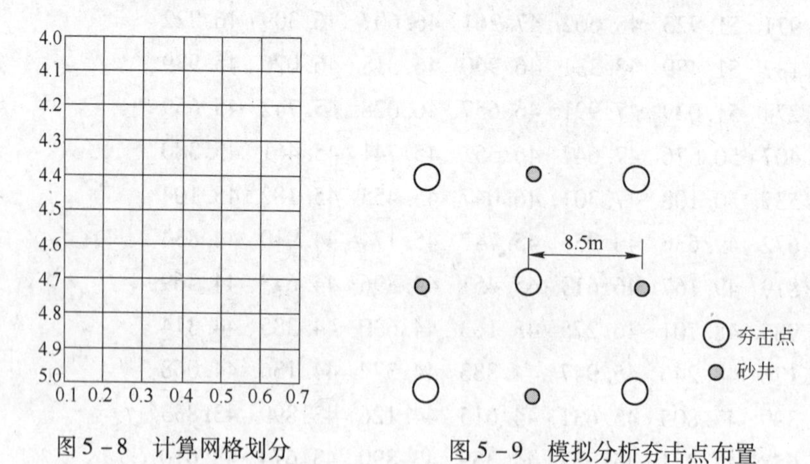

图5-8 计算网格划分

图5-9 模拟分析夯击点布置

运行程序后，计算结果存放在输出文件中。选取第1、6、12、18、23击前后的超孔压比、夯击完成后土体各点的相对密度等来分析加固效果。

5.4.1.2 超孔隙水压力分析

第1、6、12、18、23击前后的超孔压比如图5－10所示，为了比较方便，采用Matlab对计算结果进行可视化处理，图中横坐标为距离砂井的距离，纵坐标为深度。

从图5－10中可以看出，夯击初始阶段，在两次夯击时间间隔内，孔压有明显的消散。多次夯击后超孔隙水压力较高的区域主要集中在远离砂井的地方且消

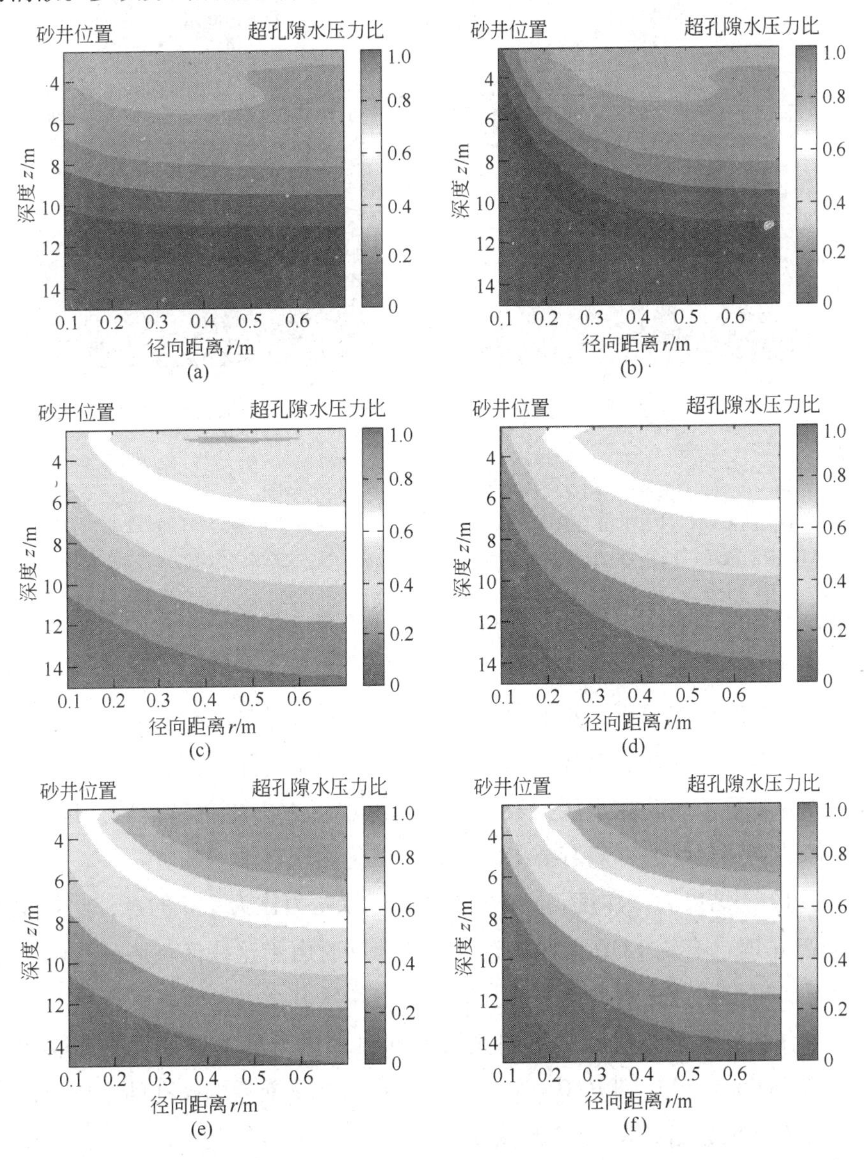

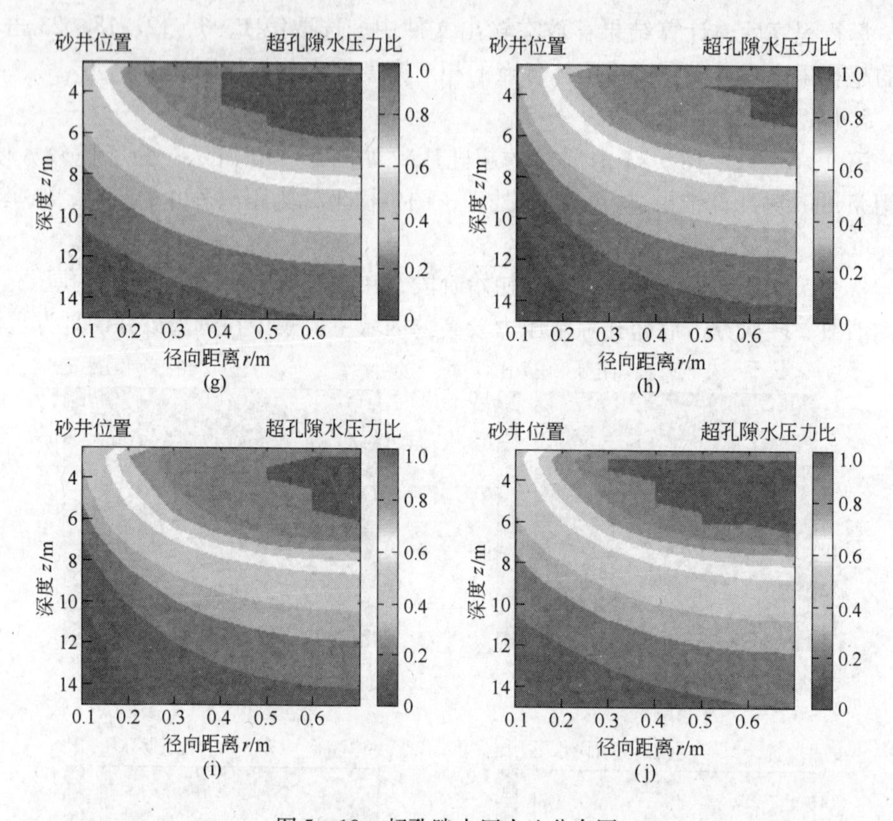

图 5－10 超孔隙水压力比分布图

(a) 1 击消散前；(b) 1 击消散后；(c) 6 击消散前；(d) 6 击消散后；(e) 12 击消散前；(f) 12 击消散后；(g) 18 击消散前；(h) 18 击消散后；(i) 23 击消散前；(j) 23 击消散后

散缓慢，这直接影响到土体的加固效果。下一次夯击将会使超孔隙水压力未完全消散的区域内孔隙水压力继续上升。

从孔压分布整体分析，左下角区域离夯点距离最远且靠近砂井处，超孔隙水压力最低，多次夯击之后超孔隙水压力分布变化仍不明显，而右上角区域靠近夯点且离砂井较远，超孔隙水压力较高，超孔隙水压力不能及时消散并逐渐累积，最后土体达到液化状态，随着夯击的进行，液化面积逐渐增加。

在第 12 击结束后，深度 3m 处出现超孔隙水压力比为 1.0 的点，此处发生液化。到 23 击时已有约 1/10 的区域达到液化。同时由于这些区域内超孔隙水压力消散缓慢，更多的夯击对此区域的加固作用已微乎其微。

为了详细分析强夯过程中不同区域超孔隙水压力的发展过程，选取深度为 3m 的两点 $A(0.1, 3)$ 和 $B(0.6, 3)$，分析每次夯击前后的超孔隙水压力比变化情况，计算结果数据见表 5－2 和图 5－11。

表5-2 夯击次数与超孔隙水压力比的关系

夯击次数	1	1	2	2	3	3	4	4	5	5
(0.1，3)	0.437	0.218	0.461	0.258	0.473	0.282	0.482	0.299	0.489	0.313
(0.6，3)	0.408	0.413	0.531	0.535	0.619	0.621	0.688	0.689	0.747	0.746
夯击次数	6	6	7	7	8	8	9	9	10	10
(0.1，3)	0.496	0.324	0.501	0.334	0.506	0.343	0.51	0.35	0.514	0.357
(0.6，3)	0.797	0.795	0.842	0.839	0.881	0.877	0.917	0.913	0.95	0.945
夯击次数	11	11	12	12	13	13	14	14	15	15
(0.1，3)	0.517	0.364	0.521	0.37	0.524	0.375	0.527	0.38	0.53	0.384
(0.6，3)	0.98	0.974	1	0.995	1	0.996	1	0.997	1	0.997
夯击次数	16	16	17	17	18	18	19	19	20	20
(0.1，3)	0.533	0.388	0.535	0.391	0.536	0.393	0.538	0.395	0.539	0.397
(0.6，3)	1	0.998	1	0.998	1	0.999	1	0.999	1	0.999
夯击次数	21	21	22	22	23	23	24			
(0.1，3)	0.54	0.397	0.54	0.398	0.54	0.398	0.541			
(0.6，3)	1	0.999	1	1	1	1	1			

从图5-11中可以看出，对于A点每次夯击后超孔隙水压力上升，在两次夯击间隔的120s时间内，超孔隙水压力消散；下一次夯击时未消散完全的孔隙水压力在夯击作用下再次上升，然后重复消散这一过程。多次夯击后超孔隙水压力在一定范围稳定波动，但未达到液化状态。而B点距离砂井较远，在两次夯击间隔的120s时间内孔隙水压力没有明显变化，在前4击，孔压比随着时间逐渐增加。随着夯击次数的增加，超孔压比逐渐增加直到达到1.0，此时土体已完全液化。

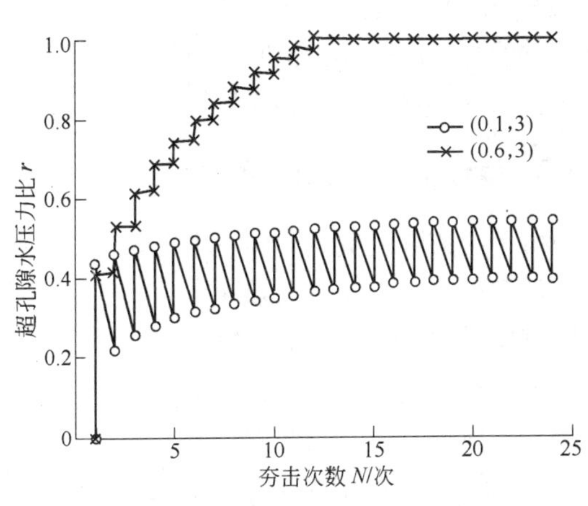

图5-11 夯击次数与孔隙水压力比的关系

5.4.1.3 加固效果分析

计算区加固前后的相对密实度等值线如图5-12所示。等密度线呈有规律的折线分布，且夯击前后等密度线向计算区的右下方移动，这表明：

（1）夯击后土体相对密实度有所增加，地基得到了加固；

（2）夯击点处浅部土体加固效果明显，砂井周围深部土体加固效果较好。

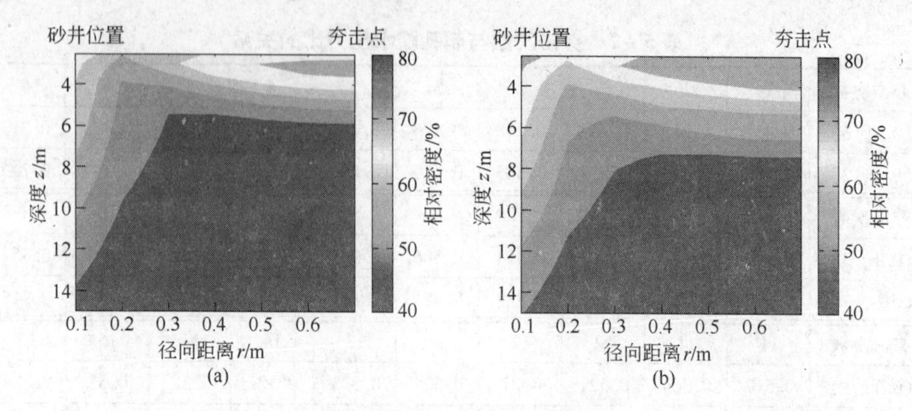

图 5-12 土体相对密度分布图
(a) 强夯处理前；(b) 强夯处理后

这个结果很有意义，靠近砂井周围的土体虽然没有液化，但孔压小幅消散而引起的土体固结也达到了较好的加固效果，且有利于加固深部土体，这一结论为设计强夯加固深度提供了参考。

数值计算结果表明，对于强夯加排水的地基处理方法，由于排水措施的设置，在离砂井较近处，夯击过程中孔隙水压力的上升和消散都较为明显，多次夯击后趋于某一稳定值，这样的条件有利于动力固结，并且砂井的存在有利于提高加固深度。对于远离砂井排水条件较差的点，孔隙水压力消散缓慢，多次夯击引起的孔隙水压力上升逐渐累积，土体液化，液化区的存在阻碍了加固深度的进一步发展。

5.4.2 渗透系数对夯击结果的影响

由于土体颗粒重组主要发生在孔隙水压力的消散过程中，可以预见超孔隙水压力消散越快，土体加固效果越好。邓通发等[34]就渗透系数对饱和土强夯效果的影响做了一定研究。他们指出，总的来说，渗透系数的增大将提高夯击完成后土体的相对密度。且在渗透系数相对较大的时候，渗透系数的变化对夯击完成后相对密度的影响也较大。

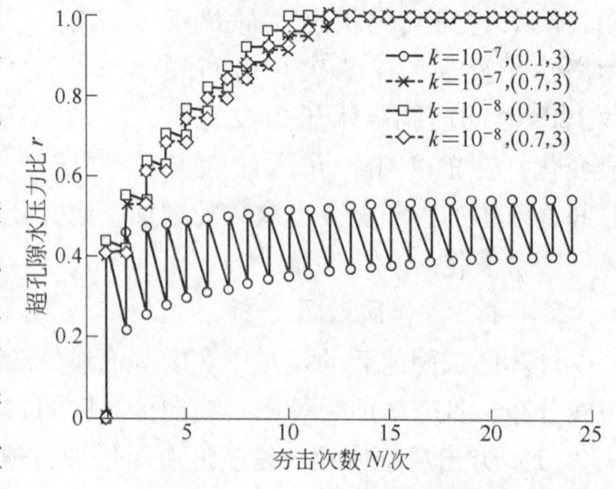

图 5-13 夯击次数与超孔隙水压力比关系

在本节的数值模拟中，将渗透系数取 10^{-7} m/s、10^{-8} m/s，其他参数同算例，夯击次数与超孔隙水压力比的关系和超孔隙水压比分布图分别如图 5-13 和图 5-14 所示。图 5-13 中实线为渗透系数 10^{-7}m/s 的模拟结果，虚线为渗透

系数 10^{-8}m/s 的模拟结果，圆点标出的是土体中点（0.1，3），用星号标出的是土体中点（0.7，3）。

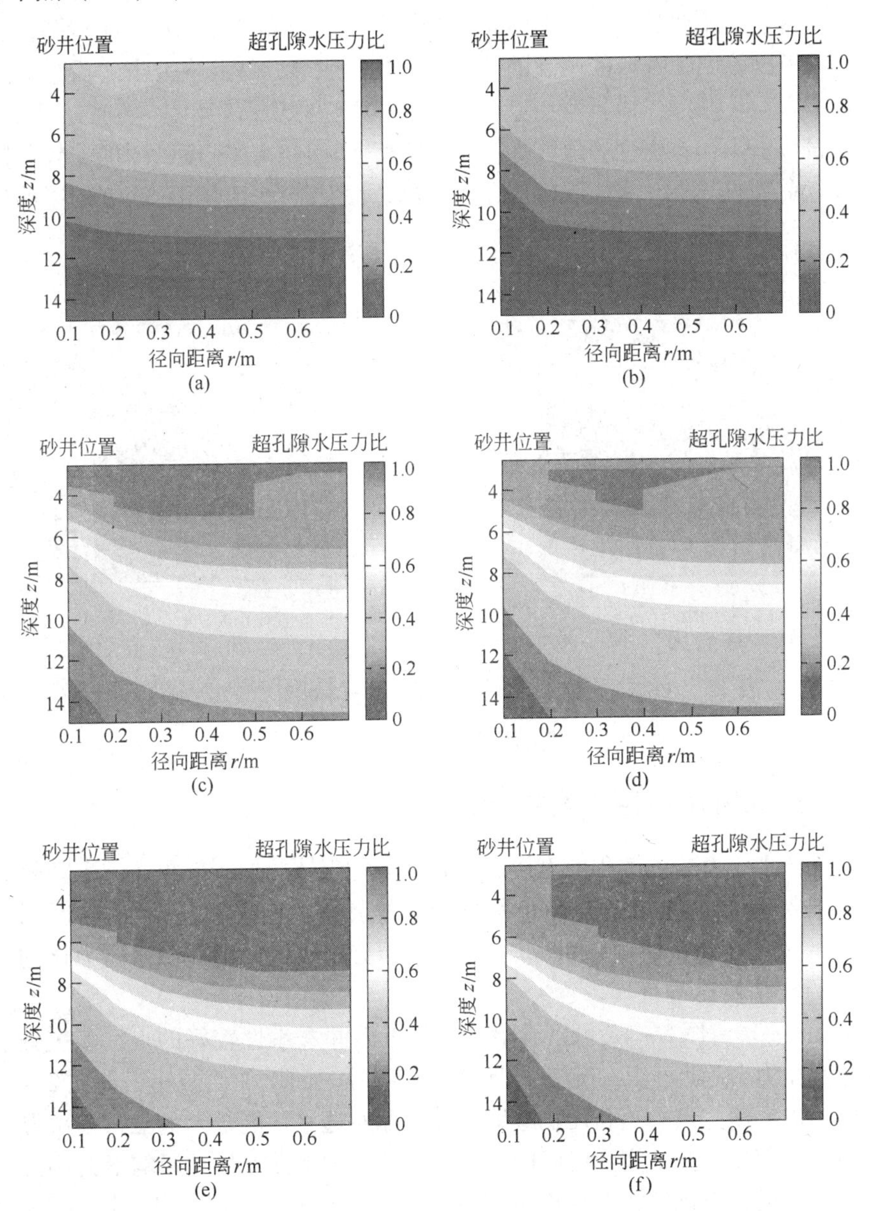

图 5－14 超孔隙水压力比分布图

（a）1 击消散前；（b）1 击消散后；（c）12 击消散前；（d）12 击消散后；（e）23 击消散前；（f）23 击消散后

从图 5－13 和图 5－14 中可以看出，土体渗透系数为 10^{-7}m/s 的情况下，靠近砂井的点排水性能较好，多次夯击之后超孔隙水压力比在两个稳定值之间波动；远离砂井的点排水性能较差，孔隙水压力消散不明显，多次夯击之后达到液化状态。而在土体渗透系数为 10^{-8} m/s 的情况下，土体整体排水性能很差，从模拟的结果可以看出，选取的两点的孔压消散均不明显，在几次夯击之后迅速达到液化状态。

加固后土体相对密度等值线如图 5－15 所示。从相对密度云图的比较可以看出，渗透系数的减小导致加固作用有所下降，但对整个土体相对密度的影响仍然很有限。

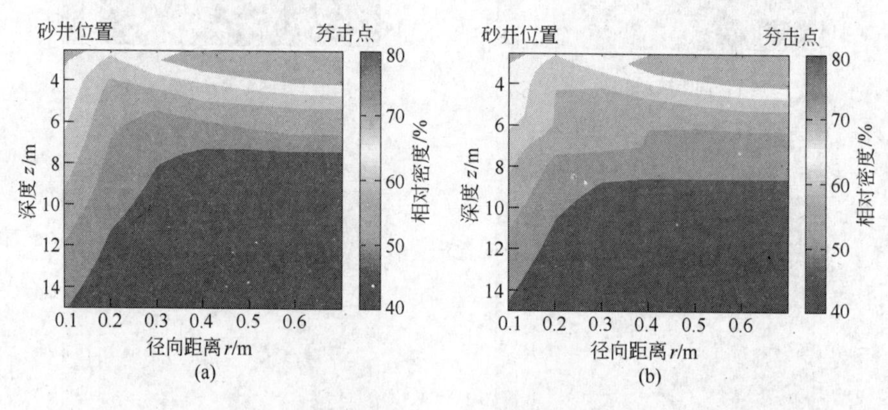

图 5－15　土体相对密度分布图

(a) 10^{-7}m/s；(b) 10^{-8}m/s

5.4.3　夯击间隔时间对夯击结果的影响

超孔隙水压力的消散程度直接影响到强夯对土体的加固效果，夯击间隔时间在算例中取 2min，此处选取 3min 和 4min，其余参数同算例。不同夯击时间间隔的超孔压等值线如图 5－16 和图 5－17 所示，夯击次数与超孔隙水压力比的关系如图 5－18 所示。

由图 5－16 ~ 图 5 ~ 18 可以看出，对靠近砂井透水性较好的点，多次夯击之后孔隙水压力会趋近于某一定值，且随夯击间隔时间增加而减小，即在 2 ~ 4min 这段时间里，这些点的超孔压仍继续消散；而对透水性能较差的点，多次夯击之后土体发生液化，夯击间隔时间的变化对这些点的超孔压发展影响不大。

夯击完成后土体的相对密度分布图如图 5－19 所示（其中 2min 的结果见图 5－12b）。从图 5－19 中可以看出，随着夯击间隔时间增加，夯击完成后土体相对密度有所上升，但提升并不明显。即在初始给定的 2min 消散时间里，孔隙水压力消散已基本完成，这说明在渗透系数一定的地基土中，存在某个最优的夯击间隔时间，在工程实践中需要注意这一点。

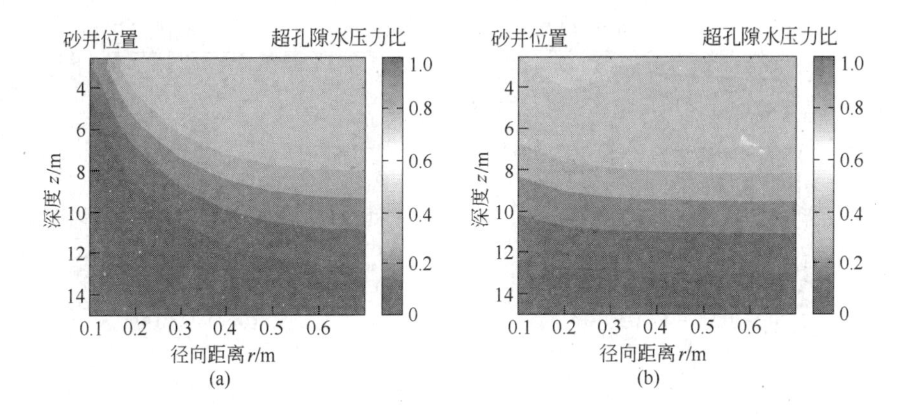

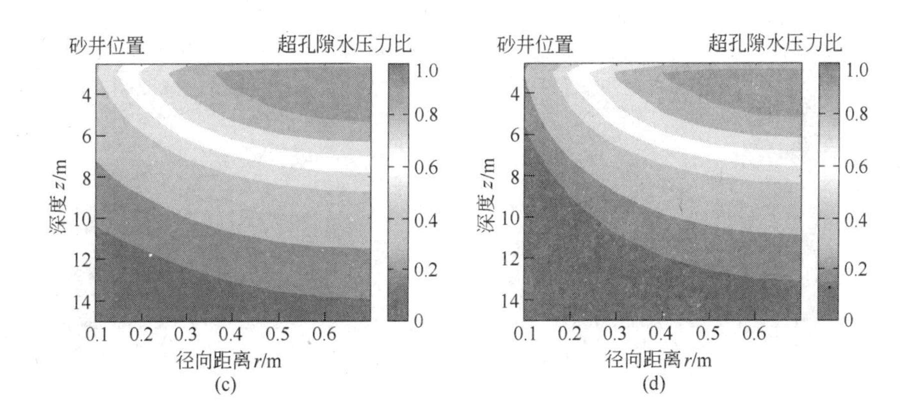

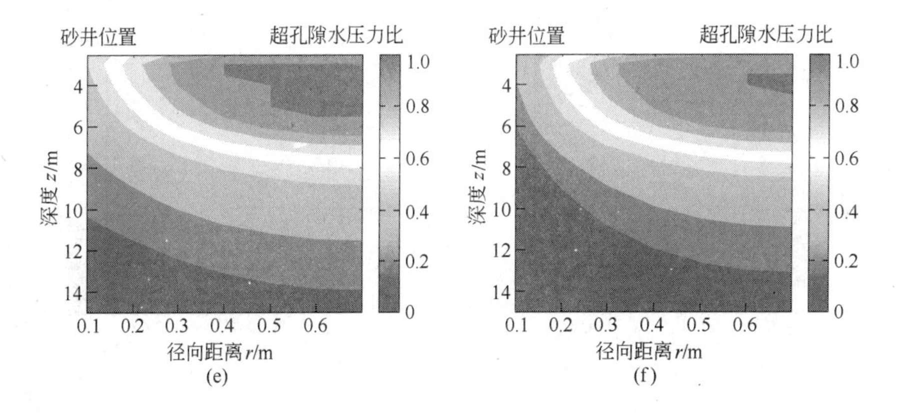

图 5-16 超孔隙水压力比分布图（3min）

（a）1 击消散前；（b）1 击消散后；（c）12 击消散前；（d）12 击消散后；（e）23 击消散前；（f）23 击消散后

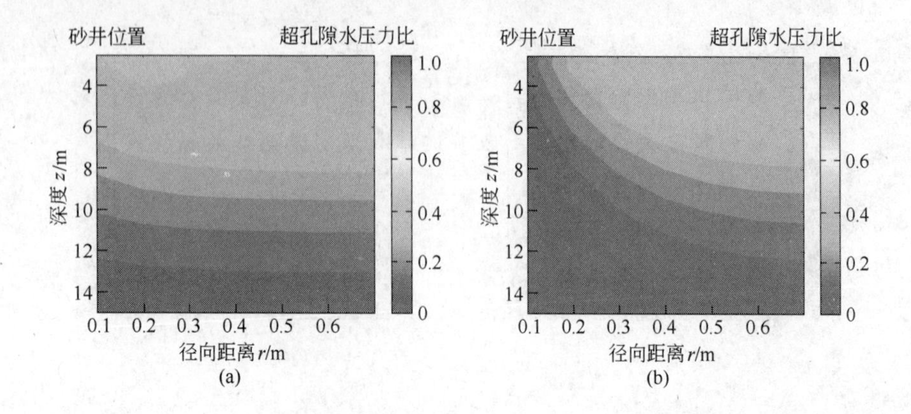

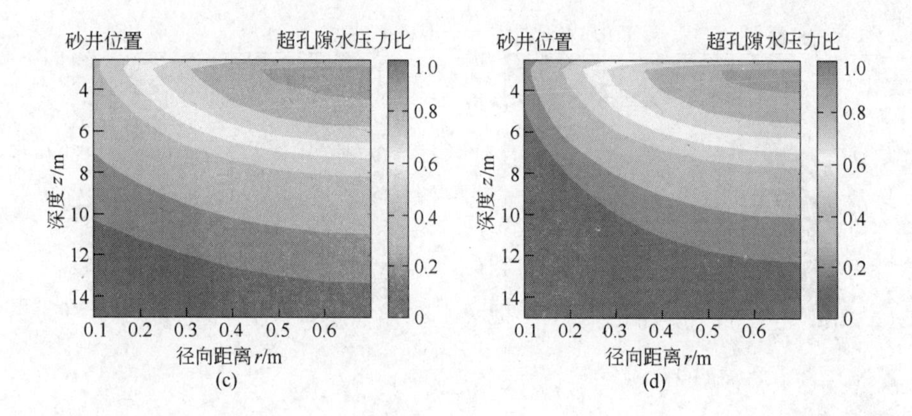

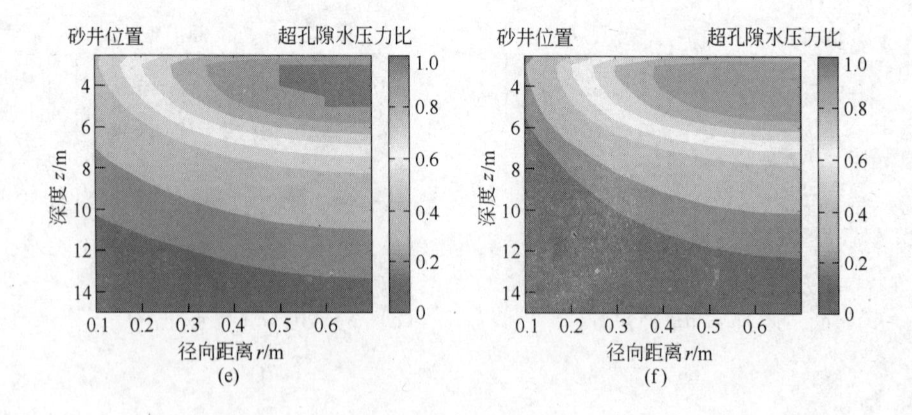

图 5－17　超孔隙水压力比分布图（4min）

（a）1 击消散前；（b）1 击消散后；（c）12 击消散前；（d）12 击消散后；（e）23 击消散前；（f）23 击消散后

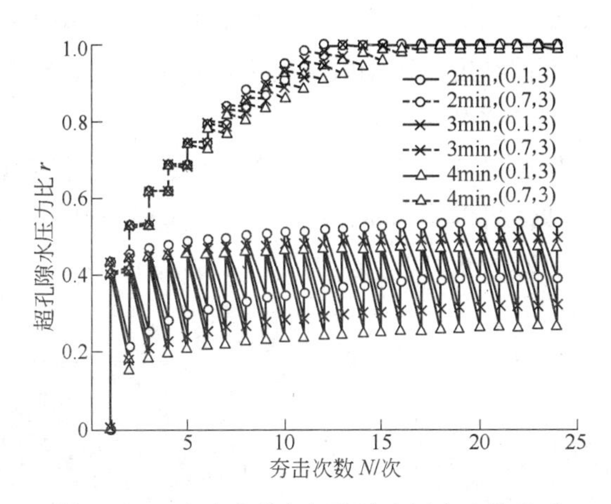

图 5－18 夯击次数与超孔隙水压力比的关系

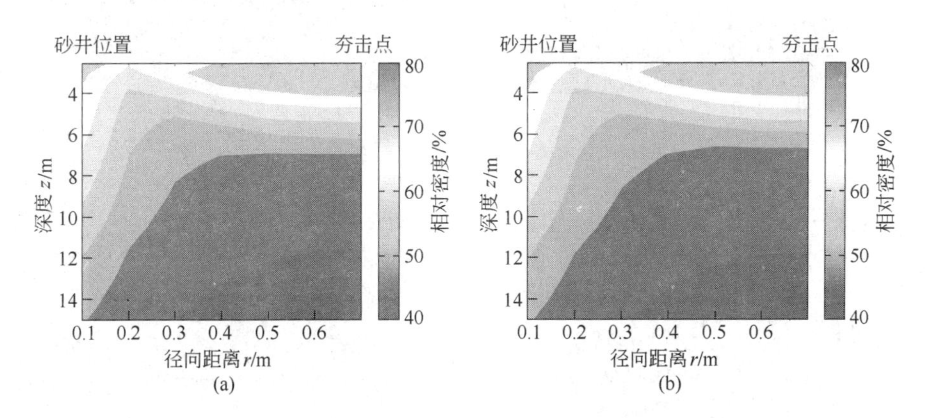

图 5－19 土体的相对密度分布图

（a）消散时间 3min；（b）消散时间 4min

5.4.4 砂井与夯点距离对加固效果的影响

在强夯加排水的地基处理方法中，砂井（或排水板）的设置很重要，排水措施的存在是区别于一般强夯的主要特点。正方形布置时，砂井影响范围为正方形。为了简化计算，每一砂井影响范围均作为一个等效圆看待。则等效圆直径 d_e 与砂井间距 l 之间的关系为 $d_e=1.13l$。径向平均固结度计算公式为[35]：

$$U_r=1-e^{\frac{-8T_h}{F}} \tag{5-30}$$

式中 U_r——径向平均固结度，%；

T_h——径向固结时间因数，$T_h=C_h t/d_e^2$，C_h 为水平向固结系数；

F——综合参数，与井径比有关。

可以看出，当固结时间、砂井和土体本身性质不变的情况下，固结度随砂井间距的增加而减小，而固结度与固结效果处于正相关关系。也就是说，随着砂井间距的增加，固结效果会逐渐降低。

数值计算中砂井间距从 1m 开始，每隔 0.5m 进行一组模拟计算至 10m，共 19 组数据。为简便起见，取间距 2m、4m、6m、8m 的三组数据绘制加固后的相对密度分布，如图 5－20 所示。

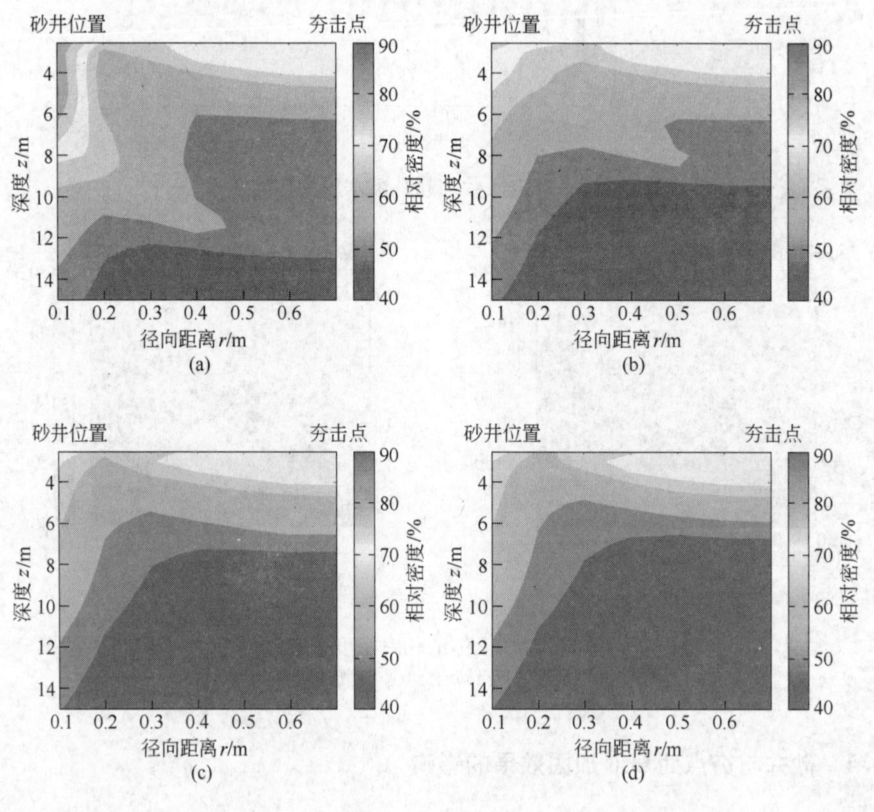

图 5－20 不同砂井－夯点间距的相对密度分布

（a）间隔 2m；（b）间隔 4m；（c）间隔 6m；（d）间隔 8m

从图 5－20 中可以看出，当砂井与夯点较近（如 2m）时，相对密度最大的点主要分布在图中的左上角区域。该处既靠近土体自由面，又靠近砂井，排水效果好，土体固结效果较好。

从图 5－20 中还可以看出，当砂井与夯点距离较小时，整个土体的固结效果非常明显，绝大部分区域的相对密度均有明显提高，其等值线图与夯击前有较大变化。在砂井与冲击中心距离较大的情况下，等值线分布形式与夯击前没有明显变化。

随着砂井与夯点距离的增加，土体内各点的相对密度变化各有不同，本节取坐标分别为（0.3，4）、（0.3，6）、（0.3，8）、（0.4，6）、（0.5，6）5个点，分析其在不同砂井与夯点间距下的相对密度计算结果，如图5－21所示。

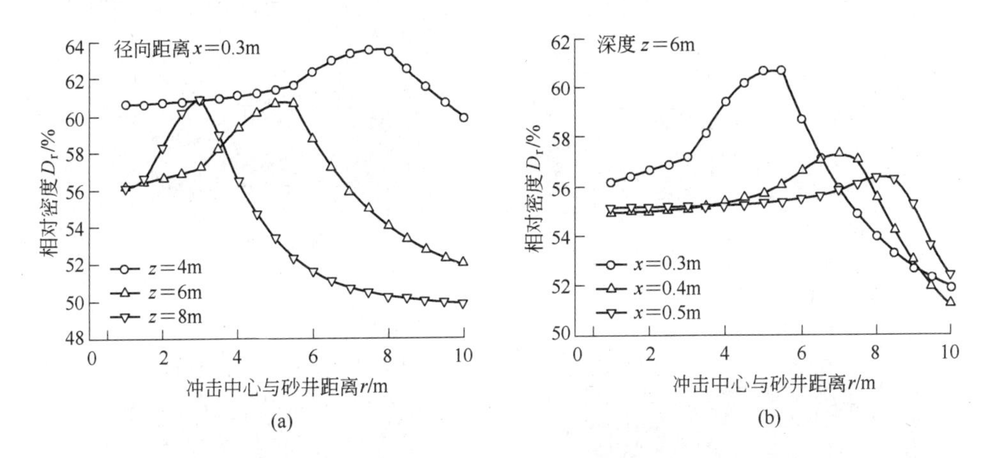

图5－21 不同深度及径向距离下相对密度变化

（a）等水平距离；（b）等深度

从图5－21中可以看出：（1）在同一夯点—砂井间距的情况下，随着深度增加，最佳距离减小；（2）相同深度位置的土体随着其与砂井中心水平距离增加，最佳距离增加；（3）对于土体中任意点，均存在某一最佳距离。当夯击中心与砂井距离为此最佳距离时，加固效果最好，因此在工程实践中应充分考虑各个深度的土层性质，选取最佳距离。

此外，模拟中还选取了间距为2m、4m、6m、8m的四组模拟实验，用于研究间距变化对超孔隙水压力比的影响，模拟结果如图5－22～图5－25所示。从超孔隙水压力比等值线中可以看出，无论间距为多少，第1击后超孔隙水压力比均在左上角出现峰值，之后孔隙水压力发生消散，靠近砂井位置土体排水条件较好，超孔隙水压力比下降较快，几次夯击后超孔隙水压力比向右上角集中，最后以某一点为中心开始液化。

夯击次数与超孔隙水压力比的关系如图5－26所示。图5－26中给出了点（0.1，3）在不同间距下的超孔压比变化曲线。从图5－26中可以看出：当砂井与夯击点间距2m时，该点在两次夯击后即发生了液化。虽然每次消散后的孔隙水压力呈下降趋势，但每一击结束后，该点均会立即达到液化；当间距为4m和6m时，超孔隙水压力比在超过一定击数之后，实际上呈下降趋势；间距8m时，如前所述，超孔隙水压力比最后趋于定值。

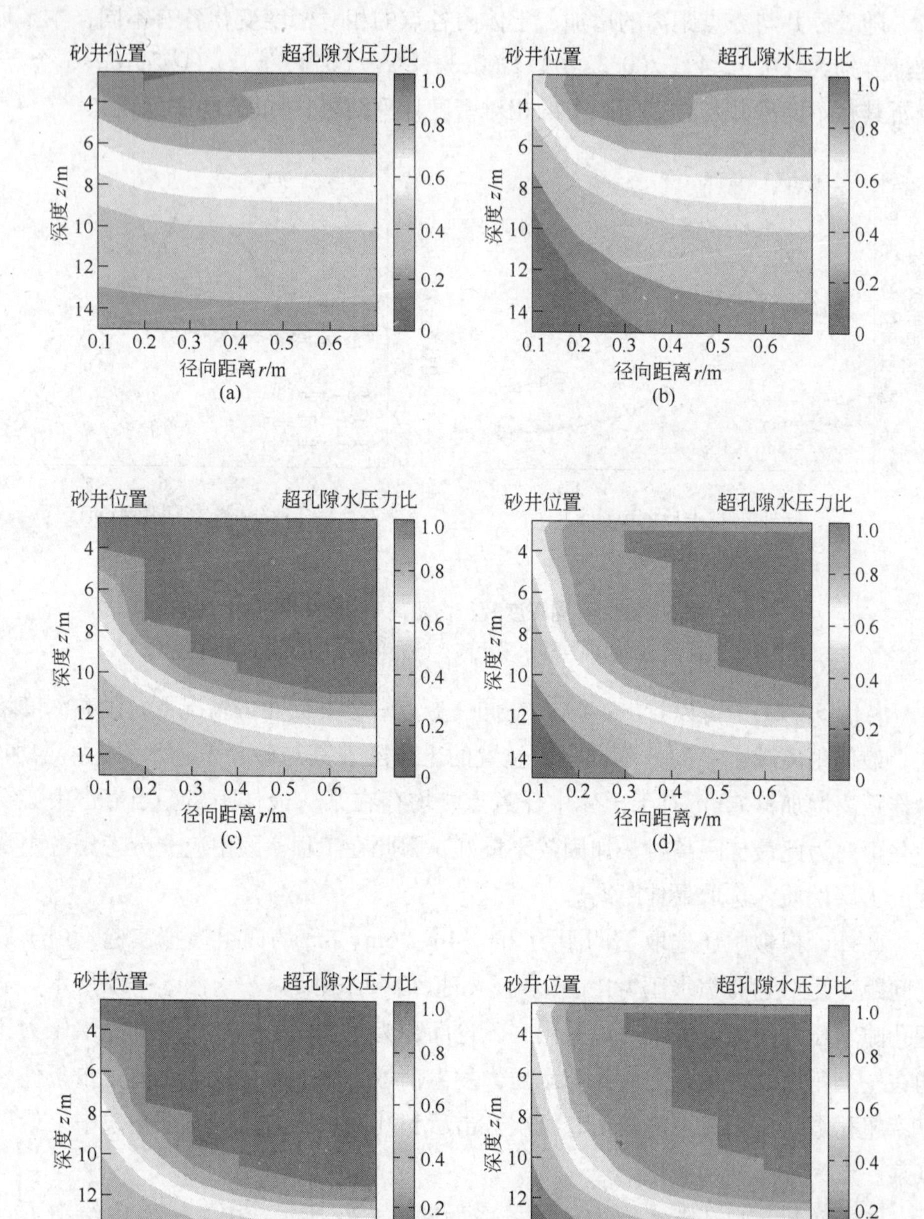

图 5-22 超孔隙水压力比分布图（2m）

（a）1 击消散前；（b）1 击消散后；（c）12 击消散前；（d）12 击消散后；（e）23 击消散前；（f）23 击消散后

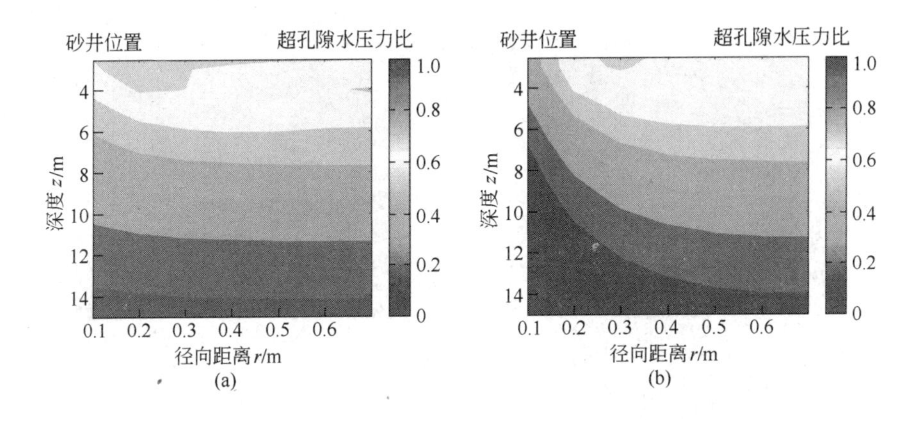

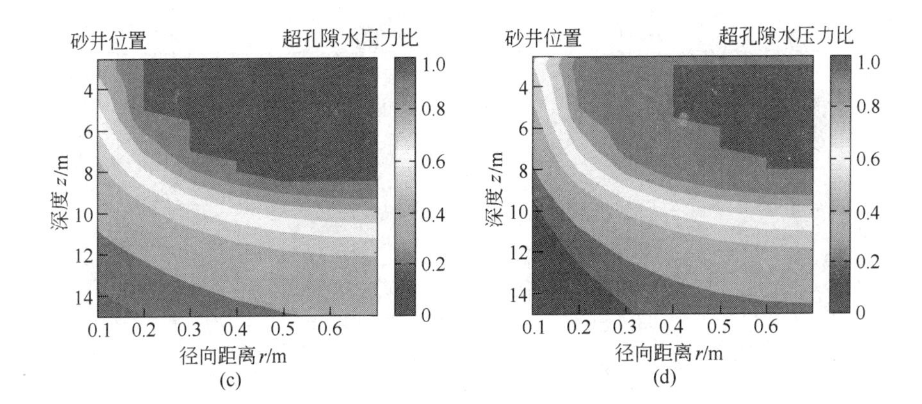

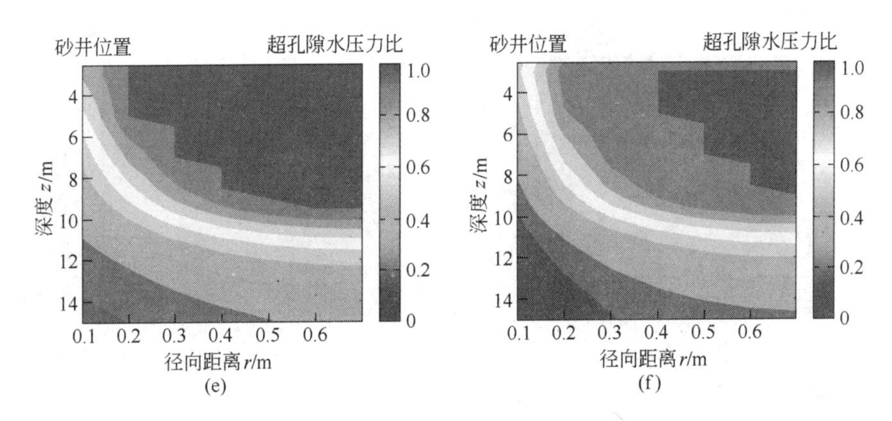

图 5-23 超孔隙水压力比分布图（4m）

(a) 1 击消散前；(b) 1 击消散后；(c) 12 击消散前；(d) 12 击消散后；(e) 23 击消散前；(f) 23 击消散后

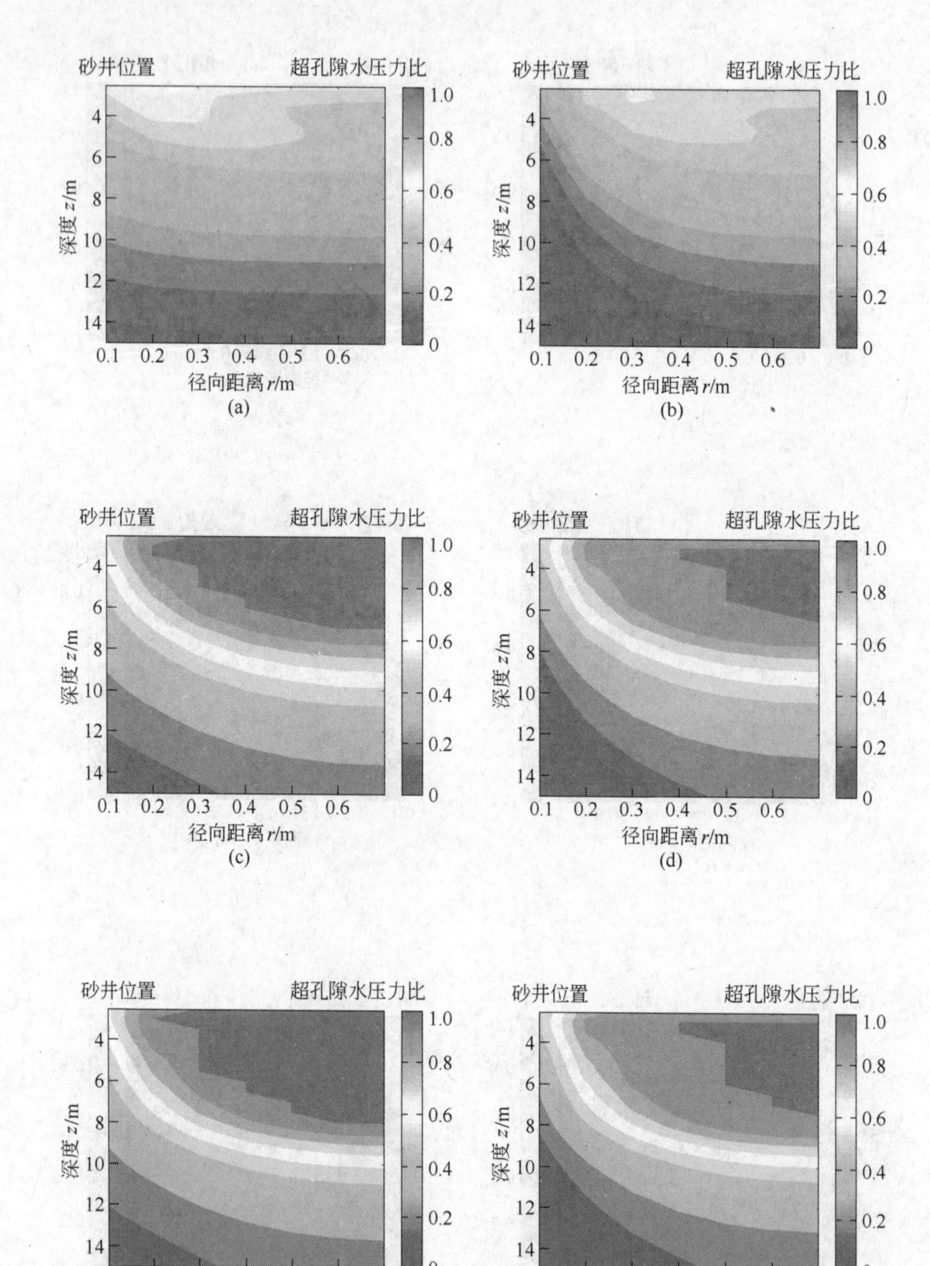

图 5-24 超孔隙水压力比分布图（6m）

（a）1 击消散前；（b）1 击消散后；（c）12 击消散前；（d）12 击消散后；（e）23 击消散前；（f）23 击消散后

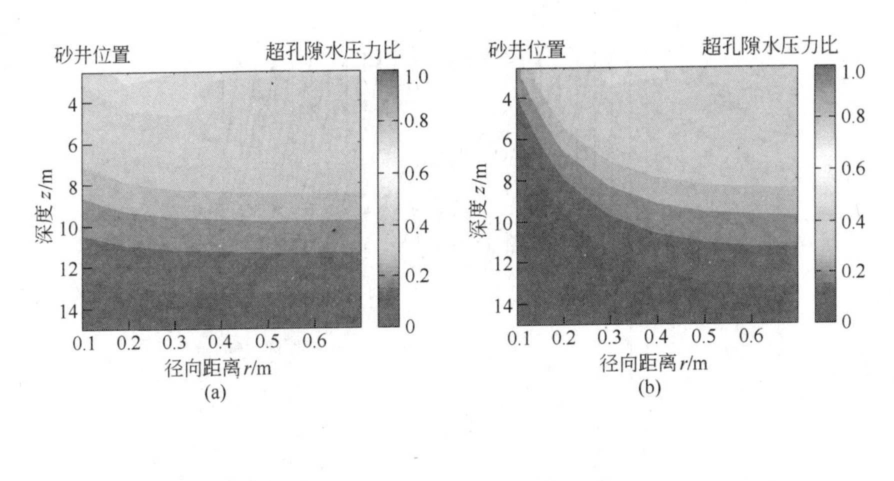

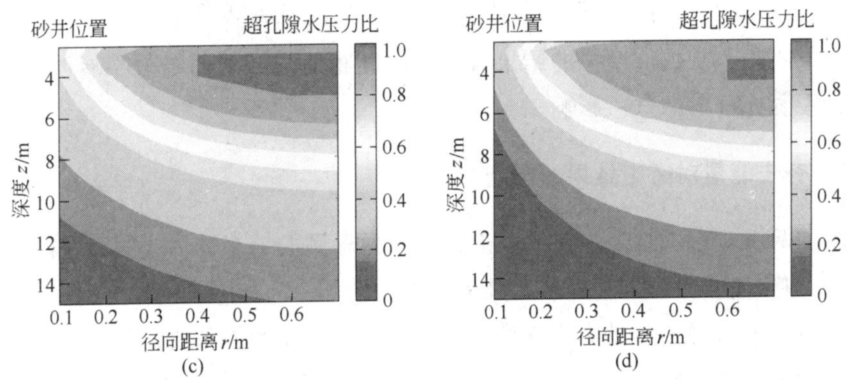

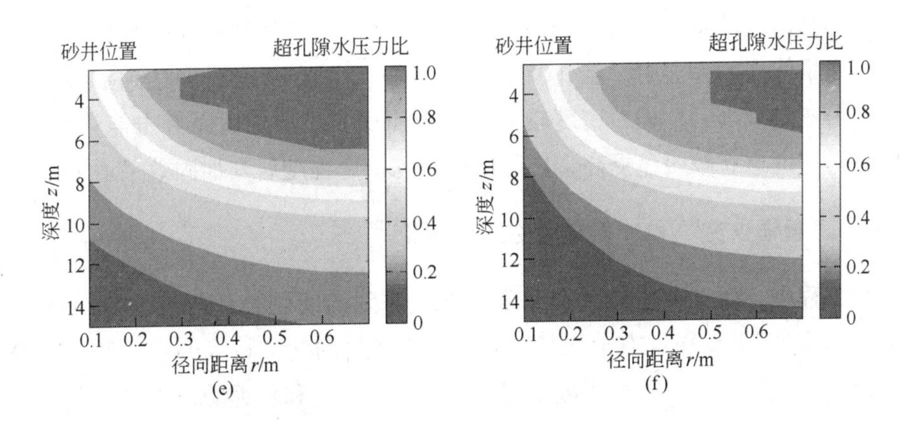

图 5-25 超孔隙水压力比分布图（8m）

(a) 1 击消散前；(b) 1 击消散后；(c) 12 击消散前；(d) 12 击消散后；
(e) 23 击消散前；(f) 23 击消散后

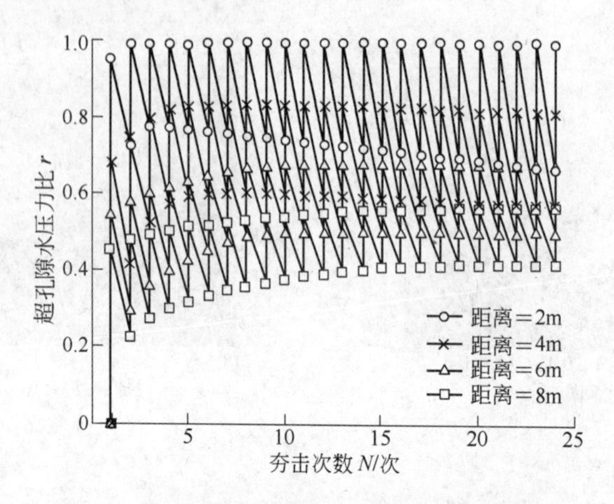

图 5－26 夯击次数与超孔隙水压力比的关系

综上所述，从数值模拟的结果看，砂井间距对强夯的固结效果有明显影响，在设计中要充分考虑这一影响。

5.4.5 夯击能量对夯击结果的影响

增加两组对比试验，一组将夯击高度降为算例的一半，另一组将夯击高度增加一倍，夯击过程中超孔隙水压力比等值线如图 5－27 和图 5－28 所示。图 5－29 所示为点（0.7，3）处的夯击次数与超孔隙水压力比的关系图，图 5－30 所示为加固后的相对密度分布图。

从图 5－29 中可以看出能量较低的夯击产生的超孔隙水压力比也较低，即使是对于排水性能较差的地方如点（0.7，3），在夯击 23 次之后仍然没有达到液化；而能量较高的夯击中，点（0.7，3）在第 12 次夯击之后即达到了液化。此外，夯击能量减半后，相对密度较低的区域面积明显增加，而夯击能量增加后，土体相对密度也有较明显提高，但能量提高到一定程度后其加固效果增长缓慢。

5.4.6 “重锤少夯”和“轻锤多夯”的讨论

在工程中，在夯击能量一定的条件下常遇到的问题是选择“重锤少夯”还是“轻锤多夯”，即单次夯击能与夯击次数的取舍问题。将算例中夯锤质量增加一倍，夯击次数减半，其余参数不变，取距砂井较近和较远的两点分析其孔压发展规律。图 5－31 所示为孔隙水压力分布云图。由于单次夯击能为算例中的两倍，所以此处选取了第 1、6、11 击后的孔隙水压力云图，对应于算例中的第 1、12、23 击后的云图。

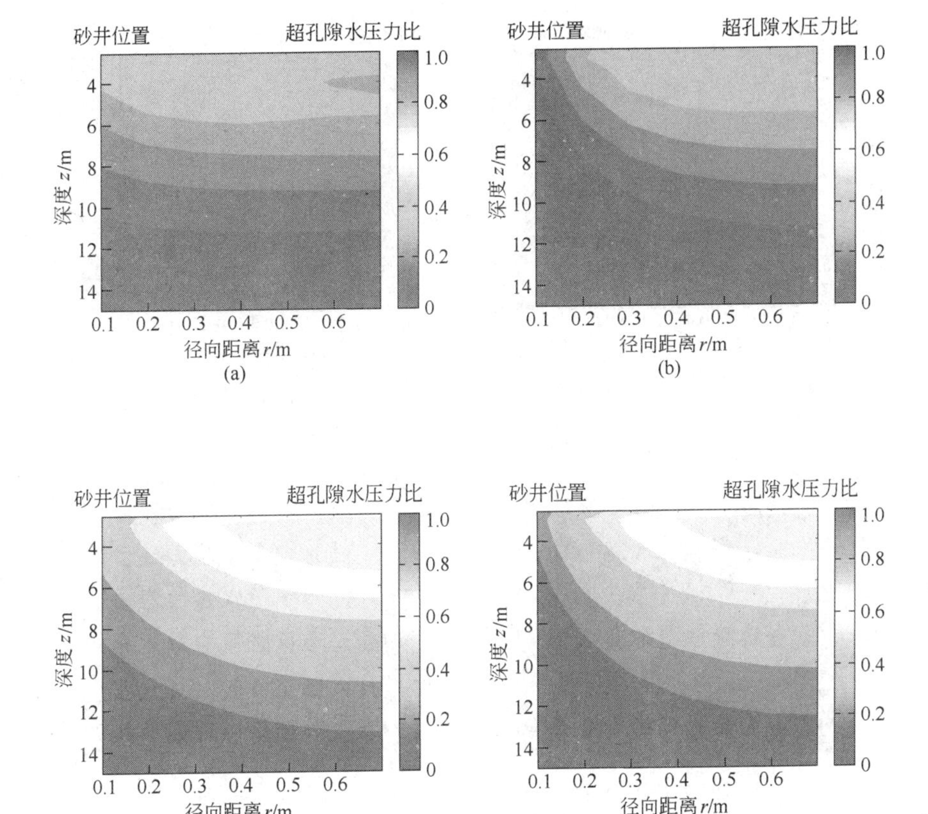

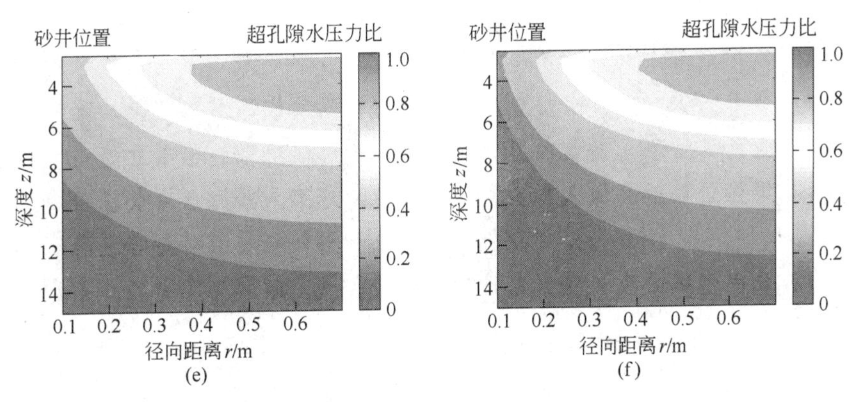

图 5-27 超孔隙水压力比分布图（夯击高度 10m）

（a）1 击消散前；（b）1 击消散后；（c）12 击消散前；（d）12 击消散后；（e）23 击消散前；（f）23 击消散后

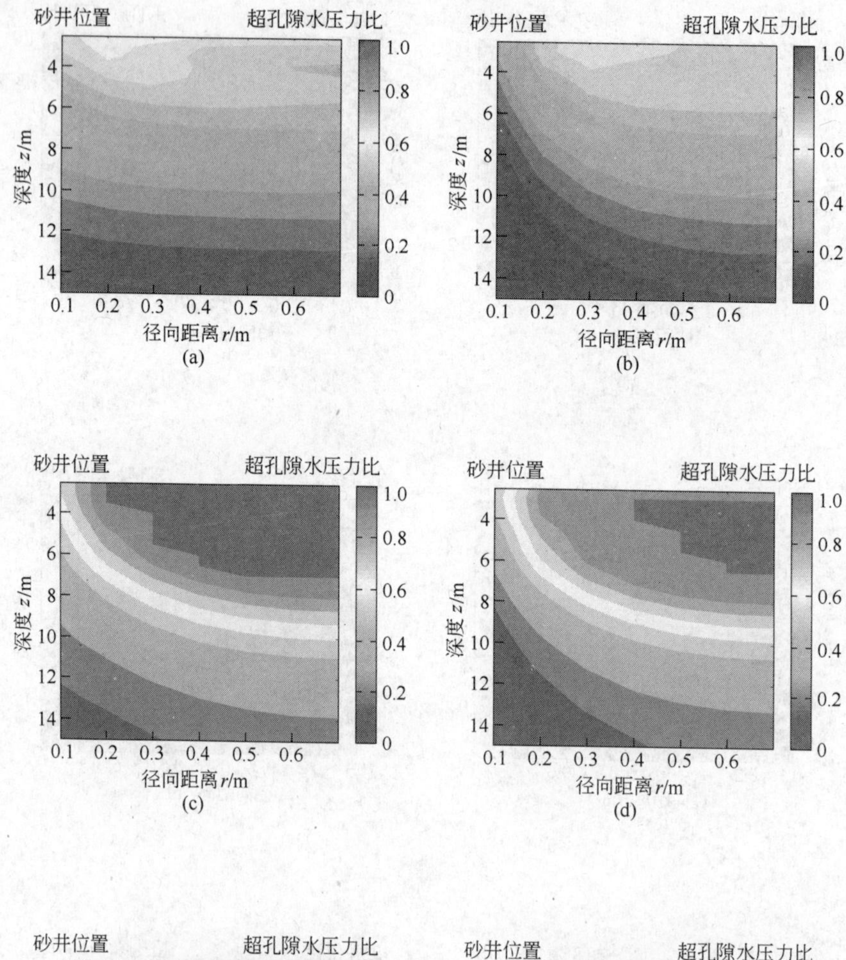

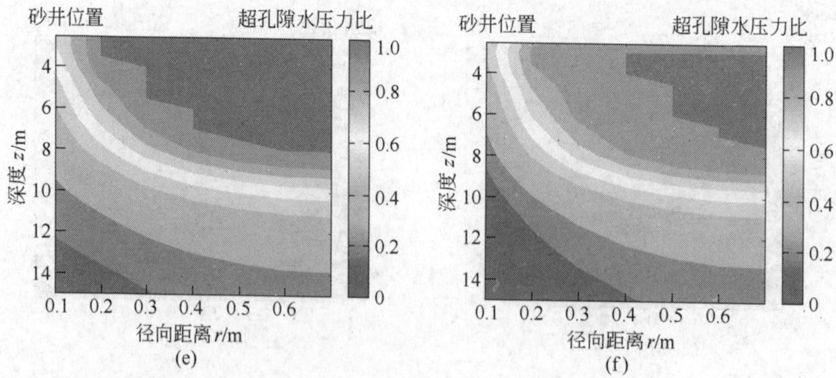

图 5－28　超孔隙水压力比分布图（夯击高度 40m）

（a）1 击消散前；（b）1 击消散后；（c）12 击消散前；（d）12 击消散后；

（e）23 击消散前；（f）23 击消散后

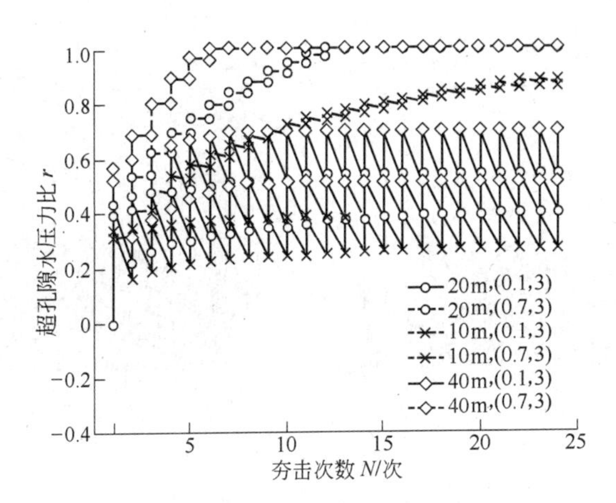

图 5－29 夯击次数与超孔隙水压力比的关系

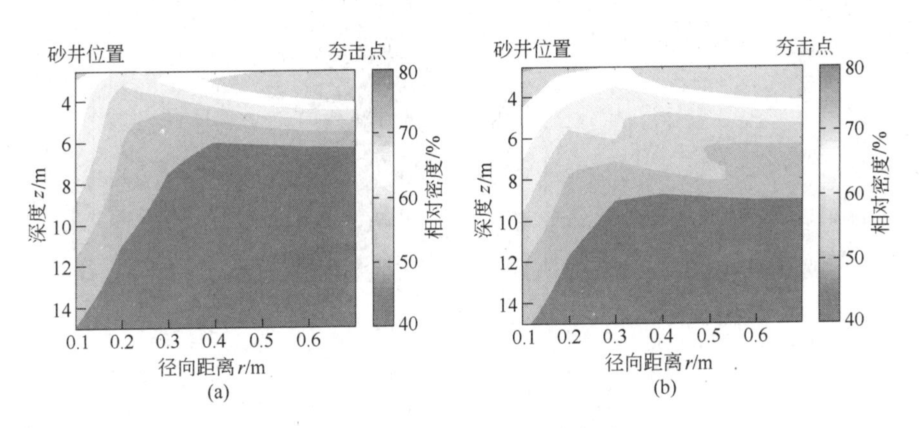

图 5－30 土体相对密度分布图

（a）夯击高度 10m；（b）夯击高度 40m

夯击次数与超孔隙水压力比的关系如图 5－32 所示。从图 5－32 中可以看出，由于单击夯能增加，超孔隙水压力比上升值要高于算例，但由于夯击间隔时间未变，两次夯击之间孔隙水压力不能完全消散，随后的夯击又将在此基础上进行叠加，超孔隙水压力比逐渐增大。

对于排水性能较好的点而言，提高单击能量 2 倍后孔隙水压力与算例中两次夯击后的值并不重合，也不是两次夯击后的叠加。而对于排水性能较差的点，提高单击能量 2 倍后孔隙水压力上升的值大致与算例中两次夯击上升的值相等。

在总夯击能量一定的条件下，随着单击能量的提高，两击之间超孔压消散的时间会增加，若单击能量过高和夯击间隔时间不足会导致土体超孔隙水压力消散不完全，特别是在含泥量较高的地基土中，要注意控制单击能量不能过大，以免造成土体结构完全破坏或者形成“橡皮土”。

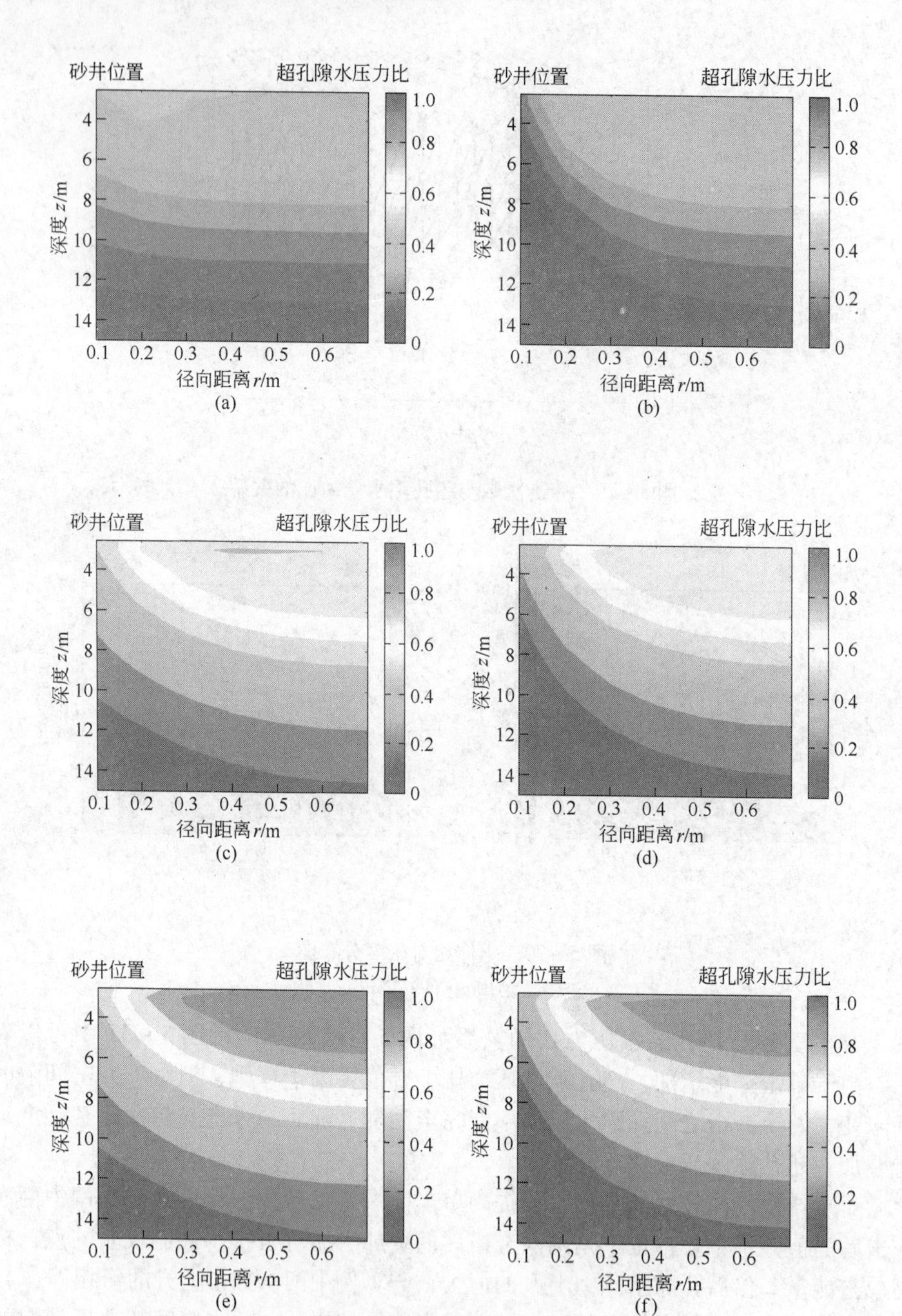

图 5－31 超孔隙水压力比分布图

（a）1 击消散前；（b）1 击消散后；（c）6 击消散前；（d）6 击消散后；
（e）11 击消散前；（f）11 击消散后

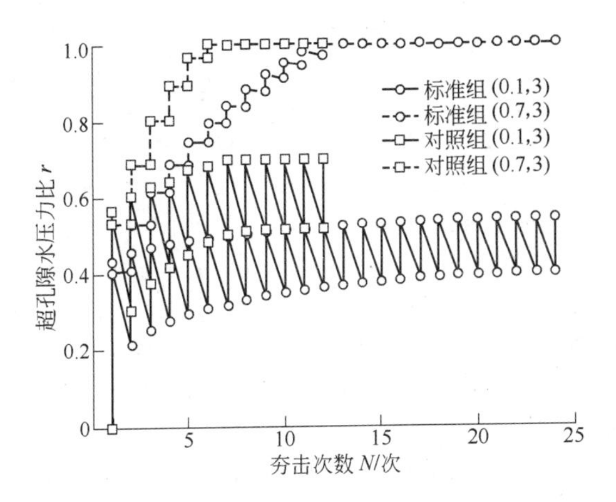

图 5－32 夯击次数与超孔隙水压力比的关系

5.5 结论

本章根据强夯能量耗散分析与土体密实机理，基于冲击荷载作用下孔隙水压力发展模式，建立了强夯加排水地基处理的数值模型，编制了程序 PDC&D。分析了强夯过程中土体超孔隙水压力的发展过程与土体密实效果，并与工程实例进行了比较分析，研究初步得出以下几点结论：

（1）数值结果和实例分析表明，建立的数值模型可以近似反映强夯过程中孔隙水压力的发展变化过程和加固效果，能够较好地模拟低渗透性土强夯加排水地基处理的施工过程。

（2）排水措施的设置有利于超孔隙水压力消散和加固深部土体，进而提高土体加固效果和缩短工期。在夯击能一定的条件下，存在一个最优的夯点—排水点间距，具体实践中应根据土层变化与加固深度要求，选择最优的夯点—排水点距离和排水深度。

（3）夯击时间间隔、夯击能影响因素分析结果表明，总夯击能的增加会提高土体的液化程度，改善加固效果。随着单击能量的提高，超孔压消散的时间会增加，在具体工程实践中，应根据排水设置情况、地基土性质以及加固要求选择合理的单击能量和夯击次数。特别是在含泥量较高的地基土中，要注意控制单击能量不能过大，以免形成“橡皮土”。

（4）实践中，可以根据不同场地地基土的厚度和土性情况以及设计要求，通过不同参数组合的数值分析，优化选择合理的强夯参数，在此基础上进行现场试夯调整，并最终确定大面积施工参数。

参考文献

[1] Smoltczyk U. Deep Compaction [C]. VIII ECSMFE. 1983, 3: 278 ~ 284.
[2] 叶书麟, 叶观宝. 地基处理与托换技术 [M]. 北京: 中国建筑工业出版社, 2005.
[3] Lukas R G. Dynamic compaction for highway construction [R]. Vol. 1, Design and Construction Guidelines. Federal Highway Administration, Report No. FHWA/RD86/133, 1986.
[4] Menard L, Broise Y. Theoretical and practical aspects of dynamic consolidation [J]. Geotechnique. 1975, 23 (1): 3 ~ 18.
[5] 张亦农, 徐至钧. 强夯和强夯置换法加固地基 [M]. 北京: 机械工业出版社, 2004.
[6] Mayne P W. Ground vibrations during dynamic compaction [C]. Vibration Problems in Geotechnical Engineering. ASCE, New York, 1985: 247 ~ 265.
[7] Dowding C H. Construction vibrations [M]. Prentice Hall, Upper Saddle River, NJ, 1996.
[8] Miller G F, Pursey H. On the partition of energy between elastic waves in a semi - infinite solid [C] //Proceedings of the Royal Society of London. London: 1955, Ser A, Vol. 233: 55 ~ 69.
[9] Meek J W, Wolf J P. Cone models for nearly incompressible soil [J]. Earthquake Engineering and Structural Dynamics, 1993, 22 (8): 649 ~ 663.
[10] Richart F E, Woods R D, Hall J R. Vibrations of soils and foundations [M]. Prentice Hall, Englewood Cliffs, NJ, 1970.
[11] Nashed R. Liquefaction mitigation of silty soils using dynamic compaction [D]. The State University of New York at Buffalo, Buffalo, U. S. A, 2004.
[12] Davis R O, Berrill J B. Energy dissipation and seismic liquefaction in sands [J]. Earthquake Engineering and Structural Dynamics, 1982, 10 (1): 59 ~ 68.
[13] Law K T, Cao Y L, He G N. An energy approach for assessing seismic liquefaction potential [J]. Canadian Geotechnical Journal, 1990, 27 (3): 320 ~ 329.
[14] Thevanayagam S, Kanagalingam T, Shenthan T. Contact density - confining stress - energy to liquefaction [C] //the 15th ASCE Engineering Mechanics Conference. ASCE, New York: Columbia University, 2002.
[15] 曹亚林, 何广讷, 林皋. 土中振动孔隙水压力升长程度的能量分析法 [J]. 大连理工大学学报, 1987, 26 (3): 83 ~ 89.
[16] Seed H B, Martin P, Lysmer J. The generation and dissipation of pore water pressures during soil liquefaction [R]. Earthquake Engineering Research Center, 1975.
[17] Shenthan T. Liquefaction mitigation in silty soils using composite stone column [D]. The State University of New York at Buffalo, Buffalo, U. S. A, 2004.
[18] 牛志荣, 等. 复合地基处理及其工程实例 [M]. 北京: 中国建材工业出版社, 2000.
[19] 龚晓南. 高等土力学 [M]. 杭州: 浙江大学出版社, 1998.
[20] 王恩远, 吴迈. 工程实用地基处理手册 [M]. 北京: 中国建材工业出版社, 2005.
[21] 杨桂通. 土动力学 [M]. 北京: 中国建材工业出版社, 2000.
[22] 张庆国, 毕秀丽. 强夯法加固机理与应用 [M]. 济南: 山东科学技术出版社, 2003.
[23] 赵成刚, 白冰, 王运霞. 土力学原理 [M]. 北京: 清华大学出版社, 北京交通大学出

版社，2009.

[24] 王铁行，廖红建．岩土工程数值分析［M］．北京：机械工业出版社，2006.

[25] 王金安，王树仁，冯锦艳．岩土工程数值计算方法实用教程［M］．北京：科学出版社，2010.

[26] 王能超．数值分析简明教程［M］．武汉：华中科技大学出版社，2006.

[27] 张爱军，谢定义．复合地基三维数值分析［M］．北京：科学出版社，2004.

[28] 吴世明．土动力学［M］．北京：中国建筑工业出版社，2000.

[29] 《工程地质手册》编写委员会．工程地质手册［M］．北京：中国建筑工业出版社，1992.

[30] 张芳枝．土力学与地基基础［M］．北京：中国水利水电出版社，2010.

[31] Monro D M. FORTRAN 77［M］．天津：天津科技出版社，1985.

[32] 孙家启．FORTRAN 77 结构化语言设计［M］．北京：机械工业出版社，1988.

[33] 白云．FORTRAN 95 程序设计［M］．北京：清华大学出版社，2011.

[34] 邓通发，吴周明，罗嗣海，等．渗透系数对饱和土强夯效果影响的数值模拟［J］．有色金属科学与工程，2012，3（1）：57～62.

[35] 宋应文，唐业清．固结度的计算方法［J］．北方交通大学学报，1994，18（1）：39～43.

6 工程实例分析

本章选取3个简单的工程实例，分别采用第3、4、5章提出的数值程序对其进行模拟，简单说明本书提出的软基处理施工过程数值模拟方法的应用。

6.1 堆载预压工程实例分析

某高速公路对路基进行堆载预压地基处理，路堤填土的几何形状及尺寸如图6－1所示，图中坐标单位为dm，路堤填土的强度参数为：$c_{cu}=0.2\mathrm{kPa}$，$\varphi_{cu}=30°$，路堤填土的重度为$\gamma_A=17.5\mathrm{kN/m^3}$。路堤下为结构性软土，根据结构性对天然软黏土强度包线的影响，可由固结不排水试验测定固结不排水强度指标。在软土有效应力达到结构压力之前，测定其固结不排水强度指标为$c_{cu1}=0.3\mathrm{kPa}$，$\varphi_{cu1}=30°$；达到结构压力之后，其固结不排水强度指标为$c_{cu2}=0\mathrm{kPa}$，$\varphi_{cu2}=45°$。软土地基的侧压力系数$K_0=0.65$，地基土重度为$\gamma_B=18\mathrm{kN/m^3}$。

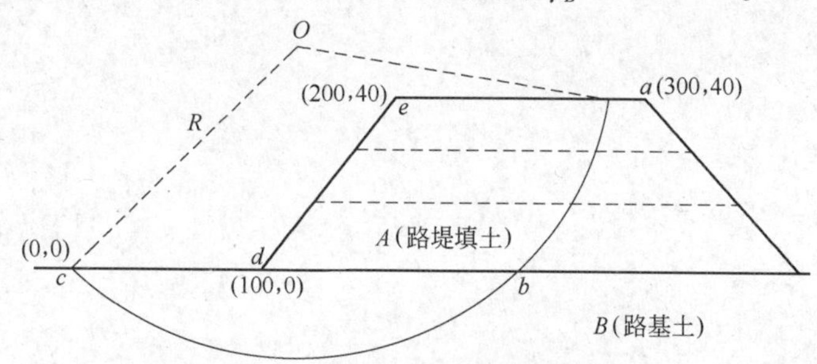

图6－1　路堤填土加载示意图

路堤填土分三次完成，单级填土完成后，地基土排水固结，强度增长到一定值时方可进行下一级加载。

分级施工堆载变化如图6－2所示，地基土的固结参数见表6－1。采用追赶法来进行差分计算，假定空间步长取$\Delta Z=0.1\mathrm{m}$，时间步长$\Delta T=0.25\mathrm{d}$。

表6－1　地基土固结有关参数

固结参数	数　值	固结参数	数　值
压缩修正系数η	0.249	修正渗透系数c	0.6
土层厚度/m	10	压缩模量E_s/kPa	2530
顶面初始有效应力p_0/kPa	60	初始孔隙比e_0	1.21
有效重度γ'/kN·m^{-3}	7.5	初始渗透系数k_{v0}/m·s^{-1}	1.296e－9
结构应力比S_t	1.45	再压缩修正系数λ	0.032

由地基稳定性分析程序SLSTABLE计算出每一级填土堆载后，当任意时间t时软土地基的稳定安全系数达到一定值后，即可进行下一级堆载，从而确定每一级填土的最佳堆载量以及其与上一级填土堆载的最佳间隔时间。与一般堆载预压分析不同的是，SLSTABLE考虑了软土结构性对固结、强度增加的影响。

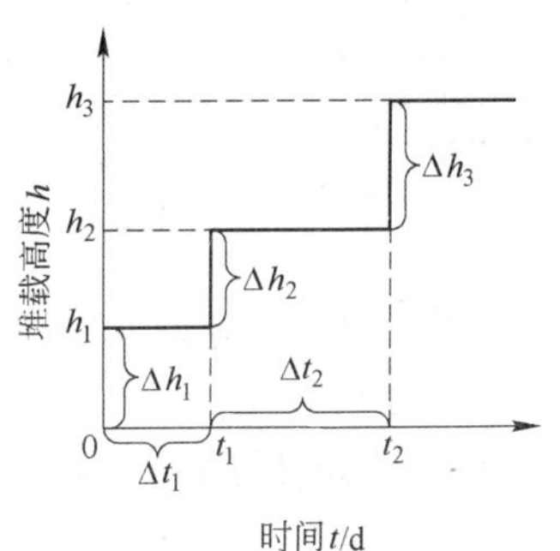

图6-2 分级施工填土堆载示意图

施工分三级堆载，设单级堆载高度为h，堆载0.1d后其对应的地基安全系数大于并最接近于1.02时，h即为该级堆载的最佳填土高度；本级堆载地基土固结时间为t，按t时刻土的强度验算地基安全系数达到1.20时，进行下一级填土，时间t即为这一级填土的最优加载时间。下面用稳定性分析程序SLSTABLE分别计算三级填土的高度h和加载时间t。

第一级填土堆载h_1高度，安全系数变化见表6-2，第一级填土高度为$h_1=\Delta h_1=1.4$m。第一级填土1.4m后，安全系数随时间的变化见表6-3。由表6-3可见填土加载$\Delta t_1=t_1=60$d后可进行下一级填土。

表6-2 第一级填土高度与安全系数关系

堆载高度h_1/m	0.7	0.8	0.9	1.0	1.1	1.2	1.3	1.4	1.5	1.6
堆载0.1d后的安全系数	1.259	1.224	1.176	1.135	1.101	1.072	1.046	1.024	1.004	0.986

表6-3 第一级填土后时间与安全系数关系

时间/d	1	10	20	30	40	50	60
安全系数	1.049	1.091	1.118	1.140	1.159	1.194	1.215

第二级填土堆载h_2高度，施工后安全系数变化见表6-4，由此可确定，第二级填土高度为$h_2=2.3$m，即$\Delta h_2=h_2-h_1=2.3-1.4=0.9$m。第二级填土2.3m后，安全系数随时间的变化见表6-5，由此可以确定，第二级填土加载$\Delta t_2=t_2-t_1=280-60=220$d后可进行下一级填土。

表6-4 第二级填土高度与安全系数关系

堆载高度h_2/m	1.6	1.7	1.8	1.9	2.0	2.1	2.2	2.3	2.4	2.5
堆载0.1d后的安全系数	1.139	1.117	1.097	1.079	1.062	1.046	1.032	1.019	1.007	0.995

表 6-5 第二级填土后时间与安全系数关系

时间/d	60	100	140	180	220	260	280
安全系数	1.019	1.098	1.126	1.151	1.171	1.189	1.200

第三级填土堆载 h_3 高度，安全系数变化见表 6-6，由此可确定，第三级填土高度为 $h_3=4.0\text{m}$，即 $\Delta h_3=h_3-h_2=4.0-2.3=1.7\text{m}$。第三级填土 4.0m 后，安全系数随时间的变化见表 6-7。

表 6-6 第三级填土高度与安全系数关系

堆载高度 h_3 /m	2.4	2.6	2.8	3.0	3.2	3.4	3.6	3.8	4.0	4.5
堆载 0.1d 后的安全系数	1.205	1.173	1.144	1.119	1.096	1.075	1.057	1.040	1.024	0.991

表 6-7 第三级填土后时间与安全系数关系

时间/d	280	290	300	310	320	330	340
安全系数	1.024	1.058	1.072	1.083	1.092	1.100	1.108

由表 6-2、表 6-4 和表 6-6 中数据可知，单级填土量越大，路堤稳定安全系数就越低。这是因为每一级填土填筑后，外荷载首先由超孔隙水压力来承担的，填土量越大，地基土的固结压力越大，计算的稳定安全系数就会越低。

由表 6-3、表 6-5 和表 6-7 中数据可知，单级填土加载后，随着时间的推移地基稳定安全系数逐渐变大。显然，随着地基土的排水固结，孔隙水压力慢慢消散，有效应力逐渐增大，地基土的抗剪强度越来越高，计算的安全系数逐渐变大。

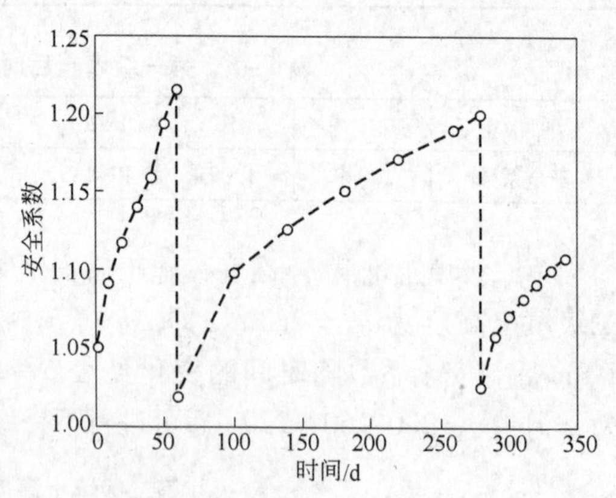

图 6-3 填土三级加载时安全系数随时间变化

根据实例中每一级填土的最佳填筑量和加载固结时间，可以得到这三级填土加载后安全系数随时间变化曲线如图 6-3 所示。从图 6-3 中可以看出，在某一级路堤填土施工后，软土路堤的安全系数迅速降低到最小，之后随着超孔隙水压力的消散，有效应力逐渐增加，相对应的抗剪强度也逐步提高，故路堤的安全系数也在不断的变大。

6.2 振冲碎石桩工程实例分析

某拟建机场35kV中心变电所工程，上部为框架结构，下部为钢筋混凝土半地下结构，整体板基础，埋深1.5m，基底压力约为70kPa。附属车库上部为框架结构，下部为柱下条形基础，基底压力约为80kPa。

根据勘探资料，拟建场地在勘察深度范围内，地基土自上而下可分为五大层和两个亚层：浅部主要为有一定厚度变化的②$_3$层砂质粉土，其下为③$_1$层淤泥质黏性土及③$_2$层砂质粉土。其中①层为填土，属近代人工堆填；②～⑤层为第四纪全新世Q_4沉积层，土层构成见表6－8。

表6－8　地基土的具体构成与特征

土层	土层名称	层厚/m	层底标高/m	状态	压缩性	土层描述
①	填土	1.0～2.6	2.78～1.02			黏性土、粉土，部分为素填土
②$_3$	灰色砂质粉土	4.3～6.0	－2.72～－3.45	中密	中	土质不均，夹粉砂及薄层状黏性土、下部夹粉砂较多
③$_1$	灰色淤泥质粉质黏土	1.4～2.2	－4.49～－5.63	流塑	高	土质不均，夹薄层或不规则状黏性土，局部夹粉砂
③$_2$	灰色砂质粉土	1.8～2.9	－7.19～－7.75	稍密	中	土质不均，夹薄层或不规则状黏性土，局部为粉砂
④	灰色淤泥质黏土	9.6～10.6	－17.25～－18.03	流塑	高	夹少量薄层粉性土
⑤	灰色黏土	未穿	－21.45～－22.03	软塑	高	含有机质，腐殖物，钙结核，夹有粉土，局部为黏土

经判别，场地浅部②$_3$层及③$_2$层砂质粉土为可液化土层，其液化指数为2.03～6.54，平均为4.17，液化强度比平均为0.936。考虑到机场工程的重要性，拟采用复合振冲碎石桩加固地基，碎石桩采用梅花形布置，桩间距2.0m，排水板与碎石桩间距1.0m。

数值模拟选择在加固后标准贯入试验所在位置，每个位置选择不同深度按第4章提出的模拟程序进行。由于现场施工过程没有对孔隙水压力进行监测，所以无法分析施工过程中超孔隙水压力发展变化的情况。下面仅对加固后的土体相对密实度变化情况进行分析。图6－4所示为选定的4个位置加固前后②$_3$和③$_2$土层相对密度的实测结果与模拟结果比较。其中实测的相对密度值是根据现场标准贯入试验按照文献［1］所述的方法进行换算得到的。

从图6－4中可以看出，采用复合振冲碎石桩加固后，原可液化土层②$_3$和③$_2$相对密度大约提高了150%以上。数值模拟结果与加固后的实测结果大体一

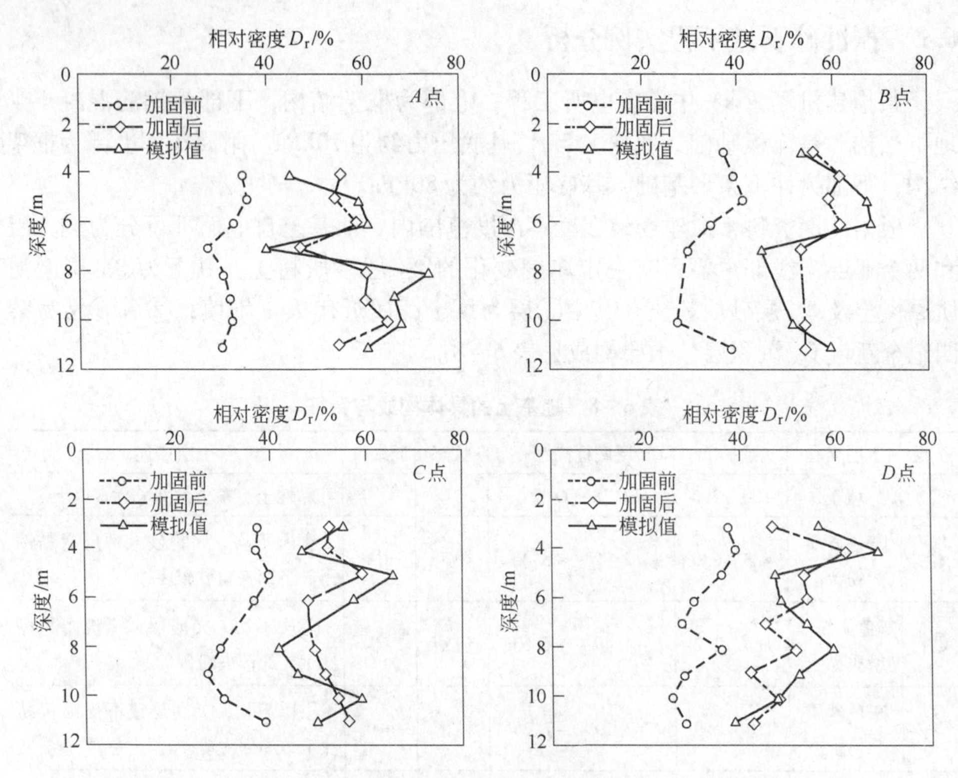

图6-4 加固前后②$_3$和③$_2$土层相对密度的实测结果与模拟结果比较

致，表明第4章提出的数值方法和程序可以近似模拟复合振冲碎石桩的加固过程和加固效果。

6.3 强夯加排水地基处理工程实例分析

工程位于上海某大面积吹填土道路地基加固工程中，使用强夯+排水地基处理技术[2]。拟建道路现状表层为近代围海造田和人工湖开挖吹填形成的吹填土，厚度一般为0.5~3.8m，局部厚约6.0~7.0m。其形成时间短，具有含水量高、孔隙比大、强度低、含粉粒较高等特性。吹填前的原场地表层分布为滨海沉积的淤泥质黏土，该层土厚度分布不均且工程性质较差，厚度在0.4~2.8m，埋深在0.5~3.8m。地基处理主要针对上覆吹填土进行加固处理。

大面积施工之前进行了地基处理试验以确定施工参数，现场试验分为A_1~A_4四个小区，每个小区均为60m×54m。强夯三遍，第一遍点夯，单点夯击能400~600kN·m，击数为1击；第二遍点夯，单点夯击能800~1000kN·m，1~2击；第三遍普夯，单点夯击能800~1000kN·m。夯点与砂井布置如图6-5所示。

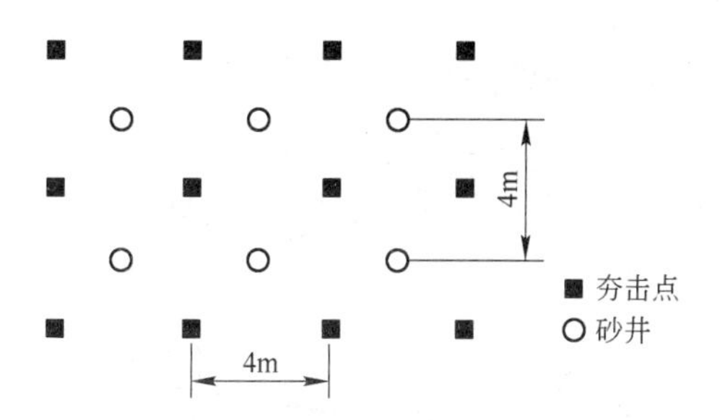

图6-5 试验区夯点与砂井布置图

根据强夯法的影响深度计算公式 $d_{max}=n\sqrt{WH}$（式中 n 为与土体有关的系数，根据土体的类型和饱和情况可取0.35～0.6），该实例中强夯的影响深度约在6m左右。选取场地 A_1 按第5章提出的数值程序进行强夯施工模拟。试验过程中监测了土体超孔隙水压力的变化情况，并采用静力触探检测了加固前后路基土的变化情况。

现场监测结果与数值模拟结果如图6-6和图6-7所示。其中图6-6所示为不同深度超孔隙水压力比随时间的变化曲线，图中实线是测量结果，虚线是模拟结果。图6-7所示为加固前后土体相对密度随深度变化曲线，其中无标点实线是加固前的曲线，有标点实线是根据静力触探和标准贯入试验换算的实测相对密度[3]，虚线是数值模拟结果。

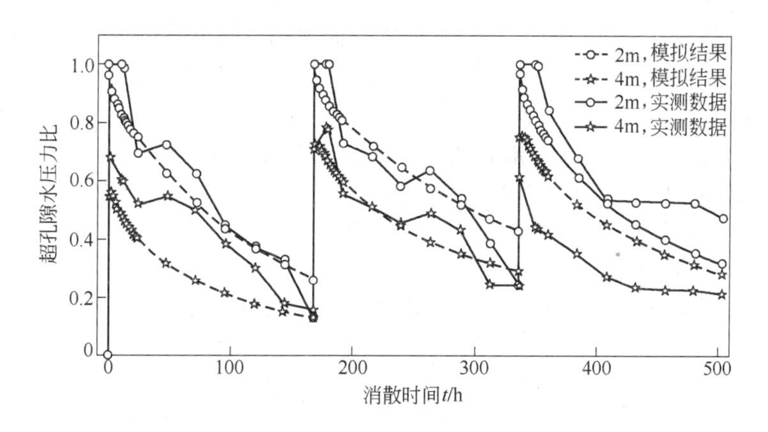

图6-6 数值模拟与实测孔压

从图6-6和图6-7中可以看出，吹填土中超孔隙水压力的变化过程与相对密度的模拟结果与现场实测数据大致吻合，说明了第5章提出的模拟强夯加排水地基处理的理论和数值方法是有效的。

工程实践和数值模拟结果均表明，排水措施的设置有利于加快土体固结，这一点很早就被意识到了，但排水措施的设置还有另外一个重要作用，就是可以有

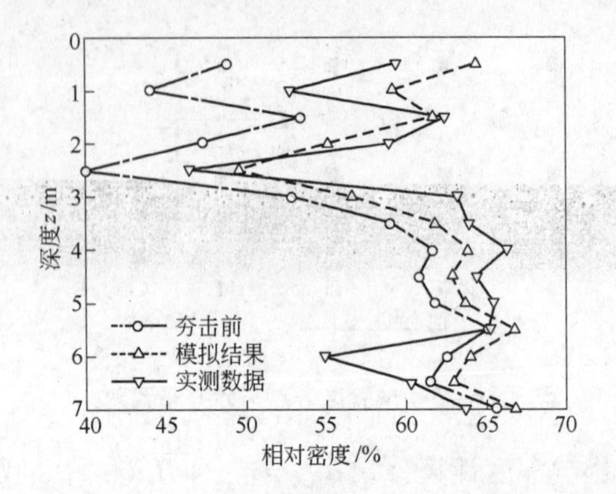

图6-7 数值模拟与实测相对密度

效调节加固深度和加固范围。在强夯施工参数的选取中，通过增加夯击能量、单击间隔时间也可达到上述效果，但实践中过大的冲击能可能使软弱土体破坏而造成相反的结果。砂井的间距对固结效果的影响虽然较为复杂，但可通过选择一个较合理的砂井间距，通过其调节作用使原有的软弱土层，特别是软土夹层可以得到较好的加固。

实践中需根据现场勘察结果、预期加固目标、经济性等合理选择夯击间隔时间、夯击能及砂井间距。在进行大面积施工或者试夯前，采用第5章所示的流程进行数值分析，并选择合理的施工参数，然后现场试夯调整并确定大面积施工参数，避免做多组平行试验而带来的浪费与工期拖延，这在实际施工中很有意义。

参考文献

[1] 王士杰，何满潮，张吉占. 用归一化标准贯入 N 值估算砂土的相对密度［J］. 岩土工程学报，2005，27（6）：682～685.

[2] 周健，刘洋，贾敏才. 真空动力固结加固大面积吹填土路基试验研究［J］. 建筑结构，2005，35（7）：49～51.

[3] 工程地质手册编写组. 工程地质手册［M］. 北京：中国地质出版社，2000.